MySQL

应用实战与性能调优

张文亮 编著

机械工业出版社
China Machine Press

图书在版编目（CIP）数据

MySQL应用实战与性能调优/张文亮编著. --北京：机械工业出版社，2022.1
ISBN 978-7-111-70098-2

Ⅰ. ① M… Ⅱ. ① 张… Ⅲ. ① 关系数据库系统 Ⅳ. ① TP311.138

中国版本图书馆CIP数据核字（2022）第014405号

MySQL 是流行的关系型数据库管理系统之一。本书从介绍数据库设计和数据库的基本使用开始，逐步深入一些复杂的内容，包括连接查询、子查询、字符串函数、数字函数、日期函数以及新版本的窗口函数，还包括存储过程、游标、创建高效的索引以及 SQL 优化技巧等。本书通过大量的示例扼要地讲述读者应该掌握的知识，进而系统地讲述数据库的优化，包括：MySQL 的架构，MySQL 8 的新特征，MySQL 基准测试和性能剖析，数据库软硬件性能优化，内存优化，复制、备份和恢复，高可用与高可扩展性。尤其是，结合理论和大量的示例对 MySQL 中的各种锁机制以及 MVCC 的核心原理进行了解析，以方便读者理解。

本书不但适合数据库管理员参考，也适合作为高等院校相关专业学生的教材。

MySQL 应用实战与性能调优

出版发行：机械工业出版社（北京市西城区百万庄大街 22 号 邮政编码：100037）
责任编辑：迟振春　　责任校对：王叶
印　　刷：河北宝昌佳彩印刷有限公司　　版　　次：2022 年 4 月第 1 版第 1 次印刷
开　　本：188mm × 260mm 1/16　　印　　张：19
书　　号：ISBN 978-7-111-70098-2　　定　　价：79.00 元

客服电话：（010）88361066 88379833 68326294　　投稿热线：（010）88379604
华章网站：www.hzbook.com　　读者信箱：hzjsj@hzbook.com

前　　言

在工作中，我们经常使用基本的 SQL 语句，但是大部分用户只会简单的增、删、改、查，进一步可能就是创建索引，当索引没有起到作用时，基本再无招架之力。

针对 MySQL 的面试，90%以上都会问以下问题：

1）SQL 语句是如何执行的？

2）索引的检索原理是什么，如何创建高效的索引？

3）如何提高索引的使用？

4）如何做到索引覆盖，如何避免回表查询，如何使用索引条件下推？

5）回滚日志、重做日志、二进制日志的作用是什么？

6）如何利用复合索引和前缀索引提高 SQL 性能？

7）事务的隔离是如何实现的？

8）InnoDB 如何解决幻读和不可重复读问题？

9）表锁、行锁、排他锁、意向锁、间隙锁、记录锁、临键锁在 MySQL 中如何实现，它们解决了什么问题？

10）SQL 服务慢，该如何排查？

11）除了索引外，如何根据自己的服务器设备来进行软硬件优化？

除了以上问题外，还有很多未列出的问题。为了解决这些问题，才有了本书。作者不只是简单地通过理论知识来讲述这些问题，还列举了大量的示例，比如每一种锁是如何使用的，如何通过代码来操作，旨在以示例和理论相结合的方式进行系统的讲述。对于想提升自己业务能力的读者来说，本书不仅提供了索引的优化，而且根据作者多年的 DBA 经验列举了大量的经典案例。本书可能不是很全面，但包含业务中 80%以上的应用场景，对于没有深入研究过任何一种关系型数据库的读者来说，本书可能会为你开启学习数据库的大门。通过阅读本书，读者不仅能快速高效地解决业务问题，还能站在数据库管理员的角度来优化自己的数据库。此外，本书还提供了与 MySQL 内部工作原理相关的内容，读者越是了解 MySQL 的工作原理，就越能合理地解决工程中遇到的问题。

本书的资源文件可以登录机械工业出版社华章公司的网站（www.hzbook.com）下载，方法是：搜索到本书，然后在页面上的“资源下载”模块下载即可。如果下载有问题，请发送电子邮件至 booksaga@126.com，邮件主题为“MySQL 应用实战与性能调优”。如果读者有兴趣，也可以加入 QQ 技术交流群（823440562）参与讨论。

最后，感谢各位读者选择了本书，希望读者有所收获，并且在使用 MySQL 的业务场景中学习到更多实践技巧。虽然作者对书中的内容尽量一一核实，但因水平所限，难免存在疏漏之处，敬请广大读者批评指正。作者会不断地完善此书，以此来回报读者对本书的支持。

张文亮

2021 年 10 月

目　录

第1章

MySQL入门和容器化部署

本章主要内容：

- MySQL的特性
- MySQL的作用
- MySQL的版本升级
- 在Windows上安装MySQL
- 在Linux上安装MySQL
- 在Docker上安装MySQL

本章将讲解MySQL在Web业务场景下的意义和优势，介绍MySQL 8的特性和作用，并讲述在多种环境下安装MySQL服务的步骤，以便初学者可以快速开始MySQL的学习。

1.1 MySQL介绍

MySQL是当下流行的关系型数据库管理系统，使用C和C++语言编写而成，因而具有源码级的可移植性。MySQL可以在Linux、macOS、Novell NetWare、OpenBSD、Solaris、Windows等多种操作系统中运行。在Web应用方面，MySQL是非常好的关系数据库管理系统（Relational Database Management System，RDBMS）应用软件之一。作为一种关系数据库管理系统，它将数据保存在不同的数据表中。MySQL所使用的SQL语言是用于访问数据库的常用标准化语言。由于MySQL体积小、速度快、总拥有成本低，尤其是具有开放源码这一特点，一般中小型网站的开发都选择MySQL作为网站数据库。由于其社区版的性能卓越，因此搭配各种后端语言可以组成良好的开发环境。此外，MySQL既可以嵌入应用程序中，也可以独立支持数据仓库、全文索引和高可用的冗余系统、在线事务处理系统。另外，MySQL还具有如下特点：

- 为多种编程语言提供了API，这些编程语言包括C、C++、Python、Java、Perl、PHP、Ruby、.NET等。
- 支持多线程，可充分利用CPU资源。
- 具有优化的SQL查询算法，有效地提高了查询速度。

- 提供 TCP/IP、ODBC 和 JDBC 等多种数据库连接途径。
- 支持可以处理上千万条记录的大型数据库。
- 支持多种存储引擎，比如 InnoDB、MyISAM 等。
- MySQL 是可以定制的，它采用了 GPL 协议，因而用户可以通过修改源码来开发自己的 MySQL 系统。
- 提供多语言支持，常见的编码如中文的 GB2312、UTF-8 等都可以用作数据表名和数据列名。
- 提供用于管理、检查、优化数据库操作的管理工具。
- 具有在线 DDL 更改功能，数据架构支持动态应用程序，提高了开发人员操作数据表的灵活性。
- 复制无崩溃从机，可以提高可用性。
- 复制多线程从机，可以提高性能。

1.2 MySQL 8 安装和升级

1.2.1 安装前说明

在安装 MySQL 时，应选择自己所需的版本和相应的文件格式。MySQL 有开发版本和通用版本。开发版本具有最新功能，但不建议用于生产用途。通用版本可用于生产用途，所以建议安装最新的版本。

MySQL 8.0 的版本号由三个数字和一个可选后缀组成（例如 MySQL-8.0.3.[x]，x 可选，如果有，则会随着版本的发布而自增）。版本号中的数字解释如下：

- 第一个数字（8）是主版本号。
- 第二个数字（0）是次版本号。主、次版本号一起构成发布的序列号，序列号表示包含稳定的功能集。
- 第三个数字（3）是发布系列中的版本号。每个新的错误修订版的版本号中都会增加此值。一般情况下建议安装最新的版本。

1.2.2 在 Windows 上安装 MySQL

MySQL 只能安装在 Microsoft Windows 64 位操作系统中，如果想要安装 MySQL 8.0 Server（服务器版），那么还需要在系统中安装 Microsoft Visual C++ 2015 Redistributable Package 和 Microsoft .NET Framework 4.5.2 或更高版本。在安装服务器版本之前，应确保在本地系统中已下载好安装软件包。下面将演示在 Windows 系统中安装 MySQL 数据库的两种方式。

1. MySQL Installer（利用安装程序安装）

步骤 01 进入 MySQL 官网下载相关安装包，如图 1-1 所示。第一个安装包用于在线安装，在网络畅通的情况下，可选用这种方式安装。第二个是可以离线安装的软件包，一般建议采用这种方式安装。

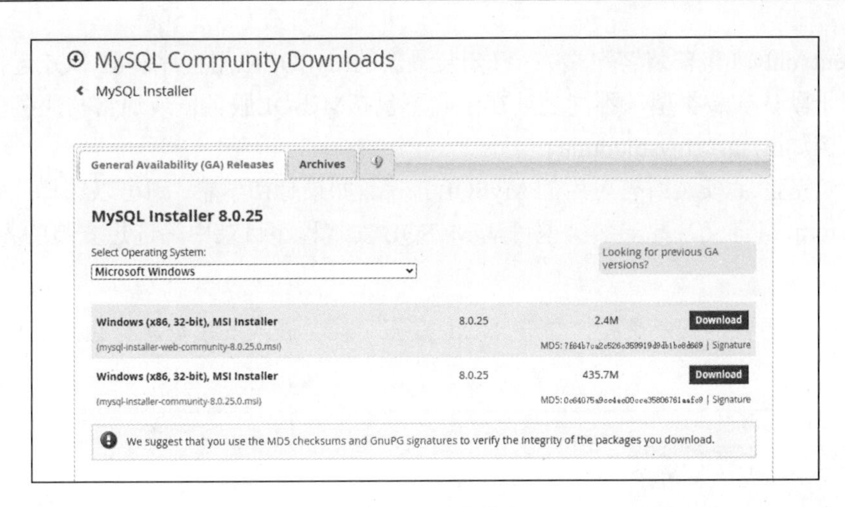

图 1-1　下载安装包

步骤 02　首次下载 MySQL 安装程序时，安装向导会引导我们完成 MySQL 产品的初始安装。首次安装需要进行初始设置，MySQL 安装程序在初始设置期间会检测主机上安装的现有 MySQL 产品，并将它们添加到要管理的产品列表中。如图 1-2 所示，当我们打开 MSI 文件之后，会提示我们选择安装的类型。

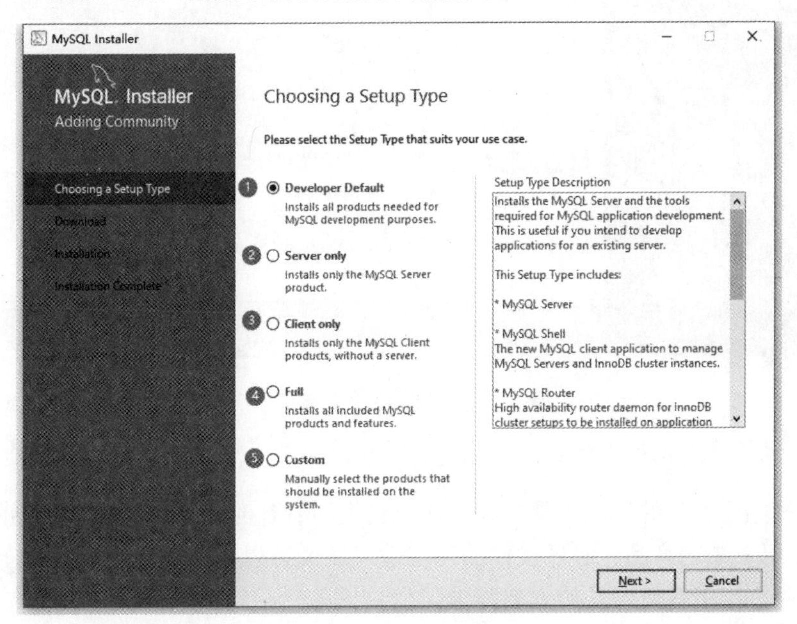

图 1-2　选择安装的类型

如图1-2所示，总共有5种安装类型。

① Developer Default（默认安装）：用于MySQL应用程序的开发。如果我们想要利用MySQL来进行应用程序的开发，可以选择此安装类型。

② Server only（仅安装服务器）：仅安装MySQL服务器。此安装类型在下载MySQL服务器安装包时会让用户选择安装GA版（一般可用性，即稳定版）或开发版。该安装类型使用默认的安装路径和数据存储路径。

③ Client only（仅安装客户端）：仅安装最新的MySQL应用程序和MySQL连接器。此安装类型类似于默认安装类型，不同之处在于它不包括MySQL服务器或通常与服务器捆绑的客户端程序，例如mysql或mysqladmin。

④ Full（完整）：安装所有可用的 MySQL 产品。如果是初学者，则可以选择此安装类型。

⑤ Custom（自定义）：此安装类型可从 MySQL 安装程序目录中筛选想安装的各个 MySQL 产品。

步骤 03 选择好想要的安装类型，单击 Next 按钮，就会进入安装需求检查对话框，如图 1-3 所示。

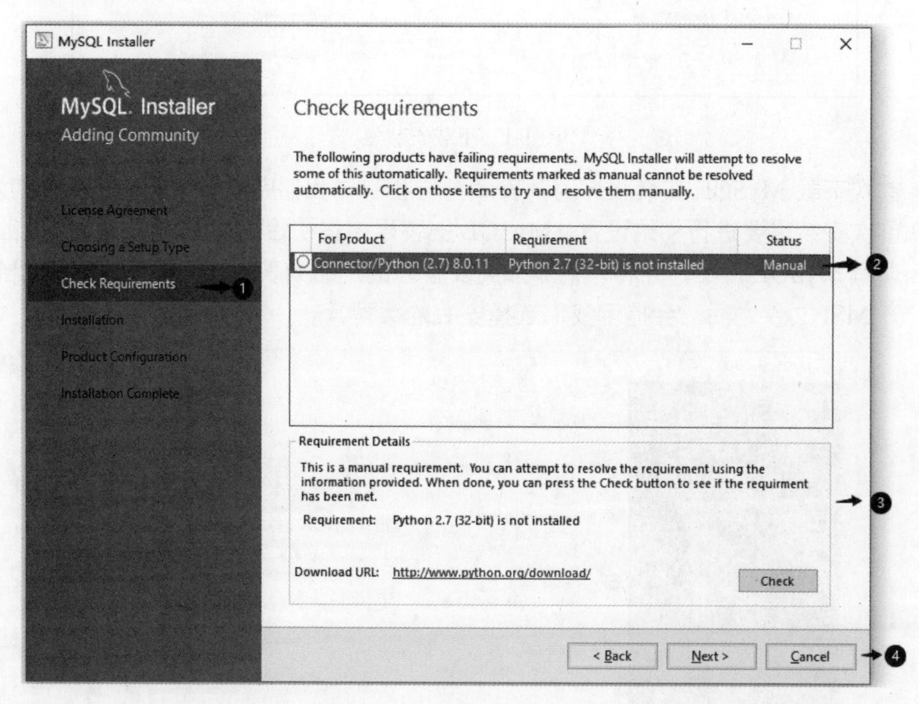

图 1-3　安装需求检查对话框

在安装需求检查对话框中包括如下内容：

① 显示初始设置中的当前步骤。读者在此列表中看到的步骤可能会略有不同，具体步骤取决于主机上已安装的产品、必备软件的可用性以及读者想要安装在主机上的产品。

② 按产品列出所有待确认的安装需求。

③ 安装需求的详细说明可以帮助我们解决安装前需要解决的问题。如果需要安装必备的软件，该界面会提供下载用的网址（URL）。在下载并安装所需的软件后，单击 Check 按钮来验证是否已经满足安装需求。

④ 提供以下辅助安装的操作：

- Back：返回上一步。此操作可让我们回到上一步重新选择安装类型。
- Execute：让 MySQL 安装程序尝试为所有选择的安装项目下载和安装必备的软件。
- Next：不进行安装需求检查而继续安装产品，其中不包括未通过安装需求检查的产品。
- Cancel：取消安装 MySQL 产品。

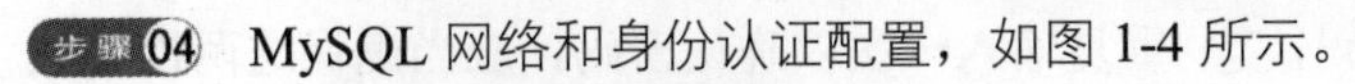
步骤 04　MySQL 网络和身份认证配置，如图 1-4 所示。

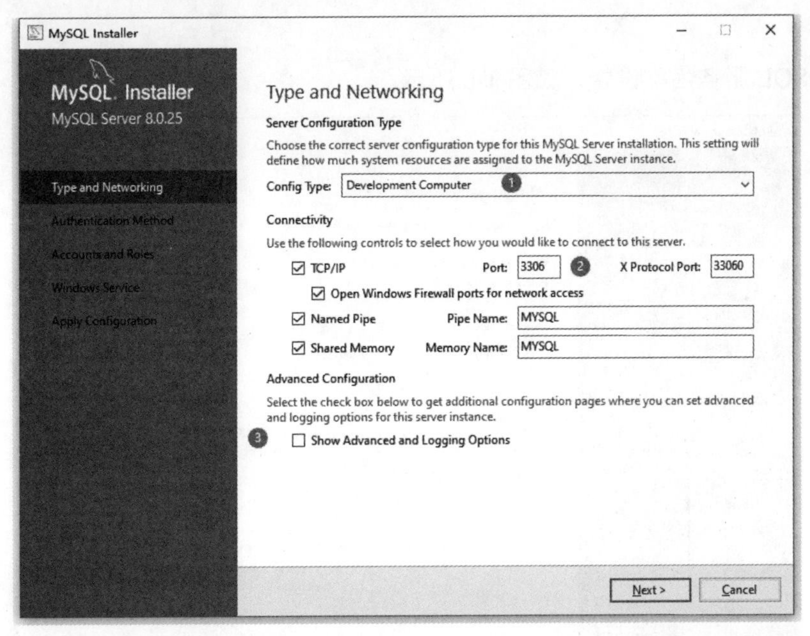

图 1-4　MySQL 服务网络配置

在该对话框中，有以下选项：① 选择需要配置的服务类型；② 默认的服务端口号，这两个配置可以不做修改；③ 建议勾选 Show Advanced and Logging Options 复选框，以便在后续步骤中设置自定义日志记录和高级选项。③用于给错误日志、一般日志、慢查询日志（包括执行查询所需的秒数）和二进制日志指定文件的存储路径。继续往下执行，会出现设置密码的对话框，如图 1-5 所示。

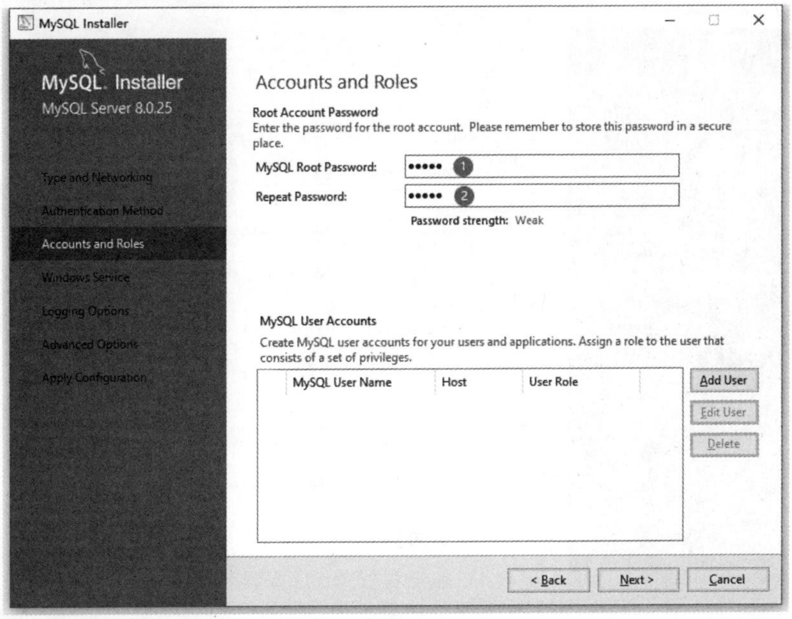

图 1-5　账户密码设置

如图1-5所示，① 给服务设置密码，② 重复输入一次以确认密码，应当确保这两次输入的密码一致。

步骤05 MySQL 服务名称设置，如图 1-6 所示。

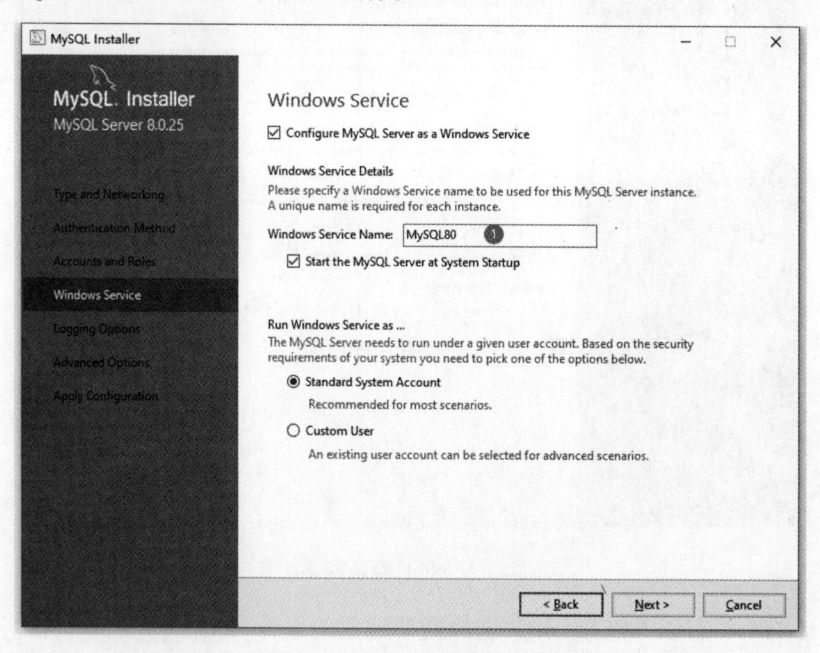

图 1-6　MySQL 服务名称设置

如图1-6所示，① 输入MySQL服务的名称，建议使用默认值。

步骤06 设置 MySQL 服务相关的输出日志存储的路径，如图 1-7 所示。

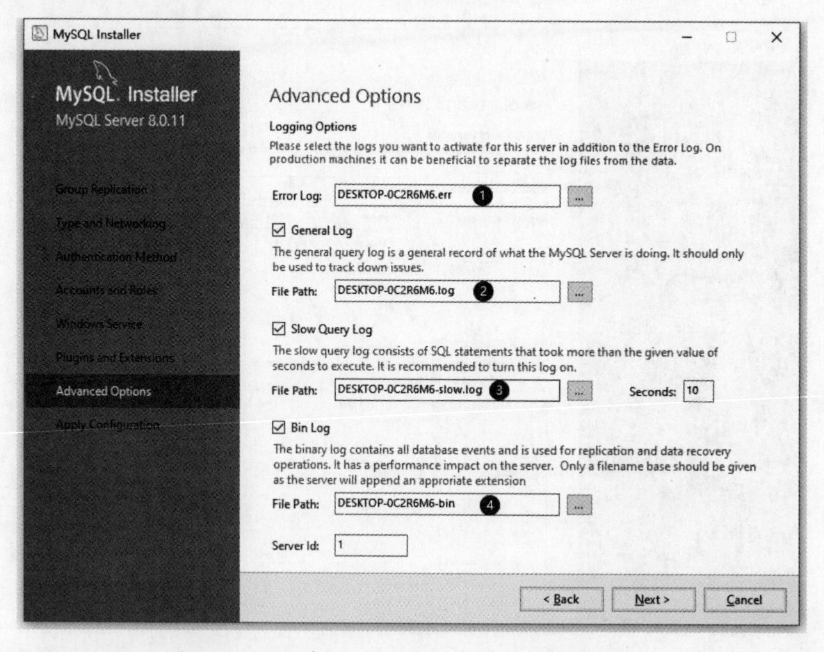

图 1-7　设置 MySQL 服务输出日志存储的路径

如图1-7所示，① 设置MySQL服务的错误日志输出路径，② 设置一般的日志输出路径，③ 设置查询日志的输出路径，④ 设置二进制日志的输出路径。

步骤 07 验证是否安装成功。如图 1-8 所示，按住键盘上的 Windows 键，选择“运行”，然后在弹出的对话框中输入 services.msc，并按回车键。

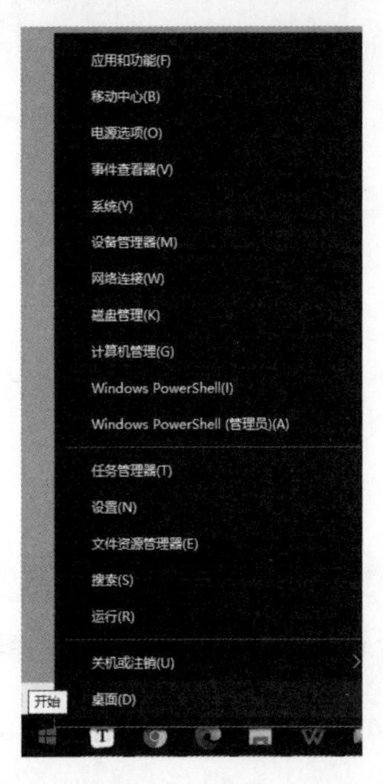

图 1-8　进入“运行”对话框

接下来会出现如图 1-9 所示的服务窗口。如果可以看到 MySQL 8.0 这个服务，表示 MySQL 数据库服务安装成功。

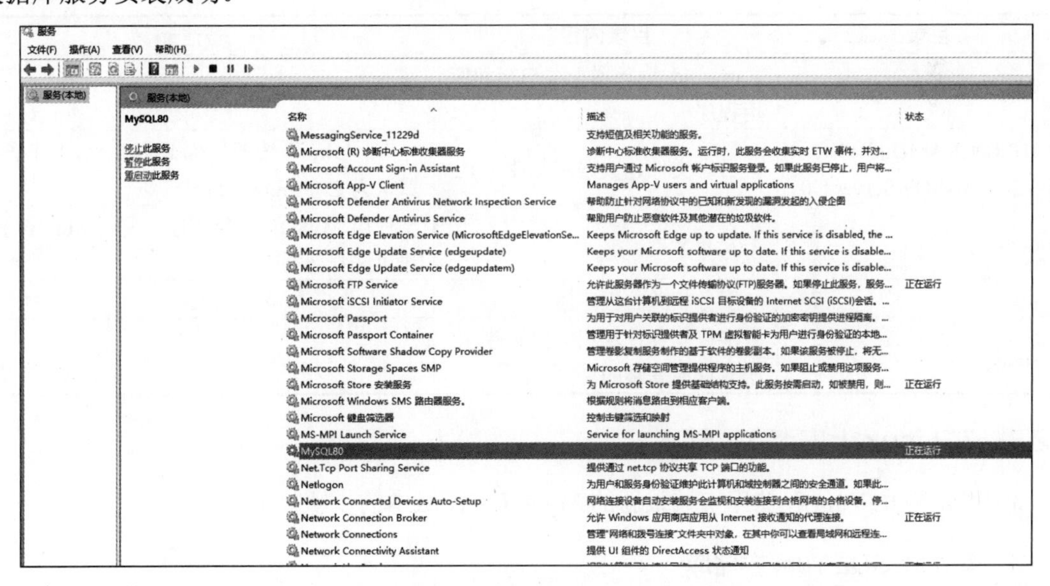

图 1-9　系统服务窗口

在服务成功启动之后，可以使用界面化工具 Navicat 连接到数据库，当出现如图 1-10 所示的对话框时，输入主机名、端口号以及安装时设置的密码。在单击“测试连接”按钮之后，若出现连接成功的字样，则说明安装与配置都正确。

图 1-10　通过界面化工具测试连接

2. 在 Windows 上默认安装 MySQL 服务

表 1-1 所示是以默认安装类型安装 MySQL 服务后生成的相关目录，当我们需要查看相关信息或者数据日志时可能会用到。

表 1-1　默认安装 MySQL 服务之后生成的相关目录

目录	目录内容	备注
bin	mysqld 服务器、客户端和应用程序	
%PROGRAMDATA%\MySQL\MySQL Server 8.0\	日志文件、数据库文件	Windows 系统变量%PROGRAMDATA%默认为 C:\ProgramData
docs	发布文档	使用 MySQL 安装程序，使用 Modify 操作可选择此文件夹
lib	服务相关的程序集	
share	字符集文件示例配置文件，用于数据库安装的 SQL	

1.2.3　在 Linux 上安装 MySQL

使用 MySQL Yum 存储库安装最新的 MySQL GA 版本的步骤如下。

1. 添加 MySQL Yum 存储库

将 MySQL Yum 存储库添加到系统的存储库列表中，可以使用 RPM 命令来完成，具体步骤如下。

首先选择并下载适用于目标平台的安装包（发布包）。

我们可以查看目标系统的平台版本（操作系统版本序列号）。如图 1-11 所示，该平台的版本序列号为 7。

```
[root@localhost home]# cat /etc/redhat-release
CentOS Linux release 7.5.1804 (Core)
[root@localhost home]#
```

图 1-11　查看目标系统的操作系统序列号

然后需要安装下载工具wget，下载完成之后用下面的命令进行安装：

```
yum install wget -y
```

然后下载对应版本的RPM文件，因为目前的平台是7系列，所以选择安装7.3版本的RPM文件。执行如下命令进行下载：

```
wget https://dev.mysql.com/get/mysql80-community-release-el7-3.noarch.rpm
```

当出现如图 1-12 所示的界面时，说明下载成功。

```
[root@localhost home]# wget https://dev.mysql.com/get/mysql80-community-release-el7-3.noarch.rpm
--2021-06-02 22:09:32--  https://dev.mysql.com/get/mysql80-community-release-el7-3.noarch.rpm
Resolving dev.mysql.com (dev.mysql.com)... 137.254.60.11
Connecting to dev.mysql.com (dev.mysql.com)|137.254.60.11|:443... connected.
HTTP request sent, awaiting response... 302 Found
Location: https://repo.mysql.com//mysql80-community-release-el7-3.noarch.rpm [following]
--2021-06-02 22:09:34--  https://repo.mysql.com//mysql80-community-release-el7-3.noarch.rpm
Resolving repo.mysql.com (repo.mysql.com)... 104.75.165.42
Connecting to repo.mysql.com (repo.mysql.com)|104.75.165.42|:443... connected.
HTTP request sent, awaiting response... 200 OK
Length: 26024 (25K) [application/x-redhat-package-manager]
Saving to: 'mysql80-community-release-el7-3.noarch.rpm.1'

100%[======================================================================>] 26,024      --.-K/s   in 0.1s

2021-06-02 22:09:34 (223 KB/s) - 'mysql80-community-release-el7-3.noarch.rpm.1' saved [26024/26024]
```

图 1-12　下载 RPM 包

2. 安装下载的发布包

示例命令如下：

```
yum install platform-and-version-specific-package-name.rpm
```

需要注意的是，platform-and-version-specific-package-name为下载的RPM包的名称。而后执行如下命令：

```
yum install mysql80-community-release-el7-3.noarch.rpm -y
```

如果出现如图 1-13 所示的 Complete 说明，表示发布包安装完成。

如果使用的是其他系列的版本，可以根据实际情况选择安装相应的发布包。

对于基于 EL6 的系统，命令的形式为：

```
yum install mysql80-community-release-el6-{version-number}.noarch.rpm
```

对于基于EL7的系统，命令的形式为：

```
yum install mysql80-community-release-el7-{version-number}.noarch.rpm
```

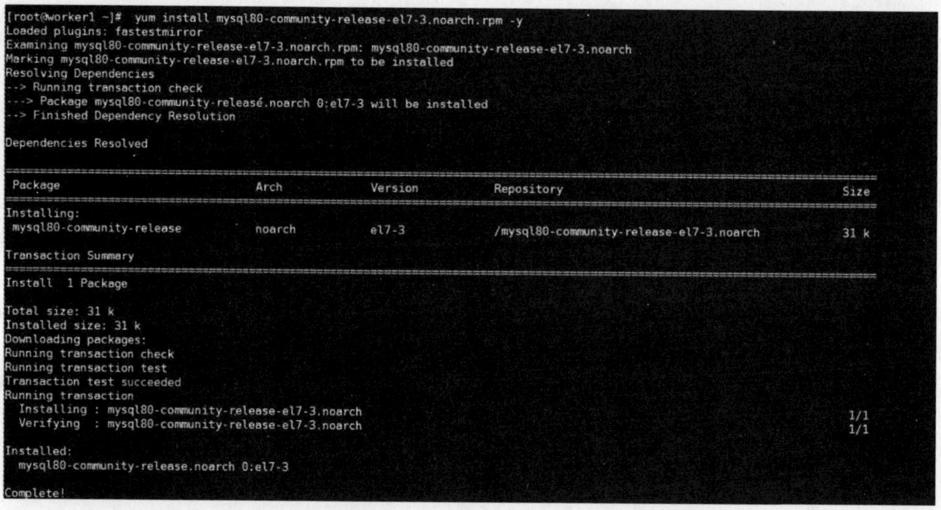

```
[root@worker1 ~]#  yum install mysql80-community-release-el7-3.noarch.rpm -y
Loaded plugins: fastestmirror
Examining mysql80-community-release-el7-3.noarch.rpm: mysql80-community-release-el7-3.noarch
Marking mysql80-community-release-el7-3.noarch.rpm to be installed
Resolving Dependencies
--> Running transaction check
---> Package mysql80-community-release.noarch 0:el7-3 will be installed
--> Finished Dependency Resolution

Dependencies Resolved

================================================================================
 Package                     Arch       Version     Repository                                  Size
================================================================================
Installing:
 mysql80-community-release   noarch     el7-3       /mysql80-community-release-el7-3.noarch     31 k

Transaction Summary
================================================================================
Install  1 Package

Total size: 31 k
Installed size: 31 k
Downloading packages:
Running transaction check
Running transaction test
Transaction test succeeded
Running transaction
  Installing : mysql80-community-release-el7-3.noarch                                          1/1
  Verifying  : mysql80-community-release-el7-3.noarch                                          1/1

Installed:
  mysql80-community-release.noarch 0:el7-3

Complete!
```

图 1-13　发布包安装成功

对于基于EL8的系统，命令的形式为：

```
yum install mysql80-community-release-el8-{version-number}.noarch.rpm
```

对于Fedora 34，命令的形式为：

```
dnf install mysql80-community-release-fc34-{version-number}.noarch.rpm
```

对于Fedora 33，命令的形式为：

```
dnf install mysql80-community-release-fc33-{version-number}.noarch.rpm
```

3. 安装 MySQL

通过以下命令安装 MySQL：

```
yum install mysql-community-server -y
```

这条命令将安装 MySQL 服务器包（mysql-community-server）以及运行该服务器所需组件的包，包括客户端包（mysql-community-client）、客户端和服务器的常见错误消息和字符集（mysql-community-common）以及共享客户端库（mysql-community-libs）。如果出现如图 1-14 所示的信息，则表示安装成功。

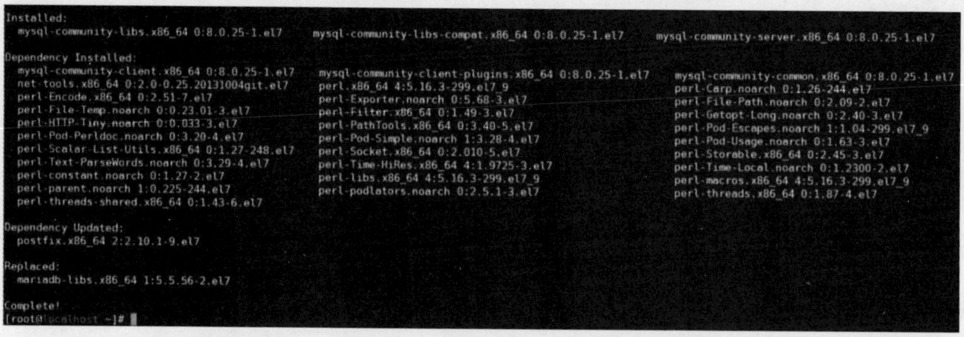

```
Installed:
  mysql-community-libs.x86_64 0:8.0.25-1.el7      mysql-community-libs-compat.x86_64 0:8.0.25-1.el7      mysql-community-server.x86_64 0:8.0.25-1.el7

Dependency Installed:
  mysql-community-client.x86_64 0:8.0.25-1.el7      mysql-community-client-plugins.x86_64 0:8.0.25-1.el7      mysql-community-common.x86_64 0:8.0.25-1.el7
  net-tools.x86_64 0:2.0-0.25.20131004git.el7       perl.x86_64 4:5.16.3-299.el7_9                            perl-Carp.noarch 0:1.26-244.el7
  perl-Encode.x86_64 0:2.51-7.el7                   perl-Exporter.noarch 0:5.68-3.el7                         perl-File-Path.noarch 0:2.09-2.el7
  perl-File-Temp.noarch 0:0.23.01-3.el7             perl-Filter.x86_64 0:1.49-3.el7                           perl-Getopt-Long.noarch 0:2.40-3.el7
  perl-HTTP-Tiny.noarch 0:0.033-3.el7               perl-PathTools.x86_64 0:3.40-5.el7                        perl-Pod-Escapes.noarch 1:1.04-299.el7_9
  perl-Pod-Perldoc.noarch 0:3.20-4.el7              perl-Pod-Simple.noarch 1:3.28-4.el7                       perl-Pod-Usage.noarch 0:1.63-3.el7
  perl-Scalar-List-Utils.x86_64 0:1.27-248.el7      perl-Socket.x86_64 0:2.010-5.el7                          perl-Storable.x86_64 0:2.45-3.el7
  perl-Text-ParseWords.noarch 0:3.29-4.el7          perl-Time-HiRes.x86_64 4:1.9725-3.el7                     perl-Time-Local.noarch 0:1.2300-2.el7
  perl-constant.noarch 0:1.27-2.el7                 perl-libs.x86_64 4:5.16.3-299.el7_9                       perl-macros.x86_64 4:5.16.3-299.el7_9
  perl-parent.noarch 1:0.225-244.el7                perl-podlators.noarch 0:2.5.1-3.el7                       perl-threads.x86_64 0:1.87-4.el7
  perl-threads-shared.x86_64 0:1.43-6.el7

Dependency Updated:
  postfix.x86_64 2:2.10.1-9.el7

Replaced:
  mariadb-libs.x86_64 1:5.5.56-2.el7

Complete!
[root@localhost ~]#
```

图 1-14　安装 MySQL

4. 启动 MySQL 服务器

使用以下命令启动MySQL服务器：

```
systemctl start mysqld
```

使用以下命令检查MySQL服务器的状态：

```
systemctl status mysqld
```

查询服务的状态，显示 running 时表示服务已经启动，如图 1-15 所示。

```
[root@localhost ~]# systemctl status mysqld
● mysqld.service - MySQL Server
   Loaded: loaded (/usr/lib/systemd/system/mysqld.service; enabled; vendor preset: disabled)
   Active: active (running) since Mon 2021-05-31 23:51:45 EDT; 8s ago
     Docs: man:mysqld(8)
           http://dev.mysql.com/doc/refman/en/using-systemd.html
  Process: 4502 ExecStartPre=/usr/bin/mysqld_pre_systemd (code=exited, status=0/SUCCESS)
 Main PID: 4631 (mysqld)
   Status: "Server is operational"
    Tasks: 38
   Memory: 470.1M
   CGroup: /system.slice/mysqld.service
           └─4631 /usr/sbin/mysqld

May 31 23:51:36 localhost.localdomain systemd[1]: Starting MySQL Server...
May 31 23:51:45 localhost.localdomain systemd[1]: Started MySQL Server.
[root@localhost ~]#
```

图 1-15　MySQL 服务状态

需要注意的是，如果操作系统已启用 systemd，则应使用标准 systemctl（或 service）命令，例如 stop、start、status 和 restart 来管理 MySQL 服务器的服务。mysqld 服务默认是启用的（在系统重新启动时启用了）。

5. 登录 MySQL

在安装 MySQL 服务时系统创建了一个超级用户账户（root）。超级用户的密码已设置并存储在错误日志文件中，如果我们想要知道密码，可以使用如下命令进行查询：

```
grep 'temporary password' /var/log/mysqld.log
```

如图 1-16 所示，最后输出的字符串就是想要查看的密码。

```
[root@localhost ~]#  grep 'temporary password' /var/log/mysqld.log
2021-06-01T03:51:40.448706Z 6 [Note] [MY-010454] [Server] A temporary password is generated for root@localhost: T<kB=Rl_,05f
[root@localhost ~]#
```

图 1-16　想要查看的密码

我们可以使用生成的临时密码登录并为超级用户账户设置自定义密码，以便尽快更改 root 密码。首先执行下面的命令进行登录：

```
mysql -uroot -p
```

如图1-17所示，在登录过程中需要输入密码，可以输入之前查询到的密码进行登录。然后执行如下命令修改密码：

```
alter user 'root'@'localhost' identified by 'NewPass';
```

```
[root@localhost ~]# mysql -uroot -p
Enter password:
Welcome to the MySQL monitor.  Commands end with ; or \g.
Your MySQL connection id is 8
Server version: 8.0.25

Copyright (c) 2000, 2021, Oracle and/or its affiliates.

Oracle is a registered trademark of Oracle Corporation and/or its
affiliates. Other names may be trademarks of their respective
owners.

Type 'help;' or '\h' for help. Type '\c' to clear the current input statement.

mysql>
```

图 1-17　MySQL 登录

在修改密码时要注意密码要尽量复杂，需要包含数字、大小写字母和标记符号，否则系统会出现如图 1-18 所示的提示，提示密码修改出错。

```
mysql> ALTER USER 'root'@'localhost' IDENTIFIED BY 'NewPass';
ERROR 1819 (HY000): Your password does not satisfy the current policy requirements
mysql> ALTER USER 'root'@'localhost' IDENTIFIED BY 'NewPass123456';
ERROR 1819 (HY000): Your password does not satisfy the current policy requirements
mysql> ALTER USER 'root'@'localhost' IDENTIFIED BY 'NewPass!';
ERROR 1819 (HY000): Your password does not satisfy the current policy requirements
mysql> ALTER USER 'root'@'localhost' IDENTIFIED BY 'NewPass!234567';
Query OK, 0 rows affected (0.01 sec)

mysql>
```

图 1-18　修改 MySQL 账户的密码

1.2.4　在 Docker 上安装 MySQL

Docker 是一个用于开发、交付和运行应用程序的开放平台。Docker 能够将应用程序与基础架构分开，从而快速交付软件。借助 Docker，可以采用与管理应用程序相同的方式来管理基础架构。

Docker 是当下热门的容器，为了省去 Linux 下安装配置程序烦琐且易于出错的步骤，笔者增加了本节内容，安装 Docker 环境后，就能在其下快速地安装 Redis 服务。

1. 在 CentOS 下安装 Docker

安装 Docker 的系统需求为：必须有一个 CentOS 7 或者 CentOS 8 的维护版本，不支持之前的旧版本。

（1）卸载旧版本

较旧的 Docker 版本称为 docker 或 docker-engine。如果安装过这些程序，请卸载它们及其相关的依赖项。

```
$ sudo yum remove docker \
                docker-client \
                docker-client-latest \
                docker-common \
                docker-latest \
                docker-latest-logrotate \
                docker-logrotate \
                docker-engine
```

（2）更新系统yum工具包

需要安装 yum-utils 软件包：

```
$ sudo yum install -y yum-utils
```

（3）设置稳定的存储库（可选择其中一个）

可以根据自己的网络情况选择存储库地址，推荐使用阿里云和清华大学源，如果设置官方源，需要单独设置好网络才可以进行正常操作。

使用官方源地址：

```
$ sudo yum-config-manager \
   --add-repo \
https:// download.docker.com/linux/centos/docker-ce.repo
```

使用阿里云：

```
$ sudo yum-config-manager \
   --add-repo \
http:// mirrors.aliyun.com/docker-ce/linux/centos/docker-ce.repo
```

使用清华大学源：

```
$ sudo yum-config-manager \
   --add-repo \
https:// mirrors.tuna.tsinghua.edu.cn/docker-ce/linux/centos/docker-ce.repo
```

（4）安装Docker Engine-Community

安装社区版 Docker 包：

```
$ sudo yum install docker-ce docker-ce-cli containerd.io
```

（5）启动Docker

启动 Docker 很简单：

```
$ sudo systemctl start docker
```

（6）验证是否安装正确

可以使用如下命令来验证 Docker 是否安装正确：

```
$ sudo docker run hello-world
```

2. 在 Windows 10 下安装 Docker

Docker Desktop 是 Docker 在 Windows 10 和 macOS 操作系统上的官方安装方式，这种方式依然是先在虚拟机中安装 Linux，再安装 Docker。用户可以从网上搜索 Docker Desktop 的安装软件 docker-ce-desktop-windows（此方法仅适用于 Windows 10 操作系统专业版、企业版、教育版和部分家庭版）。

（1）安装Hyper-V虚拟机

Hyper-V 是微软开发的虚拟机，类似于 VMWare 或 VirtualBox，只是 Hyper-V 仅适用于 Windows 10。这是 Docker Desktop for Windows 所使用的虚拟机（这个虚拟机一旦启用，

VirtualBox、VMWare、Workstation 15 及以下版本就将无法使用。如果必须在计算机上使用其他虚拟机，则不要在 Windows 中启动 Hyper-V）。

（2）启动Hyper-V

启动 Hyper-V 的操作步骤如下：

步骤 01 在 Windows 中右击“开始”按钮，在弹出的快捷菜单中选择“应用和功能”命令，如图 1-19 所示。

步骤 02 打开“程序和功能”窗口，单击“启用或关闭 Windows 功能”链接，如图 1-20 所示。

图 1-19 选择“应用和功能”命令

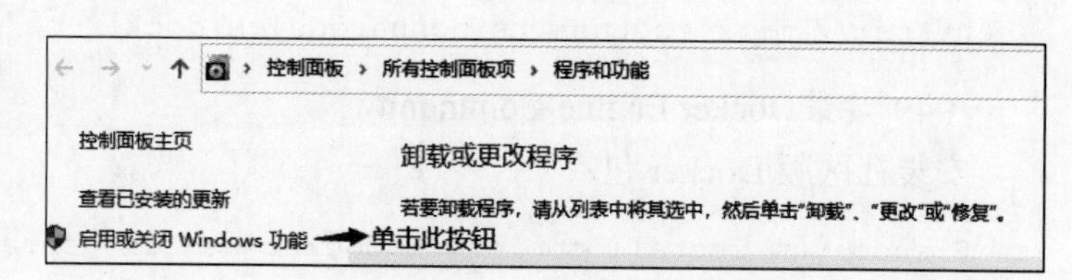

图 1-20 “程序和功能”窗口

步骤 03 在打开的“Windows 功能”对话框中勾选“Hyper-V”复选框，然后单击“确定”按钮，如图 1-21 所示。

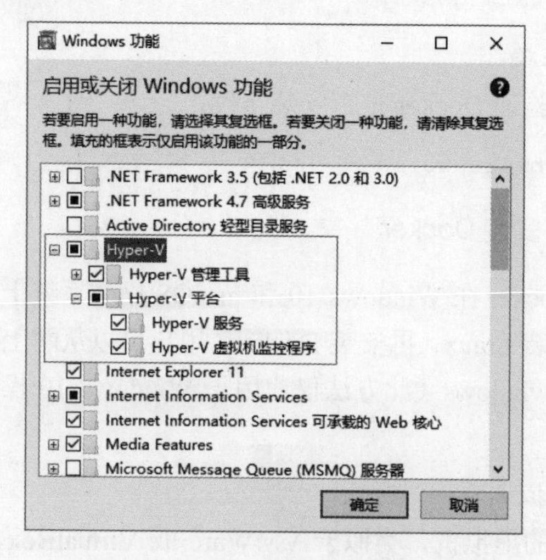

图 1-21 勾选“Hyper-V”复选框

（3）安装Docker

接下来双击下载的安装 Docker 的 EXE 文件，在打开的对话框中单击 Next 按钮，最后单击 Finish 按钮完成安装。

安装完成后，Docker 会自动启动，通知栏上会出现图标，表示 Docker 正在运行，然后按住 Win+R 快捷键输入 PowerShell。

用户还可以执行命令 docker run hello-world 来检查是否安装成功。

3. 利用 Docker 安装 MySQL

（1）下载MySQL镜像

执行 docker pull mysql/mysql-server:8.0，如图 1-22 所示。

```
[root@localhost ~]# docker pull mysql/mysql-server:8.0
8.0: Pulling from mysql/mysql-server
ee9d4d67fb68: Pull complete
151f7d1c9a3e: Pull complete
b01941651e65: Pull complete
64eb680a58e2: Pull complete
05c4ac61c33c: Pull complete
1c44925848bc: Pull complete
fff02a04d6b8: Pull complete
Digest: sha256:56ec3d7509327c66e4b8b22c72ecd56572ae1f87c91ef806c80fa09c7707c845
Status: Downloaded newer image for mysql/mysql-server:8.0
docker.io/mysql/mysql-server:8.0
```

图 1-22　下载镜像

（2）启动MySQL服务

要启动 MySQL 服务，执行如下命令：

```
docker run --name=mysql1 --restart on-failure -d mysql/mysql-server:8.0
```

（3）其他操作

删除启动容器的命令如下：

```
docker rm -f mysql1
```

停止容器的命令如下：

```
docker stop mysql1
```

（4）查看启动的日志

查看启动日志的命令如下：

```
docker logs mysql1
```

查看MySQL服务的密码的命令如下：

```
docker logs mysql1 2>&1 | grep GENERATED
```

查询到的密码如图 1-23 所示。

```
[root@localhost ~]#  docker logs mysql1 2>&1 | grep GENERATED
[Entrypoint] GENERATED ROOT PASSWORD: W;3FK_r+DW92r^^62w4L,ZA^mq=1BJX7
[root@localhost ~]#
```

图 1-23　查询到的密码

登录MySQL服务：

```
docker exec -it mysql1 mysql -uroot -p
```

系统询问时，输入生成的root密码。由于该MYSQL_ONETIME_PASSWORD选项默认为true，因此在将MySQL客户端连接到服务器后，必须通过以下语句来重置服务器root账户的密码：

```
alter user 'root'@'localhost' identified by 'password';
```

或者执行下面的命令进行安装：

```
docker run -p 3306:3306 --name mysql \
-v /root/mysql/log:/var/log/mysql \
-v /root/mysql/data:/var/lib/mysql \
-v /root/mysql/conf:/etc/mysql \
-e MYSQL_ROOT_PASSWORD=123456 \
-d mysql/mysql-server:8.0
```

以上命令挂载了服务的日志文件和lib文件，已经设置好了密码。需要注意的是，在执行这条命令之前，要在宿主机的/root/mysql/conf目录下创建my.cnf文件，这个文件是服务启动的配置文件，该配置文件至少应该有如下几行内容：

```
[mysqld]
init_connect='set collation_connection = utf8_general_ci'
init_connect='set names utf8'
secure_file_priv=
```

第2章

什么样的数据库设计才是优秀的

本章主要内容:

- ※ 数据库设计理论
- ※ 数据库连接
- ※ 数据库和表
- ※ MySQL 数据类型和数据类型异常处理

本章将讲解数据库设计理论，以简单的示例讲解三大范式以及 MySQL 中对数据库和表的基本操作（包括创建数据库、切换数据库、创建表等），以及 MySQL 提供的多种数据类型，包括 MySQL 新提供的数据类型以及数据库对每种数据类型出现异常时的处理。

2.1 关系型数据库设计理论

关系模型是一种基于表的数据模型。表 2-1 是酒店客人入住信息表，该表有很多不足之处，本节就来看看如何改进它。

表 2-1 酒店客人入住信息表

客人编号	姓名	地址	……	客房号	客房描述	客房类型	客房状态	床位数	价格	入住人数
C1001	张三	Addr1	……	1001	A 栋 1 层	单人间	入住	1	128.00	1
C1002	李四	Addr2	……	2002	B 栋 2 层	标准间	入住	2	168.00	0
C1003	王五	Addr3	……	2002	B 栋 2 层	标准间	入住	2	168.00	2
C1004	赵六	Addr4	……	2003	B 栋 2 层	标准间	入住	2	158.00	1
……	……	……	……	……	……	……	……	……	……	
C8006	A1	Addrm	……	101	C 栋 3 层	总统套房	入住	3	1080.00	1
C8008	A2	Addrn	……	101	C 栋 3 层	总统套房	空闲	3	1080.00	0

下面是一些重要术语：

- 属性（Attribute）：列的名字，表2-1中有客人编号、姓名、地址、客房号、客房描述、客房类型、客房状态、床位数、价格、入住人数等。
- 关系（Relation）：列属性之间存在的某种关联。
  表（Table）：由多个属性以及众多元组所表示的各个实例组成。
- 键（Key）：由一个或多个属性组成，其值能唯一标识关系中的一个元组。如果某个关系A中的一个（组）属性是另一个关系B的键，则该（组）属性在A中被称为外键。
- 笛卡儿积（交叉连接，Cross Join）：第一个关系的每一行数据分别与第二个关系的每一行数据组合。
- 自然连接（Natural Join）：第一个关系的每一行数据与第二个关系的每一行数据进行匹配，若得到交叉部分则合并，若无交叉部分则舍弃。
- θ连接（Theta Join）：加上约束条件的笛卡儿积，先得到笛卡儿积，再根据约束条件删除不满足的元组。
- 外连接（Outer Join）：执行自然连接后，将舍弃的部分也加入，并且把匹配失败处的属性设置为null。

通过表2-1可以发现，该表存在不符合规范的设计，总共有如下几点：

1）信息重复：比如客房类型和客房状态存在大量的数据重复。

2）更新异常：修改了一个记录中的信息，但是另一个记录中相同的信息却没有被同步修改。

3）插入异常：无法正确表示信息。

4）删除异常：丢失有效信息。

下面利用三大范式对数据库进行改造。

第一范式（1NF）：目标是确保每列的原子性，如果每列都是不可再分的最小数据单元（也被称为最小的原子单元），则满足第一范式。

例 2.1 第一范式优化表格示例。

没有经过第一范式优化的表格如表 2-2 所示。

表2-2 没有经过第一范式优化的表格

Address
中国北京
美国纽约
英国利物浦
日本东京
……

经过第一范式优化的表格如表 2-3 所示。

表 2-3　经过第一范式优化的表格

CustID	Country	City
1	中国	北京
3	英国	利物浦
4	日本	东京
2	美国	纽约
……	……	……

第二范式（2NF）：要求每张表只描述一件事情。

例2.2　第二范式优化表格示例。

没有经过第二范式优化的表格如表 2-4 所示。

表 2-4　没有经过第二范式优化的表格

字段	例子
客人编号	C1002
姓名	李四
地址	Addr1
客房号	2002
客房状态	入住
客房类型	标准间
床位数	2
入住人数	2
价 格	168
……	……

经过第二范式优化之后，把一张表拆解成两张表，分别为 Guest 表和 Room 表。

Guest 表如表 2-5 所示。

表 2-5　Guest 表

字段	例子
客人编号	C1002
姓名	李四
地址	Addr1
客房号	2002

Room 表如表 2-6 所示。

表 2-6　Room 表

字段	例子
客房号	2002
客房状态	入住
客房类型	标准间
床位数	2
入住人数	2

第三范式（3NF）：如果一个关系满足第二范式，并且除了主键以外的其他列都不依赖于主键列，则满足第三范式。

例 2.3 第三范式优化表格示例。

没有经过第三范式优化的 Room 表如表 2-7 所示。

表2-7 没有经过第三范式优化的Room表

字段	例子
客房号	2002
客房状态	入住
客房类型	标准间
床位数	2
入住人数	2
价格	168
……	……

经过第三范式优化之后，拆成 3 张表，分别是 Room 表、RoomType 表和 RoomState 表。Room 表如表 2-8 所示。

表2-8 Room表

字段	例子
客房号	2002
客房状态编号	1
客房类型编号	2
入住人数	2
……	……

RoomType表如表2-9所示。

表2-9 RoomType表

字段	例子
客房类型编号	2
客房类型名称	标准间
床位数	2
价格	168

RoomState 表如表 2-10 所示。

表2-10 RoomState表

字段	例子
客房状态编号	1
客房状态名称	入住

如上所述，经过三大范式将一张存在问题的大表拆分成 4 张表，最终数据库设计结构如图 2-1 所示（PK 表示主键，FK 表示外键）。

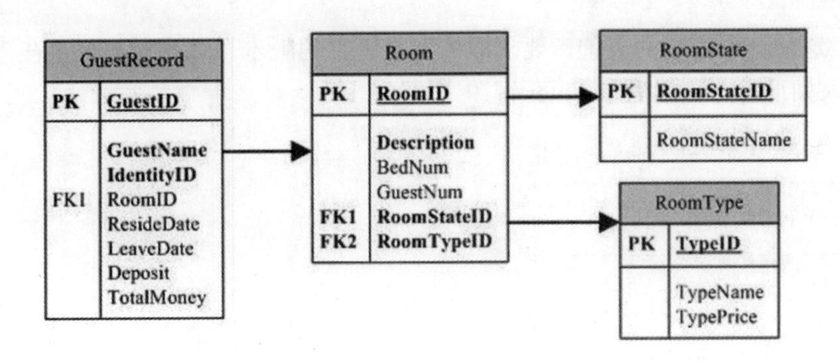

图 2-1　酒店管理系统数据库模型

2.2　连接数据库和基本信息查询

2.2.1　连接数据库

要连接到 SQL 服务器，需要在调用 MySQL 时提供用户名，并且很可能需要提供密码。如果 SQL 服务器在其他计算机上运行，还必须指定主机名。应联系管理员，了解该使用哪些连接参数来进行连接（即使用的主机、用户名和密码）。当知道正确的参数之后，可以执行如下命令进行连接：

```
shell> mysql -h host -u user -p
Enter password: ********
```

host和user分别代表运行的MySQL服务器的主机名和MySQL账户的用户名。********代表密码，当MySQL显示“Enter password:”提示时，输入账户对应的密码。如果输入密码正确，应该会看到如下信息：

```
shell> mysql -h host -u user -p
Enter password: ********
Welcome to the MySQL monitor.  Commands end with ; or \g.
Your MySQL connection id is 25338 to server version: 8.0.25-standard
Type 'help;' or '\h' for help. Type '\c' to clear the buffer.
mysql>
```

出现“mysql>”提示符表明可以输入 SQL 语句了。

如果在运行 MySQL 的同一台计算机上登录，则可以省略主机，只需执行以下命令：

```
shell> mysql -u user -p
```

如果在尝试登录时收到错误提示信息，例如 ERROR 2002 (HY000): Can't connect to local MySQL server through socket '/tmp/mysql.sock' (2)，则表示MySQL服务器守护程序（在UNIX操作系统中）或服务（在Windows操作系统中）未运行，也就是需要启动MySQL服务。

2.2.2　基本信息查询

本小节将介绍输入查询的基本原则，通过使用几个查询来熟悉 MySQL 的工作原理。

例 2.4 这是一个简单的查询，要求服务器告诉它的版本号和当前日期。在“mysql>”提示符后面输入如下命令，然后按 Enter 键：

```
mysql> select version(), current_date;
+-----------+--------------+
| version() | current_date |
+-----------+--------------+
| 8.0.25    | 2021-06-01   |
+-----------+--------------+
1 row in set (0.00 sec)

mysql>
```

如上查询说明了有关MySQL查询的几点信息：

1）查询通常由以分号结尾的 SQL 语句组成（有一些例外可以省略分号，QUIT 语句就是其中之一）。

2）当我们输入查询语句时，MySQL 将其发送到服务器执行并显示结果，然后显示出下一个“mysql>”提示符，以表明它已准备好接受另一个查询。

3）MySQL 以表格形式（行和列）显示查询的结果。第一行包含列的标签（或称为列名），其他行是查询的结果。通常列标签是从数据库表中提取的列名称。如果要检索表达式的值而不是表列的值，MySQL 会使用表达式本身来标记该列。

4）MySQL 显示返回了多少行数据以及执行查询需要多长时间，由此我们大致可以了解服务器的性能。不过这些值是不精确的，因为它们代表的是时钟时间，并且受到服务器负载和网络延迟等因素的影响。

MySQL 查询示例如下：

1）SQL关键字不区分字母大小写。

例2.5 使用不同字母大小写进行相同内容的查询。

```
mysql> SELECT VERSION(), CURRENT_DATE;
mysql> select version(), current_date;
mysql> SeLeCt vErSiOn(), current_DATE;
```

查询结果如图 2-2 所示，在查询时，输入的 SQL 语句中的关键字可以不区分字母大小写，最后输出的答案是一致的，也不会抛出任何异常。

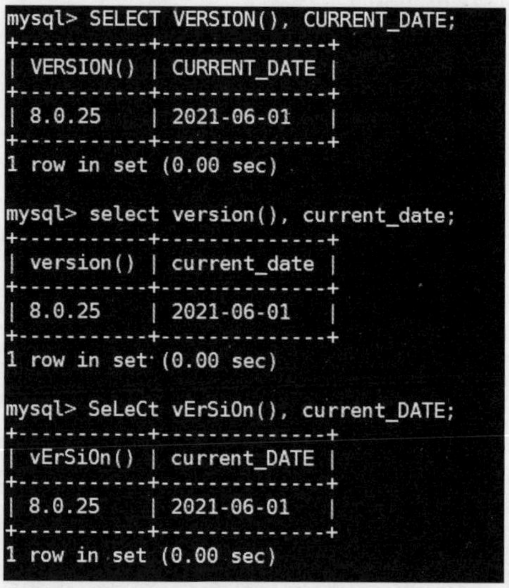

```
mysql> SELECT VERSION(), CURRENT_DATE;
+-----------+--------------+
| VERSION() | CURRENT_DATE |
+-----------+--------------+
| 8.0.25    | 2021-06-01   |
+-----------+--------------+
1 row in set (0.00 sec)

mysql> select version(), current_date;
+-----------+--------------+
| version() | current_date |
+-----------+--------------+
| 8.0.25    | 2021-06-01   |
+-----------+--------------+
1 row in set (0.00 sec)

mysql> SeLeCt vErSiOn(), current_DATE;
+-----------+--------------+
| vErSiOn() | current_DATE |
+-----------+--------------+
| 8.0.25    | 2021-06-01   |
+-----------+--------------+
1 row in set (0.00 sec)
```

图 2-2　SQL 关键字不区分字母大小写示例

2）把 MySQL 用作一个简单的计算器。

例 2.6 把 MySQL 用作计算器。

```
mysql>  select sin(pi()/5), (9+1)*5;
+--------------------+---------+
| sin(pi()/5)        | (9+1)*5 |
```

```
+--------------------+---------+
| 0.5877852522924731 |      50 |
+--------------------+---------+
1 row in set (0.00 sec)
```

执行结果如图 2-3 所示，MySQL 给出了计算结果。

3）可以在一行中输入多条 SQL 语句（或命令），只需用分号分隔每条 SQL 语句即可。

例 2.7　用分号分隔多条 SQL 语句。

```
mysql> select version(); select now();
+-----------+
| version() |
+-----------+
| 8.0.25    |
+-----------+
1 row in set (0.00 sec)

+---------------------+
| now()               |
+---------------------+
| 2021-06-01 06:49:51 |
+---------------------+
1 row in set (0.00 sec)
```

执行结果如图 2-4 所示。

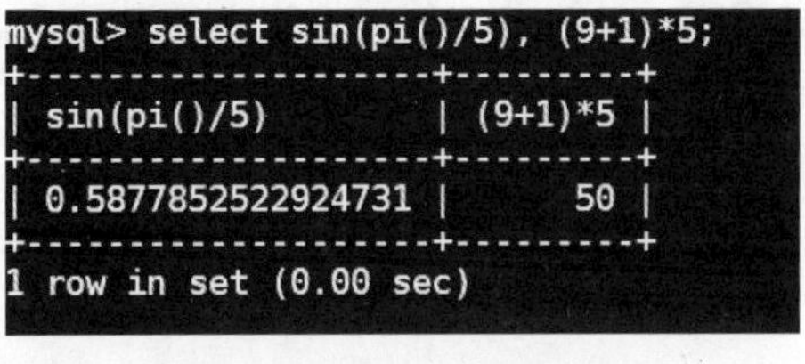

```
mysql> select sin(pi()/5), (9+1)*5;
+--------------------+---------+
| sin(pi()/5)        | (9+1)*5 |
+--------------------+---------+
| 0.5877852522924731 |      50 |
+--------------------+---------+
1 row in set (0.00 sec)
```

图 2-3　MySQL 作为计算器

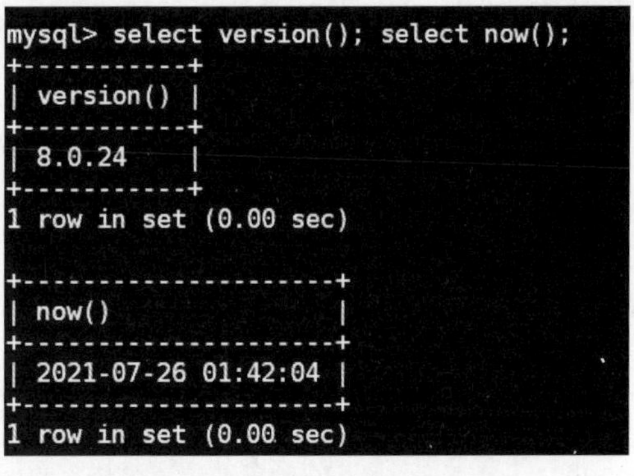

```
mysql> select version(); select now();
+-----------+
| version() |
+-----------+
| 8.0.24    |
+-----------+
1 row in set (0.00 sec)

+---------------------+
| now()               |
+---------------------+
| 2021-07-26 01:42:04 |
+---------------------+
1 row in set (0.00 sec)
```

图 2-4　一行执行多条 SQL 语句

4）如果一条 SQL 查询语句冗长，在一行内写不下，可以写成多行的形式，最后带上终止分号即可，因为 MySQL 不是在每一行的末尾去找代表 SQL 语句结束的分号，而是在多个连续行去找分号来确定语句的结束位置（MySQL 接受自由格式的输入，在看到分号之后才会执行当前的 SQL 查询语句）。

例 2.8　MySQL 可以写成多行的形式，最后带上终止分号即可。

```
mysql> select
    -> user()
    -> ,
```

```
    -> current_date;
+----------------+--------------+
| user()         | current_date |
+----------------+--------------+
| root@localhost | 2021-06-01   |
+----------------+--------------+
1 row in set (0.00 sec)
```

上述 SQL 语句的执行结果如图 2-5 所示，当我们不输入分号时，之前输入的命令是不会被执行的。

5）如果输入部分语句后决定不执行了，可以输入“\c”来取消。

例 2.9 取消查询。

```
mysql> select
    -> users
    -> \c
mysql>
```

执行结果如图 2-6 所示，当输入“\c”之后，当前输入的命令就被取消执行了。

```
mysql> select
    -> users
    -> \c
mysql> select
    -> user()
    -> ,
    -> current_date;
+----------------+--------------+
| user()         | current_date |
+----------------+--------------+
| root@localhost | 2021-07-26   |
+----------------+--------------+
1 row in set (0.00 sec)
```

图 2-5 多行查询

图 2-6 当前输入的命令取消执行

需要注意的是，在输入取消命令“\c”之后，MySQL 回到“mysql>”提示符状态，表示已准备好接受新的查询。表 2-11 总结了 MySQL 显示不同提示符时所处的状态。

表 2-11 MySQL 所处状态的含义

提示	意义和说明
mysql>	准备就绪，等待接受新的查询
->	等待多行查询的下一行
'>	等待下一行，等待以单引号（'）开头的字符串完成
">	等待下一行，等待以双引号（"）开头的字符串完成
`>	等待下一行，等待以反引号（`）开头的标识符完成
/*>	等待下一行，等待以“/*”开头的注释完成

1）当以单行输入查询语句时，如果忘记以分号结尾，MySQL会一直等待我们输入“;”：

```
mysql> select user()
    ->
```

如果发生这种情况（我们可能认为已经输入完成一条查询语句，而唯一的响应是“->”提示符），那么很可能就是MySQL在等待分号。输入分号之后，MySQL才会开始执行输入的SQL查询语句：

```
mysql> select user()
    -> ;
+----------------+
| user()         |
+----------------+
| root@localhost|
+----------------+
```

2）出现“'>”和“">”提示符表示当前正处于字符串的收集过程中（即表示MySQL正在等待用户输入表示字符串终止的配对符号）。在MySQL中，我们可以编写由一对“'”或一对“"”作为起止的字符串，而MySQL允许输入跨多行的字符串。当看到“'>”或“">”提示符时，表示输入了包含以“'”或“"”（单引号或双引号）开头的字符串的行，但尚未输入终止字符串的配对引号。例如：

```
mysql> select * from mytable where name = 'clay  and age <18;
    '>
```

如果输入此select语句，然后按Enter键并等待结果，则没有任何反应。此时我们需要注意“'>”提示符提供的线索。它其实是告诉我们：MySQL希望看到字符串的其余部分（语句中clay开始的字符串缺少了第二个单引号）。此时我们可以选择输入“\c”取消本次查询语句的执行：

```
mysql> select * from mytable where name = clay and age < 18;
    '> '\c
mysql>
```

提示符又变回“mysql>”，表明 MySQL 再次就绪，可以接受新的查询。

2.3　数据库和表

在学习如何创建数据库和表之前，可以使用如下步骤来查询当前服务器中存在的数据库：

步骤01　使用 show 语句查询当前服务器上存在哪些数据库：

```
mysql> show databases;
+--------------------+
| database           |
+--------------------+
| information_schema |
| mysql              |
| performance_schema |
| sys                |
+--------------------+
4 rows in set (0.00 sec)
```

从以上信息可以了解到，当我们执行 show databases 语句后，服务器将查询当前存在的所有数据库。

MySQL 数据库存储了用户访问权限等信息。test 数据库是系统提供的默认测试库，可以删除。该语句显示的数据库列表可能和读者计算机上显示的数据库列表有所不同，因为不会显示出当前用户没有访问权限的数据库。

步骤 02 如果 mysql 数据库存在，我们可以进入 mysql 数据库查询当前数据库中的表。比如，使用如下语句可以切换到 test 数据库：

```
mysql> use mysql
Database changed
```

使用如下语句可以查询当前数据库中的所有表：

```
mysql> show tables;
+----------------------------------------------------------+
| Tables_in_mysql                                          |
+----------------------------------------------------------+
| columns_priv                                             |
| component                                                |
| db
```

执行结果如图 2-7 所示，首先切换到 mysql 数据库，然后查询出当前 mysql 数据库中的所有表。

```
mysql> use mysql
Reading table information for completion of table and column names
You can turn off this feature to get a quicker startup with -A

Database changed
mysql> show tables;
+---------------------------------------------------+
| Tables_in_mysql                                   |
+---------------------------------------------------+
| columns_priv                                      |
| component                                         |
| db                                                |
| default_roles                                     |
| engine_cost                                       |
| func                                              |
| general_log                                       |
| global_grants                                     |
| gtid_executed                                     |
| help_category                                     |
| help_keyword                                      |
```

图 2-7　查询 mysql 数据库中的所有表

2.3.1　创建数据库

如果要创建一个新的数据库，可执行如下语句：

```
create database DEMO;
```

执行结果如图 2-8 所示，创建数据库成功。

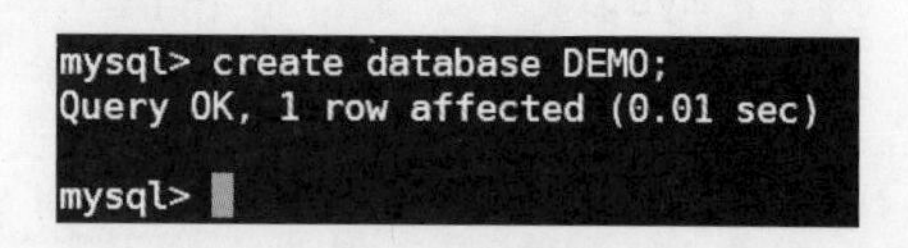

图 2-8　创建数据库

在 UNIX 操作系统中，数据库的名称是区分字母大小写的（这与 SQL 关键字不区分字母大小写不同），所以在进入数据库时，必须使用数据库的名称 DEMO 来指向正确的数据库，而不能使用 Demo、demo。对于表名也是如此（注意在 Windows 中，此限制不适用）。如图 2-9 所示，切换数据库时，由于未正确使用大小写而导致切换数据库操作失败。

如图 2-10 所示，唯有数据库名称正确使用大小写才能正常完成数据库的切换。

```
mysql> create database DEMO;
Query OK, 1 row affected (0.01 sec)

mysql> use demo;
ERROR 1049 (42000): Unknown database 'demo'
```

图 2-9　数据库切换操作失败

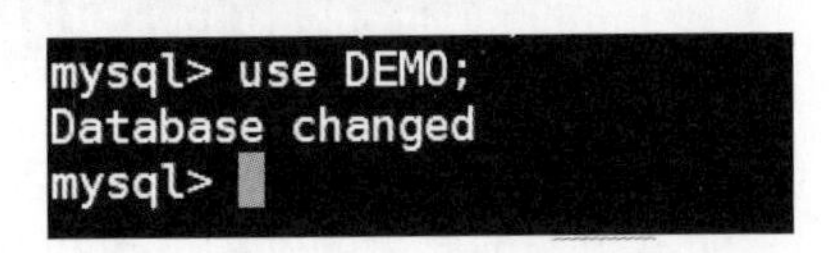
mysql> use DEMO;
Database changed
mysql>

图 2-10　数据库切换操作成功

如果在创建数据库时出现诸如 ERROR 1044 (42000): Access denied for user clay@'localhost' 的错误，则说明该用户没有创建数据库所需的权限。

2.3.2　创建表

如图 2-11 所示，进入 DMEO 数据库中，此时该数据库中并没有任何表。

```
mysql> use DEMO;
Database changed
mysql> show tables;
Empty set (0.00 sec)

mysql>
```

图 2-11　切换数据库并查询所有表

如果要在 DEMO 数据库中创建表，那么在创建之前需要了解如下信息：

- 表名：代表数据表的名称，如果我们想要存储用户信息，则可以取名为 userinfo。
- 表字段名：表示表中有哪些属性，比如 name、age、address 等字段。

以下为创建MySQL数据表的通用语法：

```
create table table_name (column_name column_type);
```

例2.10　在DEMO数据库中创建数据表userinfo，SQL语句如下：

```
create table if not exists `userinfo`(
   `id` int unsigned auto_increment,
   `name` varchar(100) not null,
   `age` int not null,
   `date` date,
   primary key ( `id` ))engine=innodb default charset=utf8;
```

上述语句说明如下：

- 如果不希望字段的值为 null，可以将字段的属性设置为 not null，如果在操作数据库时将 null 输入到该字段，则会报错。
- auto_increment：把列定义为自增的属性，一般用于主键，数值会自动加 1。
- primary key：用于把列定义为主键，可以使用多列来定义主键，列之间以逗号分隔。
- engine：设置存储引擎。
- charset：设置字符集的编码。

- varchar(100)与 int：代表此字段使用的数据类型，后续章节会专门讲解每一种数据类型。

创建结果如图 2-12 所示。

```
mysql> create table if not exists `userinfo`(
    ->     `id` int unsigned auto_increment,
    ->     `name` varchar(100) not null,
    ->     `age` int not null,
    ->     `date` date,
    ->     primary key ( `id` ))engine=innodb default charset=utf8;
Query OK, 0 rows affected, 1 warning (0.04 sec)
```

图 2-12　创建表

如果想查询此表的结构，可以执行如下语句：

```
describe userinfo;
```

执行结果如图 2-13 所示，可以清晰地看到此表的结构及其说明。

```
mysql> describe userinfo;
+-------+--------------+------+-----+---------+----------------+
| Field | Type         | Null | Key | Default | Extra          |
+-------+--------------+------+-----+---------+----------------+
| id    | int unsigned | NO   | PRI | NULL    | auto_increment |
| name  | varchar(100) | NO   |     | NULL    |                |
| age   | int          | NO   |     | NULL    |                |
| date  | date         | YES  |     | NULL    |                |
+-------+--------------+------+-----+---------+----------------+
4 rows in set (0.00 sec)
```

图 2-13　查询表的结构及其说明

此后若再次查询当前数据库中的表，则会显示出已创建表的基本信息，如图 2-14 所示。

```
mysql> show tables;
+----------------+
| Tables_in_DEMO |
+----------------+
| userinfo       |
+----------------+
1 row in set (0.00 sec)
```

图 2-14　查询数据库中表的基本信息

2.4　数据类型和类型异常处理

在MySQL中定义数据字段的类型对于数据库的优化是非常重要的。MySQL支持多种数据类型，大致可以分为如下几类：

- 数字数据类型。
- 日期和时间数据类型。
- 字符串数据类型。
- JSON 数据类型。

2.4.1　数字数据类型

在 MySQL 中，数字数据类型又分为如下几个类别：

- 整数类型：integer、int、smallint、tinyint、mediumint、bigint。
- 定点类型：decimal、numeric。
- 浮点类型：float、double。
- 位值类型：bit。

1. 整数类型

MySQL 支持 SQL 标准整数类型 int 和 smallint，也支持标准扩展的整数类型 tinyint、mediumint 和 bigint。表 2-12 显示了每种整数类型所需的存储空间和取值范围，我们可以根据实际情况选用合适的整数类型。

表 2-12　整数类型所需的存储空间和取值范围

类型	存储空间（字节）	有符号的最小值	无符号的最小值	有符号的最大值	无符号的最大值
tinyint	1	–128	0	127	255
smallint	2	–32768	0	32767	65535
mediumint	3	–8388608	0	8388607	16777215
int	4	–2147483648	0	2147483647	4294967295
bigint	8	–263	0	263–1	264–1

2. 定点类型

decimal 和 numeric 类型用于存储精确的数值数据。这些数据类型用于保存对精度要求很高的数据，比如货币数据。在 MySQL 中，numeric 被实现为 decimal，所以适用于 decimal 数据类型的数据同样适用于 numeric 数据类型的数据。

在 decimal 列声明中，可以指定精度和小数位数。

例 2.11　在 decimal 列声明中指定精度为 5，小数位数为 2，SQL 语句如下：

```
salary decimal(5,2)
```

精度表示为值存储的有效位数，小数位数表示可以存储在小数点后的位数。decimal(5,2) 可以用于存储具有 5 位数字和两位小数的任何数值，因此定义为此数据类型的 salary 列的取值范围为–999.99～999.99。如果 decimal 小数位数为 0，则值不包含小数点或小数部分，但定义为 decimal 数据类型的列的实际取值范围可能会受到所定义的精度或小数位数的限制。如果给定义为 decimal 数据类型的列分配的值的小数点后的位数超过所允许的位数，那么数值会被截断到允许的位数。表 2-13 是 decimal 数据类型的详细说明。

表 2-13　decimal 数据类型的详细说明

类型	存储空间（字节）	有符号的最小值	无符号的最小值	有符号的最大值	无符号的最大值
decimal	对于 decimal(M,D)，如果 M>D，则为 M+2，否则为 D+2	取决于 M 和 D 的值	取决于 M 和 D 的值	取决于 M 和 D 的值	取决于 M 和 D 的值

3. 浮点类型

float 和 double 数据类型表示的是浮点数据类型。在 MySQL 中，单精度浮点数使用 4 字节，双精度浮点数使用 8 字节。表 2-14 是 float 和 double 数据类型的详细说明。

表 2-14　float 和 double 数据类型的详细说明

类型	存储空间（字节）	范围（有符号）	范围（无符号）
float	4	(–3.402 823 466 E+38，–1.175 494 351 E–38)，0，(1.175 494 351 E–38，3.402 823 466 351 E+38)	0，(1.175 494 351 E-38，3.402 823 466 E+38)
double	8	(–1.797 693 134 862 315 7 E+308，–2.225 073 858 507 201 4 E-308)，0，(2.225 073 858 507 201 4 E-308，1.797 693 134 862 315 7 E+308)	(2.225 073 858 507 201 4 E–308，1.797 693 134 862 315 7 E+308)

需要注意的是，如果要使程序具有最大的可移植性，那么在定义浮点数据的类型时，应该定义为 float 或 double precision 数据类型，且不要指定精度或位数。

4. 位值类型

即 bit 类型，它的表示方式为 bit(m)，m 的取值范围为 1～64。bit 类型存储的是二进制字符串。

bit 类型的数据范围为 bit(1)～bit(64)，换算成十进制，其值的取值范围为 0～2^{64}–1；tinyint unsigned 类型的数值取值范围为 0～255（十进制数）。bit 类型占用的存储空间近似为(m+7)/8 字节，而 tinyint 类型的存储空间为 1 字节。当使用 bit(1)和 tinyint 时，它们占用的存储空间是一致的。

5. 超出范围和溢出处理

当 MySQL 在数值列中存储超出列数据类型允许范围的值时，其结果取决于当时启用的 SQL 模式：

- 如果启用了严格的 SQL 模式，MySQL 会根据 SQL 标准拒绝超出范围的值并显示出错误提示信息，表明插入操作失败。
- 如果没有启用限制模式，MySQL 会将插入的值截断到列数据类型范围的边界值来存储。
- 当把超出定义范围的值分配给定义为整数的列时，MySQL 将把列数据类型范围的边界值作为值存储到列中。
- 当为浮点或定点类型的列分配的值超出指定（或默认）精度和小数位数所隐含的范围时，MySQL 将把列数据类型范围的边界值存储到列中。

（1）超出范围处理

例2.12　假设一个表t1具有以下定义：

```
create table t1 (i1 tinyint, i2 tinyint unsigned);
```

① 启用严格 SQL 模式后，会出现超出范围的错误。

使用如下命令启用数据库的严格 SQL 模式：

```
mysql> set sql_mode = 'traditional';
```

在启用数据库的严格SQL模式下，插入超过数据类型范围的数值会被拒绝插入并抛出异常：

```
mysql> insert into t1 (i1, i2) values(256, 256);
ERROR 1264 (22003): Out of range value for column 'i1' at row 1mysql> select
* FROM t1;Empty set (0.00 sec)
```

② 如果未启用严格 SQL 模式，则会发出警告，但是不会报错。

使用如下语句设置未启用严格 SQL 模式：

```
mysql> set sql_mode = '';
```

如下语句是在未启用严格SQL模式的情况下插入超过数据类型范围的数值：

```
mysql> insert into t1 (i1, i2) values(256, 256);
```

如下语句是查询上面的插入语句时出现的警告信息：

```
mysql>show warnings;
+---------+------+---------------------------------------------+
| Level   | Code | Message                                     |
+---------+------+---------------------------------------------+
| Warning | 1264 | Out of range value for column 'i1' at row 1 |
| Warning | 1264 | Out of range value for column 'i2' at row 1 |
+---------+------+---------------------------------------------+
```

如下语句用来检验插入的数值超出数据类型的范围时，数值是否会插入数据表中：

```
mysql> select * from t1;
+------+------+
| i1   | i2   |
+------+------+
| 127  | 255  |
+------+------+
```

从结果可知，如果不启用严格 SQL 模式，在数值超过数据类型范围的情况下依然会把数据添加到数据表中，只不过发出了警告，同时实际插入的数值是数据类型范围的边界值，在本例中有边界，即最大值。

（2）溢出处理

数值表达式计算期间的溢出会导致错误。

例 2.13　有符号 bigint 值的最大值是 9223372036854775807，因此以下语句会产生错误：

```
mysql> select 9223372036854775807 + 1;
ERROR 1690 (22003): bigint value is out of range in '(9223372036854775807 + 1)'
```

在这种情况下，要想操作成功，可以将结果值转换为无符号数。

```
mysql> select cast(9223372036854775807 as unsigned) + 1;
+---------------------------------------+
| cast(9223372036854775807 as unsigned)+1  |
```

```
+----------------------------------------+
|        9223372036854775808             |
+----------------------------------------+
```

发生溢出的原因是结果值超过了数据类型范围的上限，所以处理上面这种错误的另一种方法就是修改数值的数据类型，例如把数值类型修改为浮点类型，因为浮点类型的取值范围大，对于此例不会出现异常情况：

```
mysql> select 9223372036854775807.0 + 1;
+---------------------------+
| 9223372036854775807.0 + 1 |
+---------------------------+
|     9223372036854775808.0 |
+---------------------------+
```

在默认情况下，unsigned整数值之间的减法（其中一个类型为unsigned）会产生一个无符号结果值。如果结果值是负数，则会导致错误：

```
mysql> set sql_mode = '';
Query OK, 0 rows affected (0.00 sec)
mysql> select cast(0 as unsigned) - 1;
ERROR 1690 (22003): bigint unsigned value is out of range in '(cast(0 as unsigned)
- 1)'
```

如果no_unsigned_subtraction启用了SQL模式，则不会出现执行语句的异常：

```
mysql> set sql_mode = 'no_unsigned_subtraction';
mysql> select cast(0 as unsigned) - 1;
+-------------------------+
| cast(0 as unsigned) - 1 |
+-------------------------+
|                      -1 |
+-------------------------+
```

2.4.2 日期和时间数据类型

表示时间值的日期和时间类型有这样几种：datetime、date、timestamp、time 和 year。每种时间类型都有一个有效值范围和一个“零”值，当指定不符合规则的日期或时间数据时，MySQL 将使用“零”值将其替换。

使用日期和时间类型时，需要注意以下事项：

- MySQL 以标准格式输出给定的日期或时间类型的值。如果使用日期或时间类型的格式不恰当，可能会出现不可预测的结果。
- MySQL 尝试以多种格式解释用户输入的值，但是日期部分必须按年-月-日的顺序给出（例如'21-06-01'），不能使用月-日-年或日-月-年的顺序（例如'01-06-21'、'06-01-21'）。如果要将其他顺序的字符串转换为年-月-日的顺序，可以使用 str_to_date()函数进行转换。
- 对于包含 2 位数年份值的不明确日期，MySQL 会使用以下规则进行解释：
    - 70-99 范围内的年份值转换为 1970-1999。

  - 00-69 范围内的年份值转换为 2000-2069。
- 默认情况下，当 MySQL 遇到无效的日期或时间类型的值时，它会将该值转换为该类型的“零”值。如果时间类型的值超出范围，此值会被剪裁到时间范围的相应端点。
- MySQL 允许将“零”值'0000-00-00'存储为“虚拟日期”。在某些情况下，这比使用 null 值更方便，并且使用更少的数据和索引空间。要禁止存储'0000-00-00'为“虚拟日期”，可以启用 no_zero_date 模式（set session sql_mode='strict_trans_tables, no_zero_date';）。

表 2-15 是所有日期和时间类型格式的详细说明。

表 2-15 所有日期和时间类型格式的详细说明

类型	存储（字节）	范围	格式	用途
date	3	1000-01-01 到 9999-12-31	YYYY-MM-DD	日期值
time	3	'-838:59:59'到'838:59:59'	HH:MM:SS	时间值
year	1	1901 到 2155	YYYY	年份值
datetime	8	1000-01-01 00:00:00 到 9999-12-31 23:59:59	YYYY-MM-DD HH:MM:SS	日期和时间值
timestamp	4	1970-01-01 00:00:00 到 2038-1-19 11:14:07	YYYY-MM-DD HH:MM:SS	日期和时间值

2.4.3 字符串数据类型

在 MySQL 中，字符串数据类型有这样几种：char、varchar、text、binary、varbinary、blob、enum 和 set。对于数据类型定义为 char、varchar 和 text 的列，MySQL 以字符为单位定义长度规范。对于数据类型定义为 binary、varbinary 和 blob 的列，MySQL 以字节为单位定义长度规范。

当列定义为 char、varchar、enum 和 set 的数据类型时，同时还可以指定列的字符集，尤其在字段存储中文时，建议指定字符集格式为 utf-8，防止出现乱码问题。

例 2.14 创建表指定字段类型时设置字符集格式。创建一个名为 c1 的列，该列的字符集为 utf8，以及一个名为 c2 的列，该列的字符集为 latin1，SQL 语句如下：

```
create table mytable
(
    c1 varchar(255) character set utf8,
    c2 text character set latin1 collate latin1_general_cs
);
```

1. char 和 varchar 类型

在 MySQL 中，char 和 varchar 类型很相似，但是它们被存储和检索的方式有所不同，而且在最大长度和是否保留尾随空格方面也不相同。

char 和 varchar 类型的声明需要规定存储的最大字符数。例如，char(50)最多可容纳 50 个字符。char 类型的列规定的长度可以是 0～255 的任何值。char 类型的列存储值时，会用空格向右填充到指定的长度。当设置启用 SQL 模式（即执行“set sql_mode= 'pad_char_to_full_length';”）时，char 类型列被检索到的值，尾随的空格不会被删除。

varchar 类型列中的值是可变长度的字符串。长度可以指定为 0～65535 的值。varchar 的有效最大长度受最大行大小和使用的字符集约束。与 char 值相比，varchar 值存储 1 字节或 2 字节的长度字段。如果内容字段不超过 255 字节，则长度字段使用 1 字节，如果内容长度超过 255 字节，则长度字段使用 2 字节。

如果未启用严格 SQL 模式并且为char或varchar类型的列分配的值超过该列的最大长度，则该值将被截断并生成警告信息。对于非空格字符的截断，可以使用严格的 SQL 模式提示错误（而不是警告）并禁止插入值。对于 varchar 类型的列，无论使用哪种 SQL 模式，超出列规定长度的尾随空格在插入之前都会被截断并生成警告信息。对于 char 列，无论使用哪种 SQL 模式，都会从插入的值中截断多余的尾随空格。

表 2-16 展示了 char 和 varchar 类型的差别，假设该列使用单字节字符集。

表 2-16　char 和 varchar 类型的差别

内容	char(4)	占用字节	varchar(4)	占用字节
''	' '	4 字节	''	1 字节
'ab'	'ab '	4 字节	'ab'	3 字节
'abcd'	'abcd'	4 字节	'abcd'	5 字节
'abcdefgh'	'abcd'	4 字节	'abcd'	5 字节

如果给定的值存储在 char(4)和 varchar(4)列中，则从列中检索到的值并不总是相同，因为 char 类型列检索时会从列中删除尾随空格。

例2.15　说明char和varchar类型的差异的示例SQL语句及其执行结果如下：

```
mysql> create table tb(t varchar(4), b char(4));
query ok, 0 rows affected (0.01 sec)
mysql> insert into tb values ('ab  ', 'ab  ');
query ok, 1 row affected (0.00 sec)
mysql> select concat('[', t, ']'), concat('[', b, ']') from tb;
+---------------------+---------------------+
| concat('[', v, ']') | concat('[', c, ']') |
+---------------------+---------------------+
| [ab  ]              | [ab]                |
+---------------------+---------------------+
1 row in set (0.03 sec)
```

2. binary 和 varbinary 类型

在MySQL中，binary和varbinary类型很相似，与char、varchar类型不同的是，它们存储的是字符串而不是字节串，而且binary和varbinary类型是以字节为单位来测量长度的，而不是以字符为单位。

当 binary 类型值被存储时，用右填充模式填充值到指定的长度，填充值是 0x00（0 字节）。也就是说当插入数据时，使用 0x00 向右填充，并且没有为检索删除尾随字节。比如，binary(3)列插入'a '时变成'a \0\0'，插入'a\0'时变成'a\0\0'，两个插入的值在检索时保持不变。

例2.16　binary类型的值被存储时，填充值“0x00”如何影响列值存储，示例SQL语句及其执行结果如下：

```
mysql> create table t (c binary(3));
query ok, 0 rows affected (0.01 sec)

mysql> insert into t set c = 'a';
query ok, 1 row affected (0.01 sec)

mysql> select hex(c), c = 'a', c = 'a\0\0' from t;
+--------+---------+-------------+
| hex(c) | c = 'a' | c = 'a\0\0' |
+--------+---------+-------------+
| 610000 |       0 |           1 |
+--------+---------+-------------+
1 row in set (0.03 sec)
```

如上示例说明新增的值'a'最终被填充成'a\0\0'存储。

和 binary 类型不同的是，varbinary 类型列中的值是可变长度的字节串。在插入值时不会使用 0x00 填充，查询的时候也不会丢弃任何字节。在对列值进行比较的时候，所有的字节都是有效的，并且 0x00<space（space 对应的是 0x20）。

3. blob 和 text 类型

blob 类型的值是一个二进制的大对象，可以容纳可变数量的数据。tinyblob、blob、mediumblob 和 longblob 类型的区别仅在于它们可以存储的值的最大长度不相同。

blob 类型的值被视为二进制字符串（字节字符串），具有二进制字符集和排序规则，基于列值中字节的数值对值进行排序和比较。text 类型的值被视为非二进制字符串（字符串），具有除二进制之外的字符集，并且根据字符集的排序规则对值进行排序和比较。表 2-17 所示是这几种类型数据的存储范围和使用用途说明。

表 2-17　字符串数据的存储范围和使用用途说明

类型	存储范围	使用用途
text	0～65535 bytes	长文本数据
mediumblob	0～16777215 bytes	二进制形式的中等长度文本数据
mediumtext	0～16777215 bytes	中等长度文本数据
longblob	0～4294967295 bytes	二进制形式的极大文本数据
longtext	0～4294967295 bytes	极大文本数据

各个类型可存储的最大长度根据实际情况进行选择。

4. enum 类型

enum 类型（即枚举类型）的列值表示一个字符串对象，其值选自在表创建时列规范的枚举值。enum 类型具有以下优点：

- 在列具有有限的数据集合的情况下压缩数据空间。输入的字符串会自动编码为数字。
- 可读的查询和输出。在查询时，实际存储的数字被转换为相应字符串。

（1）创建和使用enum列

枚举值必须是带引号的字符串。

例2.17 创建和使用enum列的示例SQL语句及其执行结果如下：

```
mysql> create table mytable (
    ->     name varchar(40),
    ->     size  enum('x-small', 'small', 'medium')
    -> );
query ok, 0 rows affected (0.02 sec)

mysql> insert into mytable (name, size) values ('','x-small'), ('','small'),
('',1);
query ok, 3 rows affected (0.01 sec)
records: 3  duplicates: 0  warnings: 0

mysql> select name, size from mytable;
+------+---------+
| name | size    |
+------+---------+
|      | x-small |
|      | small   |
|      | x-small |
+------+---------+
3 rows in set (0.00 sec)

mysql> update mytable set size = 'x-small' where size = 2;
query ok, 1 row affected (0.01 sec)
mysql> select name, size from mytable;
+------+---------+
| name | size    |
+------+---------+
|      | x-small |
|      | x-small |
|      | x-small |
+------+---------+
3 rows in set (0.00 sec)
```

上述示例说明：在给字段使用 enum 类型的时候，MySQL 服务会自动给枚举的字符串添加索引编号，所以在操作过程中可以直接操作枚举值，也可以操作枚举索引编号。

使用枚举的时候，需要注意下面几个问题：

- 容易混淆。enum 类型的字段在底层其实是用整型来存储的，比如用 enum 类型来存储'3'、'2'、'1'这样的数字字符串时，其对应的索引编号就是 1、2、3，不熟悉的开发人员很容易混淆。
- 字段值修改频繁的字段不适合使用 enum 类型。比如上面示例中的 size 字段，要增加一个尺寸，就要修改字段，给字段的 enum 类型增加一个尺寸枚举值。如果每增加一个枚举就要修改字段，这样维护成本较高，所以遇到这种情况不建议使用 enum 类型。

（2）枚举文字的索引编号

每个枚举值都有一个索引编号，列规范中列出的元素都分配有索引编号，索引编号从 1 开始。空字符串的索引编号为 0，所以可以使用以下 select 语句查找 enum 类型列是否分配了无效值的行：

```
mysql> select * from tb_name where enum_col=0;
```

表 2-18 是枚举值和索引编号的规则说明。

表 2-18　枚举值和索引编号的规则说明

枚举字段内容	索引编号
null	null
''	0
'男'	1
'女'	2
'未知'	3

使用 enum 类型列需要注意的是，最多只能有 65535 个不同的元素，即最多只能有 65535 个不同的枚举值。

如果要检索枚举的索引编号，可以通过如下语句去查询：

```
mysql>  select enum_col+0 from tbl_name;
```

5. set 类型

set 类型（集合类型）的列值表示可以有零个或多个字符串对象。一个 set 类型的列最多可以有 64 个不同的成员值，并且每个值必须从创建表时指定的值列表中选择。set 类型由多个逗号分隔的列值集合组成，set 类型成员值本身不应包含逗号。

例2.18　指定set('one', 'two') not null的列可以具有以下任何值：

```
''
'one'
'two'
'one,two'
```

如果要将数字存储到 set 列中，则对于指定的列 set('a','b','c','d')，其成员应具有表 2-19 所示的十进制值和二进制值。

表 2-19　set 类型字段值的十进制和二进制

set类型字段值	十进制值	二进制值
'a'	1	0001
'b'	2	0010
'c'	4	0100
'd'	8	1000

无论插入值时元素的顺序是怎样的，查询展示时都是根据创建表指定的顺序列出的，而且无论插入值的次数是多少，该值中的每个元素都只会出现一次。

例2.19　查询包含多个set元素的值，示例SQL语句及其查询结果如下：

```
# 一列被指定为 set('a','b','c','d'):
mysql> create table myset (col set('a', 'b', 'c', 'd'));
```

```
# 如果插入值'a,d', 'd,a', 'a,d,d', 'a,d,a', 和'd,a,d'
mysql> insert into myset (col) values
-> ('a,d'), ('d,a'), ('a,d,a'), ('a,d,d'), ('d,a,d');
Query OK, 5 rows affected (0.01 sec)
Records: 5  Duplicates: 0  Warnings: 0
```

最终查询的结果如下：

```
mysql> select col from myset;
+------+
| col  |
+------+
| a,d  |
| a,d  |
| a,d  |
| a,d  |
| a,d  |
+------+
5 rows in set (0.02 sec)
```

需要注意的是，在插入的值不为系统所支持时，则该值将被忽略并发出警告。

例2.20 往set列中插入的值不为系统所支持时，SQL语句及其执行结果如下：

```
mysql> insert into myset (col) values ('a,d,d,s');
Query OK, 1 row affected, 1 warning (0.03 sec)
mysql> show warnings;
+---------+------+------------------------------------------+
| Level   | Code | Message                                  |
+---------+------+------------------------------------------+
| Warning | 1265 | Data truncated for column 'col' at row 1 |
+---------+------+------------------------------------------+
1 row in set (0.04 sec)

mysql> select col FROM myset;
+------+
| col  |
+------+
| a,d  |
| a,d  |
| a,d  |
| a,d  |
| a,d  |
| a,d  |
+------+
6 rows in set (0.01 sec)
```

如上示例插入的值不被系统所支持时，系统发出了警告，只将支持的数据插入表中。

2.4.4 JSON数据类型

MySQL支持JSON数据类型，JSON数据类型具有如下优势：

- 存储在JSON类型列中的JSON文档会被自动验证，无效的文档会产生错误。
- 存储在JSON类型列中的JSON文档会被转换为允许快速读取文档元素的内部格式。
- 在MySQL 8中，优化器可以执行JSON类型列的局部就地更新，而不用删除旧文档后再将整个新文档写入该列。

在MySQL中，JSON类型列的值被写为字符串。如果字符串不符合JSON数据格式，则会产生错误。

例2.21 插入无效的JSON值，示例SQL语句及其执行结果如下：

```
mysql> create table t1 (jdoc json);
Query OK, 0 rows affected (0.20 sec)

mysql> insert into t1 values('{"key1": "value1", "key2": "value2"}');
Query OK, 1 row affected (0.01 sec)

mysql> insert into t1 values('[1, 2,');
ERROR 3140 (22032) at line 2: Invalid JSON text:
"Invalid value." at position 6 in value (or column) '[1, 2,'.
```

从示例中可以看出，第3条语句插入的值明显不是JSON数据格式，所以抛出了异常。

1. JSON操作函数

（1）json_type()函数

返回对应的数据类型。

例2.22 json_type()函数的使用，示例SQL语句及其执行结果如下：

```
mysql> select json_type('["a", "b","c" ]');
+------------------------------+
| json_type('["a", "b", "c"]') |
+------------------------------+
| ARRAY                        |
+------------------------------+

mysql> select json_type('"a"');
+----------------------+
|  json_type('"a"')    |
+----------------------+
| STRinG               |
+----------------------+

mysql> select json_type('a');
ERROR 3146 (22032): Invalid data type for JSON data in argument 1
to function json_type; a JSON string or JSON type is required.
```

由此可见，当值是 JSON 格式时，json_type 函数可以查询出该值的数据类型，如果不是 JSON 格式，则会抛出异常。

（2）json_array()函数（参数可以为空）

返回参数值的 JSON 数组。

例 2.23　json_array()函数的使用，示例 SQL 语句及其执行结果如下：

```
mysql> select json_array('a',false,1);
+---------------------------+
| json_array('a',false,1)   |
+---------------------------+
| ["a", false, 1]           |
+---------------------------+
1 row in set (0.00 sec)

mysql> select json_array();
+--------------+
| json_array() |
+--------------+
| []           |
+--------------+
1 row in set (0.00 sec)
```

（3）json_object函数（参数可以为空）

返回键值对（Key-Value Pair）的 JSON 对象。

例 2.24　json_object 函数的使用，示例 SQL 语句及其执行结果如下：

```
mysql> select json_object('key1','a','key2','b');
+-------------------------------------+
| json_object('key1','a','key2','b') |
+-------------------------------------+
| {"key1": "a", "key2": "b"}          |
+-------------------------------------+
1 row in set (0.01 sec)
```

（4）json_merge_preserve()函数

获取两个或多个 JSON 文档并返回组合结果。

例2.25　json_merge_preserve()函数的使用，示例SQL语句及其执行结果如下：

```
mysql> select json_merge_preserve('["a", 123]', '{"key": "value"}');
+--------------------------------------------------------+
| json_merge_preserve('["a", 123]', '{"key": "value"}') |
+--------------------------------------------------------+
| ["a", 123, {"key": "value"}]                           |
+--------------------------------------------------------+
1 row in set (0.01 sec)
```

（5）json_merge_patch()函数

返回多个 JSON 数据合并之后的对象。

例2.26　json_merge_patch()函数的使用，示例SQL语句及其执行结果如下：

```
mysql> select json_merge_patch('{"a": 3, "b": 2}', '{"c": 3, "a": 4}', '{"c": 
5, "d": 3}');
+-----------------------------------------------------------------------+
| json_merge_patch('{"a": 3, "b": 2}', '{"c": 3, "a": 4}', '{"c": 5, "d": 3}')|
+-----------------------------------------------------------------------+
| {"a": 4, "b": 2, "c": 5, "d": 3}                                      |
+-----------------------------------------------------------------------+
1 row in set (0.00 sec)
```

（6）json_extract()函数

提取 JSON 对象值。

例2.27　json_extract()函数的使用，示例SQL语句及其执行结果如下：

```
mysql> select json_extract('{"id": 18, "name": "clay"}', '$.name');
+--------------------------------------------------------+
| json_extract('{"id": 18, "name": "clay"}', '$.name')   |
+--------------------------------------------------------+
| "clay"                                                 |
+--------------------------------------------------------+
1 row in set (0.00 sec)
mysql> select json_extract('{"id": 18, "name": "clay"}', '$.*');
+-----------------------------------------------------+
| json_extract('{"id": 18, "name": "clay"}', '$.*')   |
+-----------------------------------------------------+
| [29, "Taylor"]                                      |
+-----------------------------------------------------+
1 row in set (0.00 sec)
```

（7）json_extract()函数

提取 JSON 数组值。

例2.28　json_extract()函数的使用，示例SQL语句及其执行结果如下：

```
// 提取单个元素
mysql> select json_extract('["a", "b", "c"]', '$[1]');
+-----------------------------------------+
| json_extract('["a", "b", "c"]', '$[1]') |
+-----------------------------------------+
| "b"                                     |
+-----------------------------------------+
1 row in set (0.00 sec)

// 范围提取
```

```
mysql> select json_extract('["a", "b", "c"]', '$[1 to 2]');
+----------------------------------------------+
| json_extract('["a", "b", "c"]', '$[1 to 2]') |
+----------------------------------------------+
| ["b", "c"]                                   |
+----------------------------------------------+
1 row in set (0.00 sec)
```

（8）json_replace()函数

替换值。

例 2.29 json_replace()函数的使用，示例 SQL 语句及其执行结果如下：

```
mysql> select json_replace('{"id": 18, "name": "clay"}', '$.name', 'clay2');
+---------------------------------------------------------------+
| json_replace('{"id": 18, "name": "clay"}', '$.name', 'clay2') |
+---------------------------------------------------------------+
| {"id": 18, "name": "clay2"}                                   |
+---------------------------------------------------------------+
1 row in set (0.00 sec)
```

（9）json_set()函数

设置值（替换旧值，并插入不存在的新值）。

例 2.30 json_set()函数的使用，示例 SQL 语句及其执行结果如下：

```
mysql> select json_set('{"id": 18, "name": "clay"}', '$.name2', 'clay2');
+-------------------------------------------------------------+
| json_set('{"id": 18, "name": "clay"}', '$.name2', 'clay2') |
+-------------------------------------------------------------+
| {"id": 18, "name2'": "clay2", "name": "clay"}               |
+-------------------------------------------------------------+
1 row in set (0.00 sec)
```

（10）json_insert()函数

插入值（插入新值，但不替换已经存在的旧值）。

例 2.31 json_insert()函数的使用，示例 SQL 语句及其执行结果如下：

```
// 把元素值插入指定的下标位置，如果之前该下标位置存在元素
mysql> select json_insert('[1, 2, 3]', '$[4]', 4);
+-------------------------------------+
| json_insert('[1, 2, 3]', '$[4]', 4) |
+-------------------------------------+
| [1, 2, 3, 4]                        |
+-------------------------------------+
1 row in set (0.00 sec)

// 把元素值插入指定的下标位置，如果该下标位置处已经存在元素值，则插入失败
mysql> select json_insert('[1, 2, 3]', '$[1]', 4);
```

```
+--------------------------------------+
| json_insert('[1, 2, 3]', '$[1]', 4) |
+--------------------------------------+
| [1, 2, 3]                            |
+--------------------------------------+
1 row in set (0.00 sec)
```

（11）json_remove()函数

删除 JSON 数据，删除指定值后的 JSON 文档。

例 2.32　json_remove()函数的使用，示例 SQL 语句及其执行结果如下：

```
// 删除指定下标位置处的数据
 mysql> select json_remove('[1, 2, 3]', '$[1]');
+---------------------------------+
| json_remove('[1, 2, 3]', '$[1]') |
+---------------------------------+
| [1, 3]                          |
+---------------------------------+
1 row in set (0.00 sec)

// 根据属性名称删除数据
mysql> select json_remove('{"id": 18, "name": "clay"}', '$.name');
+------------------------------------------------------------+
| json_remove('{"id": 18, "name": "clay"}', '$.name')        |
+------------------------------------------------------------+
| {"id": 18}                                                 |
+------------------------------------------------------------+
1 row in set (0.00 sec)
```

2. JSON 值和非 JSON 值转换

在 MySQL 中操作 JSON 类型时，除了前面给出的各种函数之外，在实际开发中经常还会出现 JSON 类型和其他数据类型转换的情况，表 2-20 是 JSON 类型和其他数据类型转换遵循的规则说明。

表 2-20　JSON 类型和其他数据类型转换遵循的规则说明

数据类型	CAST（其他类型转换为JSON）	CAST（JSON转换为其他类型）
JSON	没有变化	没有变化
utf8 字符类型（utf8mb4、utf8、ascii）	该字符串被解析为 JSON 值	JSON 值被序列化为 utf8mb4 字符串
其他字符类型	其他编码的字符被隐式转换为 utf8 编码并按照 utf8 编码进行处理	JSON 值被序列化为 utf8mb4 字符串，然后转换为其他字符编码
null	结果 null 转换为 JSON 类型的值	不适用

第 3 章

SQL 语句全面解析和应用实战

本章主要内容：

- ※ MySQL 数据库操作
- ※ MySQL 数据表操作
- ※ MySQL 数据查询
- ※ 在 MySQL 中插入数据
- ※ MySQL 中的 where、update、delete 语句
- ※ MySQL 中的常见函数、分组等操作

本章将讲解 MySQL 创建数据库、创建数据表、数据查询、常用函数和分组以及一些常用的操作语句，并且提供大量实例供读者参考和学习。

3.1 数据库操作

数据库常见的操作有：创建数据库、删除数据库和修改数据库。

1. 创建数据库

创建数据库的语法如下：

```
create database  [if not exists] db_name
```

其中，db_name代表的是需要创建的数据库的名称；[if not exists]是可选的，表示如果此名称的数据库不存在，就创建一个此名称的数据库，防止因创建已存在此名称的数据库而报错。

例3.1 两次创建名为mydb的数据库，示例SQL语句及其执行结果如下：

```
mysql> create database if not exists mydb;
Query OK, 1 row affected, 1 warning (0.00 sec)

mysql> create database  mydb;
```

```
ERROR 1007 (HY000): Can't create database 'mydb'; database exists
mysql> show databases;
+--------------------+
| Database           |
+--------------------+
| information_schema |
| mydb               |
| mysql              |
| performance_schema |
| sys                |
+--------------------+
5 rows in set (0.02 sec)
```

如上所示，在第一次成功创建数据库之后，第二次创建同名的数据库时，由于没有加if not exists条件而报错，说明此名称的数据库已经存在。

2. 删除数据库

删除数据库的语法如下：

```
drop database  [if exists] db_name;
```

其中，db_name代表的是需要删除的数据库的名称；[if not exists]是可选的，表示如果此名称的数据库存在，就删除此名称的数据库，防止因删除不存在的数据库而报错。

例 3.2　两次删除名为 mydb 的数据库，示例 SQL 语句及其执行结果如下：

```
mysql> create database  mydb;
Query OK, 1 row affected (0.00 sec)

mysql> drop database mydb;
Query OK, 0 rows affected (0.00 sec)

mysql> drop database mydb;
ERROR 1008 (HY000): Can't drop database 'mydb'; database doesn't exist
mysql> drop database if exists  mydb;
Query OK, 0 rows affected, 1 warning (0.00 sec)

mysql> show databases;
+--------------------+
| Database           |
+--------------------+
| information_schema |
| mysql              |
| performance_schema |
| sys                |
+--------------------+
4 rows in set (0.00 sec)
```

3. 修改数据库

修改数据库的语法如下：

```
alter database db_name
[ default character set charset_name]
[ default collate collation_name]
```

其中db_name代表的是需要修改的数据库的名称；charset_name（字符集名）表示数据库默认使用的字符集编码；collation_name（排序规则）表示数据库默认使用的排序规则。这条语句就是用于修改db_name数据库的默认字符集和默认排序规则。

例3.3 修改数据库的默认字符集编码，示例SQL语句及其执行结果如下：

```
mysql>  create database  mydb;
Query OK, 1 row affected (0.01 sec)

mysql> alter database  mydb character set=utf8;
Query OK, 1 row affected, 1 warning (0.00 sec)
```

在创建数据库时，如果想修改数据库的默认字符集（即字符集编码），则可以通过上面的命令进行修改。

3.2 数据表操作

3.2.1 创建数据表

创建数据表的语法如下：

```
create table [if not exists]  tbl_name (
    字段 1 数据类型 [字段属性|约束][索引][注释],
    ...
    字段 n 数据类型 [字段属性|约束][索引][注释]
)[表类型][表字符集][注释];
```

其中，tbl_name表示数据表的名称；[if not exists]是可选的，表示当不存在此名称的数据表时才去创建，防止因创建已经存在的数据表而报错。

例3.4 创建数据表，示例SQL语句及其执行结果如下：

```
mysql> create database if not exists mydb;
Query OK, 1 row affected, 1 warning (0.00 sec)

mysql> use mydb
Database changed
mysql>
mysql> create table if not exists `use_tbl`(
    ->    `use_id` int unsigned auto_increment,
    ->    `use_title` varchar(100) not null,
    ->    `use_author` varchar(40) not null,
    ->    `submission_date` date,
    ->    primary key ( `use_id` )
    -> )engine=innodb default charset=utf8;
Query OK, 0 rows affected, 2 warnings (0.00 sec)
```

其中，use_id 字段使用了 auto_increment（自动增加），表示此字段的值默认从 1 开始，每次自动加 1。下面列举创建表时的其他组成部分。

1. 字段指定为主键

主键（Primary Key）是一行数据的唯一标识，而且此键的列必须定义为 not null。如果它们没有显式地声明为 not null，则 MySQL 会隐式地声明为 not null。一张数据表只能有一个主键。

例3.5　创建一个student表，其中studentno字段为此数据表的主键，示例SQL语句如下：

```
create table student (
    `studentno` int(4)  primary key,
    ...);
```

2. 给字段和数据表添加注释

例3.6　创建一个包含id字段的数据表test，给表和字段分别添加注释，示例SQL语句如下：

```
create table test (
   `id` int(11) unsigned comment 'this is num'
)comment='test table ';
```

3. 为数据表设置字符集编码

语法如下：

```
create table [if not exists] 表名 (
    # 省略代码
) charset = 字符集名;
```

4. 指定存储引擎

语法如下：

```
create table 表名(
   # 省略代码
)engine=存储引擎;
```

为了更好地理解上述语法，下面用一个实例来说明。

例 3.7　根据表 3-1 的说明，创建一个数据表结构。

表 3-1　创建数据表结构

字段名称	字段说明	数据类型	长度	属性
studentno	学号	int	4	非空\主键
loginpwd	密码	varchar	20	非空
studentname	姓名	varchar	50	非空
sex	性别	char	2	非空，默认为“男”
gradeid	年级编号	int	4	无符号

（续）

字段名称	字段说明	数据类型	长度	属性
phone	电话	varchar	50	
address	地址	varchar	255	默认值为“地址不详”
borndate	出生日期	datetime		
email	邮件账户	varchar	50	
identitycard	身份证号码	varchar	18	唯一

示例SQL语句如下：

```
create table `student`(
    `studentno` int(4) not null comment '学号' primary key,
    `loginpwd` varchar(20) not null comment '密码',
    `studentname` varchar(50) not null comment '学生姓名',
    `sex` char(2) default '男' not null  comment '性别',
    `gradeid` int(4)  unsigned comment '年级编号',
    `phone` varchar(50)  comment '联系电话',
    `address` varchar(255)  default '地址不详'comment '地址', `borndate`
datetime  comment '出生时间',
    `email` varchar(50) comment'邮件账户',
    ` identitycard ` varchar(18)  unique key comment '身份证号码'
) comment='学生表';
```

3.2.2 数据表的修改与删除

除了创建数据表之外，还可以修改和删除数据表。

1. 修改数据表

下面是修改数据表的一些常见语法。

1）修改表名的语法如下：

```
alter table 旧表名 rename [to]  新表名;
```

2）添加字段的语法如下：

```
alter table 表名 add 字段名  数据类型  [属性];
```

3）修改字段的语法如下：

```
alter table 表名 change 原字段名 新字段名 数据类型 [属性];
```

4）删除字段的语法如下：

```
alter table 表名 drop 字段名;
```

例3.8 结合修改数据表的常见语法进行测试，示例SQL语句如下：

```
drop table if exists `demo01`;
# 创建表
create table  `demo01`(
   `id` int(10) not null auto_increment primary key,
   `name` varchar(8) not null
```

```
);
# 修改表名
alter table `demo01` rename `demo02`;
# 添加字段
alter table ` demo02 ` add `password` varchar(32) not null;
# 修改字段
alter table ` demo02 ` change `name` `username`char(10) not null;
# 删除字段
alter table ` demo02 ` drop `password`;
```

在 MySQL 中删除表时要小心，因为执行删除命令后所有数据都会消失。

2. 删除数据表

删除MySQL数据表的通用语法如下：

```
drop table  [if  exists] table_name ;
```

其中，table_name代表的是需要删除的数据表的名称；[if not exists]是可选的，表示如果此名称的数据表存在，就删除此名称的数据表，防止删除不存在的数据表而报错。

3.2.3　约束

约束（Constraint）是 MySQL 提供的自动保持数据库完整性的一种方法，定义了可输入表或表的单个列中的数据的限制条件。在 MySQL 中有 5 种约束，具体如下：

1）主键约束（Primary Key Constraint）：要求主键的列数据唯一，并且不允许为空。

2）唯一约束（Unique Constraint）：要求该列的数据唯一，允许为空，但只能出现一个空值。

3）检查约束（Check Constraint）：某列取值的范围限制、格式限制等。

4）默认约束（Default Constraint）：某列的默认值。

5）外键约束（Foreign Key Constraint）：用于在两个数据表之间建立关系，需要指定引用主表的哪一列。

可以在创建表时规定约束（通过 create table 语句），或者在表创建之后规定约束（通过 alter table 语句）。

创建约束的语法如下：

```
alter table 表名  add constraint 约束名
```

创建约束时需要注意约束名的取名规则，推荐采用下面的命名方式：

- 主键约束：如 pk_stuno。
- 唯一约束：如 uq_stuid。
- 默认约束：如 df_stuaddress。
- 检查约束：如 ck_stuborndate。
- 外键约束：如 fk_stuno 。

下面我们通过一个实例加深对创建约束的理解。

例3.9 在表student中添加下面的约束：

1）主键约束：学号。

2）唯一约束：身份证号码。

3）默认约束：address 列的默认值是“地址不详”。

4）检查约束：出生日期的值为 1980 年 1 月 1 日后。

5）外键约束：设置 gradeid 列为外键，建立 grade 表与 student 表的引用关系。

创建约束的示例SQL语句及其执行结果如下：

```
# --主键约束
alter table student
add constraint pk_stuno primary key (studentno);
# --唯一约束（身份证号码唯一）
alter table student add
constraint uq_stuid unique (identitycard);
# --默认约束（地址不详）
alter table studentadd
constraint df_stuaddress default ('地址不详') for address;
# --检查约束（出生日期是自 1980 年 1 月 1 日以后）
alter table student
add constraint ck_stuborndate check(borndate>='1980-1-1');
# --添加外键约束，需要先给 gradeid 在 grade 表中创建主键，然后在 student 表中给 gradeid
创建外键
alter table grade
add constraint pk_gradeid primary key(gradeid);
alter table student
add constraint fk_grade
foreign key(gradeid) references grade(gradeid);
```

需要特别强调的是，创建数据表与创建数据库等语句都属于数据定义语言（Data Definition Language，DDL），MySQL 8 支持原子操作数据定义语句。原子 DDL 语句将与操作 DDL 关联的数据字典更新、存储引擎操作和二进制日志写入合并为一个原子操作，即使服务器在操作期间停止，该操作也会被提交（更改将保留到数据字典中）或被回滚。在早期的 MySQL 版本中，元数据存储在元数据文件、非事务表和特定于存储引擎的字典中，是需要中间提交的。而 MySQL 8 的数据字典提供的集中式事务元数据存储解决了这些问题，让 DDL 语句操作重构为原子操作（之前的版本不属于原子操作）。

3.3 数据查询

MySQL数据库使用select语句来查询数据，其语法如下：

```
select column_name,column_name
from table_name[where clause][limit n][ offset m]
```

在查询之前需要掌握下面几个知识点：

1）select 语句中可以使用一个或者多个数据表，表之间使用逗号（,）分隔，并使用 where 语句来设定查询条件。

2）select 命令可以读取一条或者多条记录。

3）可以使用星号（*）来代替其他字段，select 语句会返回表的所有字段数据。

4）可以使用 where 语句来包含任何条件。

5）可以使用 limit 属性来设置返回的记录数。

6）可以通过 offset 指定 select 语句开始查询的数据偏移量。默认情况下数据偏移量为 0。

例3.10　使用select 语句进行查询，示例SQL语句及其执行结果如下：

```
# 查询 userinfo 表中所有的数据
mysql> select * from userinfo;
+----+----------+------+
| id | name     | age  |
+----+----------+------+
|  2 | zhangsan |   27 |
|  3 | lisi2    |   27 |
+----+----------+------+
2 rows in set (0.00 sec)
 # 查询 userinfo 表中年龄大于 18 并且姓名是 zhangsan 的数据
mysql> select * from userinfo where age='18' and name="zhangsan";
Empty set (0.00 sec)

 # 在 userinfo 表中从 1 开始，连续查询一条数据
mysql> select name,age  from userinfo limit 1,1;
+-------+------+
| name  | age  |
+-------+------+
| lisi2 |   27 |
+-------+------+
1 row in set (0.00 sec)
```

3.4　数 据 插 入

使用insert into语句在MySQL数据表中插入数据，其语法如下：

```
insert into table_name ( field1, field2,...fieldn )
                       values
                       ( value1, value2,...valuen );
```

需要注意的是，如果数据是字符型，则必须使用单引号或者双引号，如"value"，而且插入的数据值和字段类型必须对应，并且数据表中的列数必须与要插入的列数相匹配。

例3.11　向数据表userinfo中插入两个数据，示例SQL语句及其执行结果如下：

```
mysql> use mydb;
Database changed
```

```
mysql> create table userinfo(
    ->     id Int(10) not null auto_increment primary key,
    -> name varchar(20),
    -> age int(2)
    -> );
Query OK, 0 rows affected, 2 warnings (0.02 sec)
# 插入数据
mysql> insert into userinfo
    ->         (name,age)
    -> values
    ->         ('zhangsan',26)
    -> ;
Query OK, 1 row affected (0.00 sec)
# 插入数据
mysql> insert into userinfo
    ->         (name,age)
    -> values
    ->          ('lisi',26);
Query OK, 1 row affected (0.00 sec)
# 查询所有数据，验证数据是否全部插入
mysql> select * from userinfo;
+----+----------+------+
| id | name     | age  |
+----+----------+------+
|  1 | zhangsan |   26 |
|  2 | lisi     |   26 |
+----+----------+------+
2 rows in set (0.00 sec)
```

在这个示例中，我们并没有提供 id 的数据，因为该字段在创建表时已经设置为auto_increment（自动增加），所以该字段会自动递增，而不需要我们去设置数据值。

如果需要在一行中插入多个数据，可以使用如下语法：

```
insert into table_name ( field1, field2,...fieldn )
                        values
                       ( value1, value2,...valuen ),
                       (value1, value2,...valuen);
```

3.5 where（筛选）

通常情况下，在MySQL数据表中可以使用SQL select语句来读取数据。如果需要有条件地从表中选取数据，可将where子句添加到select语句中，其语法如下：

```
select field1, field2,...fieldn from table_name1, table_name2...
[where condition1 [and [or]] condition2...
```

在使用此语法时，需要了解如下几个知识点：

1）查询语句中可以使用一个或者多个数据表，表之间使用逗号（,）分隔，并使用 where 语句来设置查询条件。

2）可以在 where 子句中指定任何条件。

3）可以使用 and 或者 OR 指定一个或多个条件。

4）where 子句也可以运用于 SQL 的 delete 或者 update 命令中。

5）where 子句类似于程序语言中的 if 条件，根据 MySQL 表中的字段值来读取指定的数据。

另外，where 子句可以使用如表 3-2 所示的运算符。

表 3-2　where 子句可以使用的运算符

运算符	说明
=	等号，检测两个值是否相等，如果相等则返回 true
<>、!=	不等于，检测两个值是否相等，如果不相等则返回 true
>	大于号，检测左边的值是否大于右边的值，如果左边的值大于右边的值则返回 true
<	小于号，检测左边的值是否小于右边的值，如果左边的值小于右边的值则返回 true
>=	大于等于号，检测左边的值是否大于或等于右边的值，如果左边的值大于或等于右边的值则返回 true
<=	小于等于号，检测左边的值是否小于或等于右边的值，如果左边的值小于或等于右边的值则返回 true

例3.12　使用where子句在MySQL表中查询指定数据，示例SQL语句及其执行结果如下：

```
# 查询表中所有数据
mysql> select * from userinfo;
+----+----------+------+
| id | name     | age  |
+----+----------+------+
|  1 | zhangsan |   26 |
|  2 | lisi     |   26 |
+----+----------+------+
2 rows in set (0.00 sec)
# 查询表中的数据，必须满足 1=1（相当于恒成立）
mysql> select * from userinfo where 1=1;
+----+----------+------+
| id | name     | age  |
+----+----------+------+
|  1 | zhangsan |   26 |
|  2 | lisi     |   26 |
+----+----------+------+
2 rows in set (0.00 sec)
# 查询表中 age 字段值大于 18 的数据
mysql> select * from userinfo where age>18;
+----+----------+------+
| id | name     | age  |
```

```
+----+----------+------+
| 1 | zhangsan |   26 |
| 2 | lisi     |   26 |
+----+----------+------+
2 rows in set (0.00 sec)
# 查询表中 name 字段等于'lisi'的数据
mysql> select * from userinfo where name='lisi';
+----+------+------+
| id | name | age  |
+----+------+------+
|  2 | lisi |   26 |
+----+------+------+
1 row in set (0.00 sec)
# 查询表中 name 字段不等于'lisi'的数据
mysql> select * from userinfo where name!='lisi';
+----+----------+------+
| id | name     | age  |
+----+----------+------+
|  1 | zhangsan |   26 |
+----+----------+------+
1 row in set (0.01 sec)
# 查询表中 age 字段小于等于 18 的数据
mysql> select * from userinfo where age<=18;
Empty set (0.00 sec)
```

如果想在 MySQL 数据表中读取指定的数据，where 子句是非常有用的。如果给定的条件在表中没有任何匹配的记录，那么查询不会返回任何数据。

3.6 and 和 or（与和或）

and和or运算符基于一个以上的条件对记录进行筛选。and为“与”运算符，只有满足所有条件的数据才会被筛选出来。or为“或”运算符，满足其中一个条件的数据就会被筛选出来。

例3.13 使用and和or运算符查询数据，示例SQL语句及其执行结果如下：

```
mysql> select * from userinfo;
+------+-------+------+
| id   | name  | age  |
+------+-------+------+
|    1 | lisi  |   18 |
|    2 | lisi2 |   19 |
|    3 | lisi3 |   19 |
+------+-------+------+
3 rows in set (0.00 sec)
# 查询满足 id 大于 2 并且年龄大于等于 19 的数据
```

```
mysql> select * from userinfo where id>2 and age>=19;
+------+------+------+
| id   | name | age  |
+------+------+------+
|    3 | lisi3 |  19 |
+------+------+------+
1 row in set (0.00 sec)

# 查询满足 id 大于 2 或者年龄大于等于 19 的数据
mysql> select * from userinfo where id>2 or age>=19;
+------+------+------+
| id   | name | age  |
+------+------+------+
|    2 | lisi2 |  19 |
|    3 | lisi3 |  19 |
+------+------+------+
2 rows in set (0.00 sec)
```

3.7　between（范围查找）

between运算符用于筛选出介于两个值之间（数据范围内）的值。

例3.14　使用between运算符查询数据，示例SQL语句及其执行结果如下：

```
# 查询年龄在 18 和 19 岁之间的数据，包括 18 和 19
mysql> select * from userinfo where age between 18 and 19;
+------+------+------+
| id   | name  | age |
+------+------+------+
|    1 | lisi  |  18 |
|    2 | lisi2 |  19 |
|    3 | lisi3 |  19 |
+------+------+------+
3 rows in set (0.00 sec)
# 如下示例等同于使用 between 的上述语句，比如查询年龄在 18 和 19 岁之间的数据，包括 18 和 19
mysql> select * from userinfo where age>=18  and age<= 19;
+------+------+------+
| id   | name | age  |
+------+------+------+
|    1 | lisi  |  18 |
|    2 | lisi2 |  19 |
|    3 | lisi3 |  19 |
+------+------+------+
3 rows in set (0.00 sec)
```

3.8 distinct（去重关键字）

在 select 语句中，可以使用 distinct 关键字指示 MySQL 消除重复的记录值。

例 3.15 使用与不使用 distinct 显示查询结果，示例 SQL 语句及其执行结果如下：

```
# 去重显示 userinfo 表中的 age 列数据
mysql> select distinct  age  from userinfo ;
+-------+
| age   |
+-------+
|   18  |
|   19  |
+-------+
2 rows in set (0.00 sec)
# 不去重显示 userinfo 表中的 age 列数据
mysql> select age  from userinfo ;
+-------+
| age  |
+-------+
|   18  |
|   19  |
|   19  |
+-------+
3 rows in set (0.00 sec)
```

3.9 update（修改或更新）

update 命令用于修改或更新 MySQL 数据表中的数据。以下是使用 update 命令修改 MySQL 数据表中数据的通用语法：

```
update table_name set field1=new-value1, field2=new-value2[where clause]
```

在使用update命令时需要知道下面几个知识点：

1）update 同时更新一个或多个字段。
2）update 可以在 where 子句中指定任何条件。
3）update 可以在单个数据表中同时更新数据。

例3.16 使用update更新数据，示例SQL语句及其执行结果如下：

```
mysql> select * from userinfo where name='lisi';
+----+------+------+
| id | name | age  |
+----+------+------+
|  2 | lisi |   26  |
```

```
+----+-----+------+
1 row in set (0.00 sec)

# 把 name 等于'lisi'的数据行中的 name 字段值修改为'lisi2'
mysql> update userinfo set name='lisi2' where name='lisi';
Query OK, 1 row affected (0.00 sec)
Rows matched: 1  Changed: 1  Warnings: 0

# 验证是否修改成功
mysql> select * from userinfo;
+----+----------+------+
| id | name     | age  |
+----+----------+------+
|  1 | zhangsan |   26 |
|  2 | lisi2    |   26 |
+----+----------+------+
2 rows in set (0.00 sec)

# 给所有用户的 age 值加 1
mysql> update userinfo set age=age+1;
Query OK, 2 rows affected (0.00 sec)
Rows matched: 2  Changed: 2  Warnings: 0

# 验证是否修改成功
mysql> select * from userinfo;
+----+----------+------+
| id | name     | age  |
+----+----------+------+
|  1 | zhangsan |   27 |
|  2 | lisi2    |   27 |
+----+----------+------+
2 rows in set (0.00 sec)
```

除此之外，如果 update 语句包含 order by（排序）子句，则各行会按照子句指定的顺序更新。

例3.17　使用order by按指定的列排序，示例SQL语句及其执行结果如下：

```
mysql> select * from userinfo;
+----+----------+------+
| id | name     | age  |
+----+----------+------+
|  1 | zhangsan |   27 |
|  2 | lisi2    |   27 |
+----+----------+------+
2 rows in set (0.00 sec)

# 修改用户 id，在之前的基础上加 1
mysql> update userinfo set id=id+1;
ERROR 1062 (23000): Duplicate entry '2' for key 'userinfo.PRIMARY'
```

```
# 修改用户 id，在之前的基础上加 1，先排序，再依次修改
mysql> update userinfo set id=id+1 order by id desc;
Query OK, 2 rows affected (0.01 sec)
Rows matched: 2  Changed: 2  Warnings: 0
```

上面示例中数据表 userinfo 的主键是 id，由于第一个 update 更新时没有指定排序，因此在更新时出现错误（主键重复），重新指定排序之后可以正常进行修改。

3.10 delete（删除）

MySQL数据库使用delete命令来删除MySQL数据表中的记录，通用语法如下：

```
delete from table_name [where clause]
```

在使用delete命令时需要知道下面几个知识点：

1）如果没有指定 where 子句，MySQL 表中的所有记录都将被删除。

2）可以在 where 子句中指定任何条件。

3）可以在单个表中一次性删除所有数据。

例3.18 使用delete命令删除数据，示例SQL语句及其执行结果如下：

```
mysql> select * from userinfo;
+----+----------+------+
| id | name     | age  |
+----+----------+------+
|  2 | zhangsan |   27 |
|  3 | lisi2    |   27 |
+----+----------+------+
2 rows in set (0.00 sec)

# 删除年龄等于 18 的数据
mysql> delete from userinfo where age=18;
Query OK, 0 rows affected (0.00 sec)

# 删除 name 等于 lisi2 的数据
mysql> delete from userinfo where name='lisi2';
Query OK, 1 row affected (0.00 sec)

# 验证是否删除成功
mysql> select * from userinfo ;
+----+----------+------+
| id | name     | age  |
+----+----------+------+
|  2 | zhangsan |   27 |
+----+----------+------+
1 row in set (0.01 sec)
```

```
# 删除当前表中的所有数据
mysql> delete from userinfo ;
Query OK, 1 row affected (0.00 sec)

mysql> select * from userinfo ;
Empty set (0.00 sec)
```

3.11　like（模糊匹配）

在 MySQL 中使用 select 命令来读取数据，同时可以在 select 语句中使用 where 子句来获取指定的记录。where 子句中可以使用等号（=）来设置筛选数据的条件，如"title='www.baidu.com'"。有时需要筛选出 title 字段中含有"com"字符的所有记录，这时就需要在 where 子句中使用 like 子句。

like 子句中使用百分号（%）字符来表示任意字符，如果没有使用百分号，like 子句与等号（=）的效果是一样的。以下是 select 语句使用 like 子句从数据表中读取数据的通用语法：

```
select field1, field2,...fieldn
from table_name
where field1 [not] like condition1 [and [or]] filed2 = 'somevalue'
```

在使用like子句时需要知道下面几个知识点：

1）可以在 where 子句中指定任何条件。
2）可以在 where 子句中使用 like 子句。
3）可以使用 like 子句代替等号（=）。
4）like 通常与%一起使用，类似于一个元字符的搜索。
5）可以使用 and 或者 or 运算符指定一个或多个条件。
6）可以在 delete 或 update 命令中使用 where…like 子句来指定条件。

例 3.19～例 3.22 是进行 like 操作的示例。

例3.19　在数据表students中查找所有以字母“H”开头的学生姓名，示例SQL语句及其执行结果如下：

```
mysql> select name from students
    -> where name like 'H%';
+--------+
| name   |
+--------+
| Hhoma  |
| Hom    |
+--------+
2 rows in set (0.12 sec)
```

可以看到，查询结果中只返回了以字母“H”开头的学生姓名。

例3.20 在数据表students中查找所有不以字母“F”开头的学生姓名，示例SQL语句及其执行行结果如下：

```
mysql> select name from tb_students_info
    -> where name not like 'F%';
+-------+
| name  |
+-------+
| Danys |
| Greey |
| Henry |
| Janen |
| Jimk  |
+-------+
5 rows in set (0.00 sec)
```

可以看到，查询结果中返回了不以字母“F”开头的学生姓名。

例3.21 在数据表students中查找所有包含字母“e”的学生姓名，示例SQL语句及其执行结果如下：

```
mysql> select name from tb_students_info
    -> where name like '%e%';
+-------+
| name  |
+-------+
| Greey |
| Janen |
+-------+
2 rows in set (0.00 sec)
```

可以看到，查询结果中返回了所有包含字母“e”的学生姓名。

“_”通配符只能代表单个字符，字符的长度不能为0。例如，a_b可以代表acb、adb、aub等字符串。

例3.22 在数据表students中，查找所有以字母“y”结尾且“y”前面只有4个字母的学生姓名，示例SQL语句及其执行结果如下：

```
mysql> select name from students
    -> where name like '____y';
+-------+
| name  |
+-------+
| Henry |
+-------+
1 row in set (0.00 sec)
```

3.12　order by（排序）

使用select语句从MySQL数据表中读取数据后，如果需要对读取的数据进行排序，就可以使用order by子句来设置按照哪个字段、哪种方式进行排序，再返回搜索结果，通用的语法如下：

```
select field1, field2,...fieldn from table_name1, table_name2...
order by field1 [asc [desc][默认 asc]], [field2...] [asc [desc][默认 asc]]
```

在使用order by子句之前，需要了解下面的几个知识点：

1）可以使用任何字段作为排序的条件，从而返回排序后的查询结果。

2）可以设置多个字段来排序。

3）可以使用 asc 或 desc 关键字来设置查询结果按升序或降序排列。默认情况下，按升序排列。

4）可以添加 where…like 子句来设置条件。

例3.23　通过order by对数据进行升序和降序，示例SQL语句及其执行结果如下：

```
mysql> use mydb;
Database changed
# 升序查询
mysql> select * from tbl order by submission_date asc;
+-------+-----------+-----------+-----------------+
| id    | title     | author    | submission_date |
+-------+-----------+-----------+-----------------+
| 3     | C#        | clay1     | 2015-05-01      |
| 4     | Java      | clay2     | 2016-03-06      |
| 1     | PHP       | clay3     | 2017-04-12      |
| 2     | MySQL     | clay4     | 2017-04-12      |
+-------+-----------+-----------+-----------------+
4 rows in set (0.01 sec)

# 降序查询
mysql> select * from tbl order by submission_date desc;
+----------+-------+-------+-----------------+
| id       | title | author | submission_date |
+----------+-------------+---------------+----+
| 1        | PHP   | clay3 | 2017-04-12      |
| 2        | MySQL | clay4 | 2017-04-12      |
| 4        | Java  | clay2 | 2016-03-06      |
| 3        | C#    | clay1 | 2015-05-01      |
+----------+-------+-------+-----------------+
4 rows in set (0.01 sec)
# 带筛选条件的降序查询
```

```
mysql> select * from tbl where submission_date>='2016-03-06'
     order by submission_date desc;
+----------+--------+--------+-----------------+
| id       | title  | author | submission_date |
+----------+--------+--------+-----------------+
| 1        | PHP    | clay3  | 2017-04-12      |
| 2        | MySQL  | clay4  | 2017-04-12      |
| 4        | Java   | clay2  | 2016-03-06      |
+----------+--------+--------+-----------------+
4 rows in set (0.01 sec)
```

3.13 group by（分组）

group by语句根据一个或多个列对结果集进行分组。在分组的列上可以使用count、sum、avg等函数来统计结果。分组的语法如下：

```
select column_name, function(column_name)
from table_name
where column_name operator value
group by column_name;
```

例3.24 使用group by语句将数据表按名字进行分组，示例SQL语句及其执行结果如下：

```
# 准备数据
# 因为内容中有中文，所以需要把客户端操作格式设置为utf8
set names utf8;
set foreign_key_checks = 0;
drop table if exists `employee_tbl`;
create table `employee_tbl` (
  `id` int(11) not null,
  `name` char(10) not null default '',
  `date` datetime not null,
  `singin` tinyint(4) not null default '0' comment '登录次数',
  primary key (`id`)
) engine=innodb default charset=utf8;
# 插入测试数据
insert into `employee_tbl` values ('1', 'clay', '2016-04-22 15:25:33', '1'),
('2', 'alsi', '2016-04-20 15:25:47', '3'), ('3', 'tom', '2016-04-19 15:26:02', '2'),
('4', 'alsi', '2016-04-07 15:26:14', '4'), ('5', 'clay', '2016-04-11 15:26:40',
'4'), ('6', 'clay', '2016-04-04 15:26:54', '2');
# 验证数据是否插入成功
mysql> select * from employee_tbl;
+----+--------+---------------------+--------+
| id | name   | date                | singin |
+----+--------+---------------------+--------+
|  1 | clay   | 2016-04-22 15:25:33 |      1 |
|  2 | alsi   | 2016-04-20 15:25:47 |      3 |
```

```
| 3, | tom     | 2016-04-19 15:26:02 |     2  |
| 4 | alsi    | 2016-04-07 15:26:14 |     4  |
| 5 | clay    | 2016-04-11 15:26:40 |     4  |
| 6 | clay    | 2016-04-04 15:26:54 |     2  |
+----+--------+---------------------+--------+
6 rows in set (0.00 sec)
# 使用 group by 语句将数据表按名字进行分组，并统计每个人有多少条记录
mysql> select name, count(*) from  employee_tbl group by name;
+--------+----------+
| name   | count(*) |
+--------+----------+
| tom    |        1 |
| clay   |        3 |
| alsi   |        2 |
+--------+----------+
3 rows in set (0.01 sec)
```

3.14　with rollup（分组统计再统计）

如果想在分组统计数据的基础上再进行相同的统计（比如sum、avg、count 等），那么需要使用with rollup来实现，其语法如下：

```
select column_name, function(column_name)
from table_name
where column_name operator value
group by column_name with rollup;
```

例3.25　将例3.24中的数据表按名字进行分组，再统计每个人登录的次数，示例SQL语句及其执行结果如下：

```
mysql> select name, sum(singin) as singin_count  from  employee_tbl group by
name with rollup;
+--------+--------------+
| name   | singin_count |
+--------+--------------+
| tom    |          2   |
| clay   |          7   |
| alsi   |          7   |
| null   |         16   |
+--------+--------------+
4 rows in set (0.00 sec)
```

其中记录null表示所有人的登录次数。使用coalesce设置一个可以取代null的名称，示例SQL语句及其运行结果如下：

```
mysql> select coalesce(name, '总数'), sum(singin) as singin_count from
employee_tbl group by name with rollup;
```

```
+-------------------------+--------------+
| coalesce(name, '总数')  | singin_count |
+-------------------------+--------------+
| tom                     |            2 |
| clay                    |            7 |
| alsi                    |            7 |
| 总数                    |           16 |
+-------------------------+--------------+
4 rows in set (0.01 sec)
```

3.15 having（分组筛选）

由于where关键字无法与聚合函数一起使用，因此MySQL中增加了having子句，让我们可以筛选出分组后的各组数据。having子句的语法如下：

```
select column_name, aggregate_function(column_name)
from table_name where column_name operator value
group by column_name
having aggregate_function(column_name) operator value;
```

例3.26 根据name分组求出登录总次数，然后在计算结果的基础上统计出总次数大于2次的结果。示例SQL语句及其运行结果如下：

```
mysql> select name, sum(singin) as singin_count from  employee_tbl group by name
having sum(singin)>2;
+------+--------------+
| name | singin_count |
+------+--------------+
| clay |       7      |
| alsi |       7      |
+------+--------------+
2 rows in set (0.00 sec)
```

3.16 union和union all（组合查询）

union运算符将两个以上的select语句的结果连接组合到一个结果集合中，遇到多个select语句时会删除重复的数据。union的语法如下：

```
select expression1, expression2, ... ,expression_n
from tables
[where conditions]
union [all | distinct]
select expression1, expression2, ... ,expression_n
from tables
[where conditions];
```

参数说明如下：

- expression1, expression2, …, expression_n：要检索的列。
- tables：要检索的数据表。
- where conditions：可选，检索条件。
- distinct：可选，删除结果集合中重复的数据。默认情况下，union 运算符已经删除了重复数据，所以 distinct 修饰符对结果没什么影响。
- all：可选，返回所有结果集，包含重复数据。

例3.27 演示如何使用union，示例SQL语句及其执行结果如下：

```
# 数据准备
mysql> drop table if exists userinfo;
Query OK, 0 rows affected (0.00 sec)

mysql> create table userinfo(id int,name varchar(20),age int);
Query OK, 0 rows affected (0.01 sec)

mysql> insert into userinfo(id,name,age) values(1,'lisi',18);
Query OK, 1 row affected (0.00 sec)

mysql> insert into userinfo(id,name,age) values(2,'lisi2',19);
Query OK, 1 row affected (0.01 sec)

mysql> insert into userinfo(id,name,age) values(3,'lisi3',19);
Query OK, 1 row affected (0.01 sec)

mysql> select * from userinfo;
+------+-------+------+
| id   | name  | age  |
+------+-------+------+
|    1 | lisi  |   18 |
|    2 | lisi2 |   19 |
|    3 | lisi3 |   19 |
+------+-------+------+
3 rows in set (0.00 sec)

mysql> drop table if exists student;
Query OK, 0 rows affected, 1 warning (0.00 sec)

mysql>create table student(id int,name varchar(20),age int,address
varchar(50));
Query OK, 0 rows affected (0.01 sec)

mysql>insert into student(id,name,age,address )
values(1,'lisi',18,'shanghai');
Query OK, 1 row affected (0.00 sec)

mysql> insert into student(id,name,age,address )
values(2,'wangwu',19,'wuhan');
```

```
Query OK, 1 row affected (0.01 sec)

mysql>insert into student(id,name,age,address ) values(3,'zhangsan',20,'xian');
Query OK, 1 row affected (0.00 sec)

mysql> select * from student;
+------+----------+------+----------+
| id   | name     | age  | address  |
+------+----------+------+----------+
|    1 | lisi     |   18 | shanghai |
|    2 | wangwu   |   19 | wuhan    |
|    3 | zhangsan |   20 | xian     |
+------+----------+------+----------+
3 rows in set (0.00 sec)
```

1. union 实例

例3.28　使用union从数据表userinfo和student中选取所有不同的age（只有不同的值），示例SQL语句及其执行结果如下：

```
mysql> select age from student
    -> union
    -> select age from userinfo
    -> order by age ;
+-------+
| age   |
+-------+
|   18 |
|   19 |
|   20 |
+-------+
3 rows in set (0.00 sec)
```

2. union all 实例

例3.29　使用union all从数据表userinfo和student中选取所有的age（有重复的值），示例SQL语句及其执行结果如下：

```
mysql>  select age from student
    ->    union all
    ->    select age from userinfo
    ->     order by age ;
+-------+
| age   |
+-------+
|   18 |
|   18 |
|   19 |
|   19 |
|   19 |
```

```
|  20 |
+-------+
6 rows in set (0.00 sec)
```

3. 带有 where 的 union all 实例

例3.30　使用带有where的union all语句从数据表userinfo和student中选取所有大于等于18的age，示例SQL语句及其执行结果如下：

```
mysql> select age from student where address='shanghai'
    ->     union all
    ->     select age from userinfo where age>=18
    ->      order by age ;
+-------+
| age  |
+-------+
|  18 |
|  19 |
|  19 |
+-------+
3 rows in set (0.00 sec)
```

3.17　join（连接查询）

前面章节讲述的都是从一张数据表中读取数据，但是在真正应用中经常需要从多个数据表中读取数据。接下来将向读者介绍如何使用 MySQL 的 join 运算符在两个或多个数据表中查询数据：可以在 select、update 和 delete 语句中使用 join 来联合多表查询。

join 按照功能大致分为如下 3 类：

1）inner join（内连接）：获取两个表中字段匹配关系的记录。

2）left join（左连接）：获取左表所有记录，即使右表没有对应匹配的记录。

3）right join（右连接）：获取右表所有记录，即使左表中没有对应匹配的记录。

在理解这 3 种模式之前，先准备好下面两个表的数据。

数据脚本如下：

```
drop table if exists a;
create table a (aid int, anum varchar(100));
insert into a(aid,anum) values(1,'a20210111');
insert into a(aid,anum) values(2,'a20210112');
insert into a(aid,anum) values(3,'a20210113');
insert into a(aid,anum) values(4,'a20210114');
insert into a(aid,anum) values(5,'a20210115');
drop table if exists b;
create table b (bid int, bnum varchar(100));
insert into b(bid,bnum) values(1,'a20220111');
insert into b(bid,bnum) values(2,'a20220112');
```

```
insert into b(bid,bnum) values(3,'a20220113');
insert into b(bid,bnum) values(4,'a20220114');
insert into b(bid,bnum) values(8,'a20220115');

mysql> select * from a;
+------+-----------+
| aid  | anum      |
+------+-----------+
|    1 | a20210111 |
|    2 | a20210112 |
|    3 | a20210113 |
|    4 | a20210114 |
|    5 | a20210115 |
+------+-----------+
5 rows in set (0.01 sec)

mysql> select * from b;
+------+-----------+
| bid  | bnum      |
+------+-----------+
|    1 | a20220111 |
|    2 | a20220112 |
|    3 | a20220113 |
|    4 | a20220114 |
|    8 | a20220115 |
+------+-----------+
5 rows in set (0.00 sec)
```

3.17.1 inner join（内连接）

如图 3-1 所示， inner join（内连接）用于获取两个表中满足条件的交集。

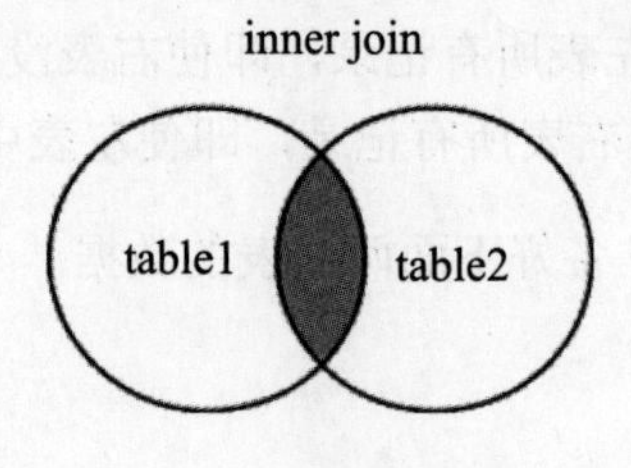

图 3-1 内连接

例 3.31 使用 MySQL 的 inner join（也可以省略 inner，只使用 join，效果一样）来连接 a 表和 b 表，通过 aid 和 bid 的连接条件查询内连接的结果，示例 SQL 语句及其查询结果如下：

```
mysql> select * from a inner join b on a.aid=b.bid;
+------+-----------+------+-----------+
| aid  | anum      | bid  | bnum      |
+------+-----------+------+-----------+
|    1 | a20210111 |    1 | a20220111 |
```

```
|    2  | a20210112 |    2  | a20220112 |
|    3  | a20210113 |    3  | a20220113 |
|    4  | a20210114 |    4  | a20220114 |
+------+-----------+------+-----------+
4 rows in set (0.00 sec)
mysql> select * from a join b on a.aid=b.bid;
+------+-----------+------+-----------+
| aid  | anum      | bid  | bnum      |
+------+-----------+------+-----------+
|    1  | a20210111 |    1  | a20220111 |
|    2  | a20210112 |    2  | a20220112 |
|    3  | a20210113 |    3  | a20220113 |
|    4  | a20210114 |    4  | a20220114 |
+------+-----------+------+-----------+
4 rows in set (0.01 sec)

mysql> select * from a inner join b on a.aid=b.bid where aid>2;
+------+-----------+------+-----------+
| aid  | anum      | bid  | bnum      |
+------+-----------+------+-----------+
|    3  | a20210113 |    3  | a20220113 |
|    4  | a20210114 |    4  | a20220114 |
+------+-----------+------+-----------+
2 rows in set (0.00 sec)
```

3.17.2 left join（左连接）

如图 3-2 所示，left join 会读取左边的数据表的全部数据，即便右边的数据表无对应数据。

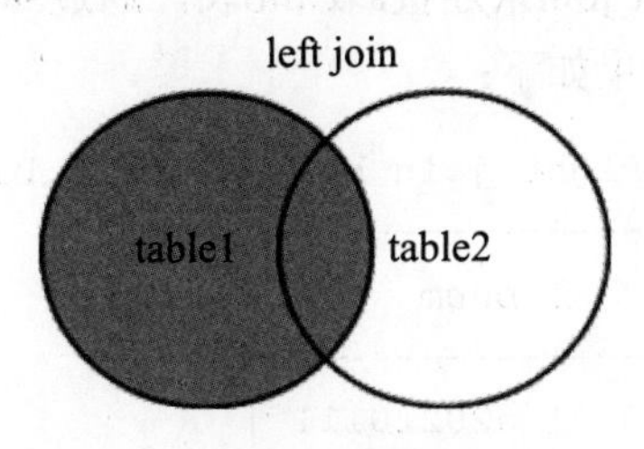

图 3-2　左连接

例3.32　使用MySQL的left join来连接a表和b表，通过aid和bid的连接条件查询左连接的结果，示例SQL语句及其查询结果如下：

```
mysql> select * from a left join b on a.aid=b.bid;
+------+-----------+------+-----------+
| aid  | anum      | bid  | bnum      |
+------+-----------+------+-----------+
|    1 | a20210111  |    1  | a20220111 |
|    2 | a20210112  |    2  | a20220112 |
|    3 | a20210113  |    3  | a20220113 |
|    4 | a20210114  |    4  | a20220114 |
```

```
|    5 | a20210115  | null | null      |
+------+-----------+------+-----------+
5 rows in set (0.01 sec)

mysql> select * from a left join b on a.aid=b.bid where aid>2;
+------+-----------+------+-----------+
| aid  | anum      | bid  | bnum      |
+------+-----------+------+-----------+
|    3 | a20210113 |    3 | a20220113 |
|    4 | a20210114 |    4 | a20220114 |
|    5 | a20210115 | null | null      |
+------+-----------+------+-----------+
3 rows in set (0.00 sec)
```

3.17.3 right join（右连接）

如图 3-3 所示，MySQL 的 right join 会读取右边的数据表的全部数据，即便左边的数据表无对应数据。

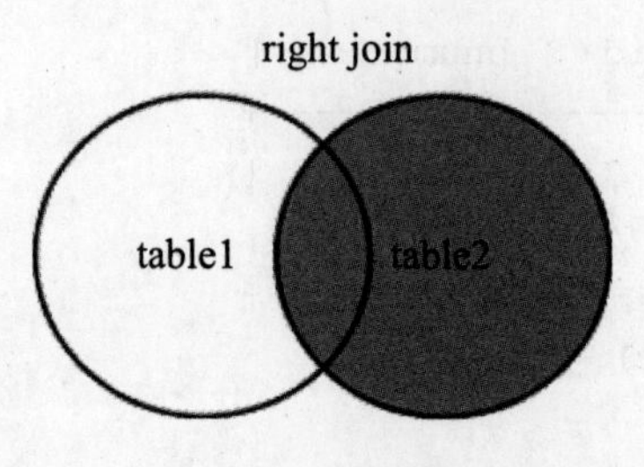

图 3-3 右连接

例3.33 使用MySQL的right join来连接a表和b表，通过aid和bid的连接条件查询右连接的结果，示例SQL语句及其查询结果如下：

```
mysql> select * from a right join b on a.aid=b.bid;
+------+-----------+------+-----------+
| aid  | anum      | bid  | bnum      |
+------+-----------+------+-----------+
|    1 | a20210111 |    1 | a20220111 |
|    2 | a20210112 |    2 | a20220112 |
|    3 | a20210113 |    3 | a20220113 |
|    4 | a20210114 |    4 | a20220114 |
| null | null      |    8 | a20220115 |
+------+-----------+------+-----------+
5 rows in set (0.00 sec)

mysql> select * from a right join b on a.aid=b.bid where aid>2;
+------+-----------+------+-----------+
| aid  | anum      | bid  | bnum      |
+------+-----------+------+-----------+
|    3 | a20210113 |    3 | a20220113 |
|    4 | a20210114 |    4 | a20220114 |
```

```
+------+----------+-----+-----------+
2 rows in set (0.00 sec)
```

3.18　in 和 not in（多关键字筛选）

in 运算符允许在 where 子句中规定多个值，而 not in 运算符则表示查询除了规定之外的结果集。

例3.34　演示在MySQL中如何使用in和not in运算符，示例SQL语句及其执行结果如下：

```
mysql> select * from a ;
+------+-----------+
| aid  | anum      |
+------+-----------+
|    1 | a20210111 |
|    2 | a20210112 |
|    3 | a20210113 |
|    4 | a20210114 |
|    5 | a20210115 |
+------+-----------+
5 rows in set (0.00 sec)
# 查询 aid 包含 1、2、3 的结果集
mysql> select * from a where aid in(1,2,3);
+------+-----------+
| aid  | anum      |
+------+-----------+
|    1 | a20210111 |
|    2 | a20210112 |
|    3 | a20210113 |
+------+-----------+
3 rows in set (0.00 sec)
# 查询 aid 不包含 1、2、3 的结果集
mysql> select * from a where aid not in(1,2,3);
+------+-----------+
| aid  | anum      |
+------+-----------+
|    4 | a20210114 |
|    5 | a20210115 |
+------+-----------+
2 rows in set (0.00 sec)
# 查询 b 表中 bid 的所有结果
mysql> select bid from b;
+------+
| bid  |
+------+
|    1 |
```

```
|    2 |
|    3 |
|    4 |
|    8 |
+------+
5 rows in set (0.00 sec)
```

in 和 not in 中也可以是一个子查询。

例3.35 in和not in中是一个子查询，示例SQL语句及其查询结果如下：

```
mysql> select * from a where aid not in(select bid from b);
+------+-----------+
| aid  | anum      |
+------+-----------+
|    5 | a20210115 |
+------+-----------+
1 row in set (0.00 sec)
```

3.19 exists 和 not exists（是否返回结果集）

exists 运算符用于判断查询子句是否有记录，如果有一条或多条记录，则返回 True，否则返回 False。而 not exists 与 exists 的结果相反。

例3.36 演示在MySQL中如何使用exists和not exists运算符，示例SQL语句及其查询结果如下：

```
# 查询 a 表中的 aid 和 b 表中的 bid 匹配的结果集
mysql> select * from a where exists (select * from b where a.aid=b.bid);
+------+-----------+
| aid  | anum      |
+------+-----------+
|    1 | a20210111 |
|    2 | a20210112 |
|    3 | a20210113 |
|    4 | a20210114 |
+------+-----------+
4 rows in set (0.00 sec)
# 查询 a 表中的 aid 和 b 表中的 bid 不匹配的结果集
mysql> select * from a where not exists (select * from b where a.aid=b.bid);
+------+-----------+
| aid  | anum      |
+------+-----------+
|    5 | a20210115 |
+------+-----------+
1 row in set (0.00 sec)
```

3.20 复 制 表

复制表分为只复制表数据和完全复制表（包括表的结构、索引、默认值），如果想要把一张表的数据复制到不同结构的表，通常选择只复制表数据，如果想要备份表或者克隆相同的一张表，就选择完全复制表。只复制表数据需要提前创建一张表，而完全复制表不需要再创建表。

例3.37 完全复制表，示例SQL语句及其执行结果如下：

```
# 不需要创建表，直接复制表结构和数据
mysql> select * from userinfo;
+------+-------+------+
| id   | name  | age  |
+------+-------+------+
|    1 | lisi  |   18 |
|    2 | lisi2 |   19 |
|    3 | lisi3 |   19 |
+------+-------+------+
3 rows in set (0.00 sec)

mysql> create table userinfo2 select id,name,age from userinfo;
Query OK, 3 rows affected (0.01 sec)
Records: 3  Duplicates: 0  Warnings: 0

mysql> select * from userinfo2;
+------+-------+------+
| id   | name  | age  |
+------+-------+------+
|    1 | lisi  |   18 |
|    2 | lisi2 |   19 |
|    3 | lisi3 |   19 |
+------+-------+------+
3 rows in set (0.00 sec)
```

例3.38 创建表，然后只复制表数据，示例SQL语句及其执行结果如下：

```
# 查询要复制表的数据创建脚本
mysql> show create table userinfo \G;
*************************** 1. row ***************************
       Table: userinfo
Create Table: create table `userinfo` (
  `id` int default null,
  `name` varchar(20) default null,
  `age` int default null
) engine=InnoDB default charset=utf8mb3
1 row in set (0.00 sec)
```

```
# 根据复制表的结构创建表
 create table `userinfo3` (
    ->  `id` int default null,
    ->  `name` varchar(20) default null,
    ->  `age` int default null
    -> ) engine=InnoDB default charset=utf8mb3
    -> ;
# 只复制表数据
mysql> insert into userinfo3 select * from userinfo;
Query OK, 3 rows affected (0.01 sec)
Records: 3  Duplicates: 0  Warnings: 0
mysql> select * from userinfo3;
+------+------+------+
| id   | name | age  |
+------+------+------+
|    1 | lisi  |   18 |
|    2 | lisi2 |   19 |
|    3 | lisi3 |   19 |
+------+------+------+
3 rows in set (0.00 sec)
```

3.21 临 时 表

MySQL临时表用于保存一些临时数据。临时表只在当前连接可见，一旦关闭连接，MySQL会自动删除临时表并释放所有空间。

例3.39 演示临时表在MySQL中的状态，示例SQL语句及其执行结果如下：

```
# 创建临时表
mysql>  create temporary  table `tempuserinfo` (
    ->  `id` int default null,
    ->  `name` varchar(20) default null,
    ->  `age` int default null
    -> ) engine=innodb default charset=utf8mb3;
Query OK, 0 rows affected, 1 warning (0.01 sec)
# 把 userinfo 数据复制到临时表 tempuserinfo
mysql> insert into tempuserinfo select * from userinfo;
Query OK, 3 rows affected (0.00 sec)
Records: 3  Duplicates: 0  Warnings: 0
# 查询临时表 tempuserinfo 中的数据
mysql> select * from tempuserinfo;
+------+------+------+
| id   | name | age  |
+------+------+------+
|    1 | lisi  |   18 |
|    2 | lisi2 |   19 |
```

```
|    3 | lisi3 |   19 |
+------+------+------+
3 rows in set (0.00 sec)
# 当查询所有表名时，临时表是查询不出来的
mysql> show tables;
+----------------+
| Tables_in_mydb |
+----------------+
| employee_tbl   |
| student        |
| test           |
| use_tbl        |
| userinfo       |
| userinfo2      |
| userinfo3      |
+----------------+
7 rows in set (0.00 sec)
# 退出当前登录的 MySQL
mysql> exit
Bye
# 重新登录 MySQL
root@54b354503ea5:/# mysql -uroot -p123456
mysql> use mydb;
Database changed
# 重新启动一个 mysqlsession 连接之后，临时表就不存在了
mysql> select * from tempuserinfo;
ERROR 1146 (42S02): Table 'mydb.tempuserinfo' doesn't exist
```

第 4 章 MySQL 函数大全和高效率汇总统计实战

本章主要内容:

- MySQL 字符串函数
- MySQL 数字函数
- MySQL 日期函数
- MySQL 高级函数
- MySQL 窗口分析函数

本章将讲解 MySQL 字符串类型中常用的字符串函数、数字函数、日期函数、高级函数以及窗口分析函数，这些函数在数据库应用中是必不可少的。本章会列举大量示例供读者理解和学习。

4.1 MySQL 字符串函数

下面将介绍 MySQL 中字符串类型常用的函数。

4.1.1 character_length(s)：返回字符串长度

该函数用于返回字符串 s 的字符数。

例4.1 返回字符串clay的字符数，示例SQL语句及其执行结果如下：

```
mysql> select character_length("clay") as lengthofstring;
+-----------------+
| LengthOfString |
+-----------------+
|              4 |
+-----------------+
1 row in set (0.00 sec)
```

4.1.2　concat(s1,s2,…,sn)：字符串合并

该函数用于将 s1、s2 等多个字符串合并为一个字符串。

例4.2　合并多个字符串，示例SQL语句及其执行结果如下：

```
mysql> select concat("sql", "nosql", "newsql ", "end") as concatenatedstring;
+---------------------+
| concatenatedstring  |
+---------------------+
| sql nosqlnewsql end |
+---------------------+
1 row in set (0.00 sec)
```

4.1.3　format(x,n)：数字格式化

可以将数字 x 格式化为"#,###.##"，将 x 保留到小数点后 n 位，最后一位四舍五入。

例4.3　将数字格式化为保留2位小数点，示例SQL语句及其执行结果如下：

```
mysql> select format(6500700.52341, 2);
+--------------------------+
| format(6500700.52341, 2) |
+--------------------------+
| 6,500,700.52             |
+--------------------------+
1 row in set (0.00 sec)
```

4.1.4　lpad(s1,len,s2)：字符串填充

该函数用于在字符串 s1 的开始处填充字符串 s2，使字符串长度达到 len。

例4.4　将字符串"ABC"填充到"abc"字符串的开始处，使字符串长度为8，示例SQL语句及其执行结果如下：

```
mysql> select lpad("ABC",8,"abc");
+---------------------+
| lpad("ABC",8,"abc") |
+---------------------+
| ABCABabc            |
+---------------------+
1 row in set (0.00 sec)
```

4.1.5　field(s,s1,s2,…)：返回字符串出现的位置

该函数用于返回第一个字符串 s 在字符串列表(s1,s2,…)中的位置。

例4.5　返回字符串"c"在字符串列表中的位置，示例SQL语句及其执行结果如下：

```
mysql> select field("c", "a", "b", "c", "d");
+--------------------------------+
| field("c", "a", "b", "c", "d") |
+--------------------------------+
```

```
|                                   3 |
+-------------------------------------+
1 row in set (0.00 sec)
```

4.1.6 insert(s1,x,len,s2)：替换字符串

该函数用字符串 s2 替换字符串 s1 中从 x 位置开始长度为 len 的字符串。

例4.6 将字符串从第一个位置开始的4个字符替换为"clay"，示例SQL语句及其执行结果如下：

```
mysql> select insert("this is aaaaaaaaa", 1, 4, "clay");
+-------------------------------------------+
| insert("this is aaaaaaaaa", 1, 4, "clay") |
+-------------------------------------------+
| clay is aaaaaaaaa                         |
+-------------------------------------------+
1 row in set (0.00 sec)
```

4.1.7 lcase(s)：把字符串中的所有字母转换为小写字母

该函数用于把字符串 s 中的所有字母转换为小写字母。

例4.7 把字符串"CLAY"中的所有字母转换为小写字母，示例SQL语句及其执行结果如下：

```
mysql> select lcase("CLAY");
+---------------+
| lcase("CLAY") |
+---------------+
| clay          |
+---------------+
1 row in set (0.00 sec)
```

4.1.8 ucase(s)：把字符串中的所有字母转换为大写字母

该函数用于把字符串 s 中的所有字母转换为大写字母。

例4.8 把字符串"clay"中的所有字母转换为大写字母，示例SQL语句及其执行结果如下：

```
mysql> select ucase("clay");
+---------------+
| ucase("clay") |
+---------------+
| CLAY          |
+---------------+
1 row in set (0.00 sec)
```

4.1.9 strcmp(s1,s2)：比较字符串大小

该函数用于比较字符串 s1 和 s2，如果 s1 与 s2 相等则返回 0，如果 s1>s2 则返回 1，如果 s1<s2 则返回–1。

例4.9 比较字符串"abc"和"bcd"的大小，示例SQL语句及其执行结果如下：

```
mysql> select strcmp("abc", "bcd");
+----------------------+
| strcmp("abc", "bcd") |
+----------------------+
|                   -1 |
+----------------------+
1 row in set (0.00 sec)
```

4.1.10 replace(s,s1,s2)：字符串替换

该函数用字符串 s2 替换字符串 s 中的字符串 s1。

例4.10 将字符串"abcd"中的字符串"a"替换为字符串"x"，示例SQL语句及其执行结果如下：

```
mysql> select replace("abcd","a","x");
+-------------------------+
| replace("abcd","a","x") |
+-------------------------+
| xbcd                    |
+-------------------------+
1 row in set (0.00 sec
```

4.1.11 position(s1 in s)：获取子字符串在字符串中出现的位置

该函数用于从字符串 s 中获取子字符串 s1 的开始位置。

例4.11 返回字符串"abc"中子字符串"a"的位置，示例SQL语句及其执行结果如下：

```
mysql> select position("a" in "abc");
+-------------------------+
| position("a" in "abc")  |
+-------------------------+
|                       1 |
+-------------------------+
1 row in set (0.00 sec)
```

4.1.12 md5(s)：字符串加密

该函数用于对字符串 s 进行加密。

例4.12 对字符串"password"进行MD5加密，示例SQL语句及其执行结果如下：

```
mysql> select md5("password");
+----------------------------------+
| md5("password")                  |
+----------------------------------+
| 319f4d26e3c536b5dd871bb2c52e3178 |
+----------------------------------+
1 row in set (0.00 sec)
```

4.1.13 inet_aton(ip)：把 IP 地址转换为数字

该函数用于把 IP 地址转换为数字。

例4.13 把192.168.1.201转换为数字，示例SQL语句及其执行结果如下：

```
mysql> select inet_aton("192.168.1.201");
+----------------------------+
| inet_aton("192.168.1.201") |
+----------------------------+
|                 3232235977 |
+----------------------------+
1 row in set (0.00 sec)
```

4.1.14 inet_ntoa (s)：把数字转换为 IP 地址

该函数用于把数字 s 转换为 IP 地址。

例4.14 把3232235977转换为IP地址，示例SQL语句及其执行结果如下：

```
mysql> select inet_ntoa(3232235977);
+-----------------------+
| inet_ntoa(3232235977) |
+-----------------------+
| 192.168.1.201         |
+-----------------------+
1 row in set (0.00 sec)
```

4.2 MySQL 数字函数

下面是一些 MySQL 中数字类型常用的函数。

4.2.1 ceil(x)：返回不小于 x 的最小整数

该函数用于返回不小于 x 的最小整数。

例4.15 返回不小于2.5的最小整数，示例SQL语句及其执行结果如下：

```
mysql> select ceil(2.5);
+-----------+
| ceil(2.5) |
+-----------+
|         3 |
+-----------+
1 row in set (0.00 sec)
```

4.2.2 ceiling(x)：返回不小于 x 的最小整数

该函数用于返回不小于 x 的最小整数，与 ceil(x)函数的作用相同。

例4.16　返回不小于2.5的最小整数，示例SQL语句及其执行结果如下：

```
mysql> select ceiling(2.5);
+--------------+
| ceiling(2.5) |
+--------------+
|            3 |
+--------------+
1 row in set (0.00 sec)
```

4.2.3　floor(x)：返回不大于 x 的最大整数

该函数用于返回不大于 x 的最大整数。

例4.17　返回不大于1.5的最大整数，示例SQL语句及其执行结果如下：

```
mysql> select floor(1.5);
+------------+
| floor(1.5) |
+------------+
|          1 |
+------------+
1 row in set (0.00 sec)
```

4.2.4　round(x)：返回最接近 x 的整数

该函数用于返回最接近 x 的整数。

例4.18　返回最接近12.23的整数，示例SQL语句及其执行结果如下：

```
mysql> select round(12.23) ;
+--------------+
| round(12.23) |
+--------------+
|           12 |
+--------------+
1 row in set (0.00 sec)

mysql> select round(12.93) ;
+--------------+
| round(12.93) |
+--------------+
|           13 |
+--------------+
1 row in set (0.00 sec)
```

4.2.5　max(expression)：求最大值

该函数用于返回字段 expression 中的最大值。

例4.19　返回数据表userinfo中字段age的最大值，示例SQL语句及其执行结果如下：

```
mysql> select age from userinfo;
+-------+
| age  |
+-------+
|   18  |
|   19  |
|   19  |
+-------+
3 rows in set (0.00 sec)
mysql> select max(age) from userinfo;
+----------+
| max(age) |
+----------+
|       19 |
+----------+
1 row in set (0.00 sec)
```

4.2.6 min(expression)：求最小值

该函数用于返回字段 expression 中的最小值。

例4.20 返回数据表userinfo中字段age的最小值，示例SQL语句及其执行结果如下：

```
mysql> select age from userinfo;
+-------+
| age  |
+-------+
|  18  |
|  19  |
|  19  |
+-------+
3 rows in set (0.00 sec)
mysql> select min(age)  from userinfo;
+----------+
| min(age) |
+----------+
|       18 |
+----------+
1 row in set (0.00 sec)
```

4.2.7 sum(expression)：求总和

该函数用于返回指定字段 expression 的总和。

例4.21 计算数据表userinfo中字段age的总和，示例SQL语句及其执行结果如下：

```
mysql> select age from userinfo;
+-------+
| age  |
+-------+
```

```
|   18 |
|   19 |
|   19 |
+------+
3 rows in set (0.00 sec)
mysql> select sum(age) from userinfo;
+----------+
| sum(age) |
+----------+
|       56 |
+----------+
1 row in set (0.00 sec)
```

4.2.8　avg(expression)：求平均值

该函数用于返回字段 expression 中的平均值。

例4.22　返回数据表userinfo中age字段的平均值，示例SQL语句及其执行结果如下：

```
mysql> select age from userinfo;
+------+
| age  |
+------+
|   18 |
|   19 |
|   19 |
+------+
3 rows in set (0.00 sec)
mysql> select avg(age) from userinfo;
+----------+
| avg(age) |
+----------+
|  18.6667 |
+----------+
1 row in set (0.00 sec)
```

4.2.9　count(expression)：求总记录数

该函数用于返回查询的记录总数，expression 参数是一个字段或者“*”。

- count(字段名)：计算指定列下总的行数，计算时将忽略空值的行。
- count（*）：计算数据表中总的行数，无论某列有数值或为空值。

例4.23　返回userinfo表中总共有多少条记录，示例SQL语句及其执行结果如下：

```
mysql> select count(*) from userinfo;
+----------+
| count(*) |
+----------+
|        3 |
```

```
+----------+
1 row in set (0.00 sec)
mysql> select count(*) from userinfo where age>19;
+----------+
| count(*) |
+----------+
|        0 |
+----------+
1 row in set (0.00 sec)
```

4.3 MySQL 日期函数

下面介绍一些 MySQL 中日期类型常用的函数。

4.3.1 adddate(d,n)：返回指定日期加上指定天数后的日期

该函数用于计算起始日期 d 加上 n 天后的日期。

例4.24 计算在2021-06-06的基础上加上60天后的日期，示例SQL语句及其执行结果如下：

```
mysql> select adddate("2017-06-15", 60);
+---------------------------+
| adddate("2017-06-15", 60) |
+---------------------------+
| 2017-08-14                |
+---------------------------+
1 row in set (0.00 sec)
```

4.3.2 addtime(t,n)：返回指定时间加上指定时间后的时间

该函数用于计算将时间 t 加上 n 秒后的时间（是一个时间表达式）。

例4.25 计算2021-06-06 23:23:10分别加上8秒和1小时10分钟5秒后的时间，示例SQL语句及其执行结果如下：

```
# 2021-06-06 23:23:10 加 8 秒
mysql> select addtime("2021-06-06 23:23:10", 8);
+-----------------------------------+
| addtime("2021-06-06 23:23:10", 8) |
+-----------------------------------+
| 2021-06-06 23:23:18               |
+-----------------------------------+
1 row in set (0.00 sec)

# 2021-06-06 23:23:10 加 1 小时 10 分钟 5 秒
mysql> select addtime("2021-06-06 23:23:10", "1:10:5");
+------------------------------------------+
| addtime("2021-06-06 23:23:10", "1:10:5") |
```

```
+-----------------------------------------+
| 2021-06-07 00:33:15                     |
+-----------------------------------------+
1 row in set (0.00 sec)
```

4.3.3　curdate()：返回当前日期

该函数用于返回当前日期。

例4.26　返回当前日期，示例SQL语句及其执行结果如下：

```
mysql> select curdate();
+------------+
| curdate()  |
+------------+
| 2021-06-06 |
+------------+
1 row in set (0.00 sec)
```

4.3.4　datediff(d1,d2)：返回两个日期相隔的天数

该函数用于计算日期 d1 和 d2 之间相隔的天数。

例4.27　计算日期2021-08-08和2021-06-06之间相隔的天数，示例SQL语句及其执行结果如下：

```
mysql> select datediff("2021-08-08","2021-06-06");
+-------------------------------------+
| datediff("2021-08-08","2021-06-06") |
+-------------------------------------+
|                                  63 |
+-------------------------------------+
1 row in set (0.00 sec)
```

4.3.5　dayofyear(d)：返回指定日期是本年的第几天

该函数用于计算日期 d 是本年的第几天。

例4.28　计算日期2021-06-06是本年的第几天，示例SQL语句及其执行结果如下：

```
mysql> select dayofyear('2021-06-06');
+-------------------------+
| dayofyear('2021-06-06') |
+-------------------------+
|                     157 |
+-------------------------+
1 row in set (0.00 sec)
```

4.3.6　extract(type from d)：根据对应格式返回日期

该函数用于从日期 d 中获取指定的值，type 指定返回的值。

type 可以取值为表 4-1 中的类型。

表4-1 type取值类型

取值类型	说明	取值类型	说明
hour	小时	quarter	季
minute	分	year_month	年和月
second	秒	day_hour	日和小时
microsecond	毫秒	day_minute	日和分钟
year	年	day_second	日和秒
month	月	hour_minute	小时和分
day	日	hour_second	小时和秒
week	周	minute_second	分钟和秒

例4.29 分别获取2021-06-06 23:11:11日期的分钟部分、当月的天数以及当年的周数，示例SQL语句及其执行结果如下：

```
# 获取 2021-06-06 23:11:11 日期的分钟部分
mysql> select extract(minute from "2021-06-06 23:11:11") ;
+-----------------------------------------+
| extract(minute from '2021-06-06 23:11:11') |
+-----------------------------------------+
|                                      11 |
+-----------------------------------------+
1 row in set (0.00 sec)
# 获取 2021-06-06 23:11:11 日期所在月的天数
mysql> select extract(day from "2021-06-06 23:11:11") ;
+--------------------------------------+
| extract(day from '2021-06-06 23:11:11') |
+--------------------------------------+
|                                    6 |
+--------------------------------------+
1 row in set (0.00 sec)
# 获取 2021-06-06 23:11:11 日期在当年的周数
mysql> select extract(week from '2021-06-06 23:11:11') ;
+---------------------------------------+
| extract(week from '2021-06-06 23:11:11') |
+---------------------------------------+
|                                    23 |
+---------------------------------------+
1 row in set (0.00 sec)
```

4.3.7 now()：返回当前日期和时间

该函数用于返回当前的日期和时间。

例4.30 返回当前的日期和时间，示例SQL语句及其执行结果如下：

```
mysql> select now();
+---------------------+
| now()               |
+---------------------+
| 2021-06-06 16:30:23 |
+---------------------+
1 row in set (0.00 sec)
```

4.3.8 quarter(d)：返回日期对应的季度数

该函数用于返回日期 d 是第几季度，范围是 1～4。

例4.31 返回日期2021-06-07是第几季度，示例SQL语句及其执行结果如下：

```
mysql> select quarter("2021-06-07");
+-----------------------+
| quarter("2021-06-07") |
+-----------------------+
|                     2 |
+-----------------------+
1 row in set (0.00 sec)
```

4.3.9 second(t)：返回指定时间中的秒数

该函数用于返回时间 t 中的秒数。

例4.32 返回2021-06-07 11:2:3中的秒数，示例SQL语句及其执行结果如下：

```
mysql> select second("2021-06-07 11:2:3");
+-----------------------------+
| second("2021-06-07 11:2:3") |
+-----------------------------+
|                           3 |
+-----------------------------+
1 row in set (0.00 sec)
```

4.3.10 timediff(time1, time2)：计算时间差

该函数用于计算时间差值。

例4.33 计算2021-06-06 16:42:45和2020-06-06 16:42:45的时间差，示例SQL语句及其执行结果如下：

```
mysql> select timediff("2021-06-06 16:42:45", "2020-06-06 16:42:45");
+--------------------------------------------------------+
| timediff("2021-06-06 16:42:45", "2020-06-06 16:42:45") |
+--------------------------------------------------------+
| 838:59:59                                              |
+--------------------------------------------------------+
1 row in set, 1 warning (0.00 sec)
```

4.3.11 date(t)：从指定日期时间中提取日期值

该函数用于从指定日期时间中提取日期值。

例4.34 从2021-06-16 23:11:11中提取日期值，示例SQL语句及其执行结果如下：

```
mysql> select date("2021-06-16 23:11:11");
+-----------------------------+
| date("2021-06-16 23:11:11") |
+-----------------------------+
| 2021-06-16                  |
+-----------------------------+
1 row in set (0.00 sec)
```

4.3.12 hour(t)：返回指定时间中的小时数

该函数用于返回时间t中的小时数。

例4.35 返回2021-06-06 23:11:11中的小时数，示例SQL语句及其执行结果如下：

```
mysql> select hour("2021-06-06 23:11:11");
+-----------------------------+
| hour("2021-06-06 23:11:11") |
+-----------------------------+
|                          23 |
+-----------------------------+
1 row in set (0.00 sec)
```

4.3.13 time(expression)：提取日期时间参数中的时间部分

该函数用于从传入的日期时间参数中提取时间部分。

例4.36 提取2021-06-06 16:42:45的时间部分，示例SQL语句及其执行结果如下：

```
mysql> select time("2021-06-06 16:42:45");
+-----------------------------+
| time("2021-06-06 16:42:45") |
+-----------------------------+
| 16:42:45                    |
+-----------------------------+
1 row in set (0.00 sec)
```

4.3.14 time_format(t,f)：根据表达式显示时间

该函数用于按表达式f的要求显示时间t。

例4.37 按表达式%r的要求显示时间2021-06-06 16:42:45，示例SQL语句及其执行结果如下：

```
mysql> select time_format('2021-06-06 16:42:45','%r');
+-----------------------------------------+
| time_format('2021-06-06 16:42:45','%r') |
+-----------------------------------------+
```

```
| 04:42:45 PM                                     |
+-----------------------------------------+
1 row in set (0.00 sec)
```

4.3.15　year(d)：返回指定日期的年份

该函数用于返回年份。

例4.38　返回2021-06-06 16:42:45的年份，示例SQL语句及其执行结果如下：

```
mysql> select year("2021-06-06 16:42:45");
+-----------------------------+
| year("2021-06-06 16:42:45") |
+-----------------------------+
|                        2021 |
+-----------------------------+
1 row in set (0.00 sec)
```

4.4　MySQL 高级函数

下面介绍一些 MySQL 常用的高级函数。

4.4.1　cast(x as type)：数据类型转换

该函数用于转换数据类型。

例4.39　将字符串"20210607"转换为日期，示例SQL语句及其执行结果如下：

```
mysql> select cast("20210607" as date);
+--------------------------+
| cast("20210607" as date) |
+--------------------------+
| 2021-06-07               |
+--------------------------+
1 row in set (0.00 sec)
```

4.4.2　coalesce(expr1, …, exprn)：返回第一个非空表达式

该函数用于返回参数中的第一个非空表达式（从左向右）。

例4.40　返回null、null、"clay"、null、"clay2"中的第一个非空表达式，示例SQL语句及其执行结果如下：

```
mysql> select coalesce(null, null, "clay", null, "clay2");
+---------------------------------------------+
| coalesce(null, null, "clay", null, "clay2") |
+---------------------------------------------+
| clay                                        |
+---------------------------------------------+
1 row in set (0.00 sec)
```

4.4.3 if(expr,v1,v2)：表达式判断

如果表达式 expr 成立，则返回结果 v1；否则返回结果 v2。

例4.41 返回1>0的结果，示例SQL语句及其执行结果如下：

```
mysql> select if(1 > 0,'yes','no');
+----------------------+
| if(1 > 0,'yes','no') |
+----------------------+
| yes                  |
+----------------------+
1 row in set (0.00 sec)
```

4.4.4 ifnull(v1,v2)：null 替换

如果 v1 的值不为 null，则返回 v1；否则返回 v2。

例4.42 返回ifnull(null, "clay")的结果，示例SQL语句及其执行结果如下：

```
mysql> select ifnull(null,"clay");
+---------------------+
| ifnull(null,"clay") |
+---------------------+
| clay                |
+---------------------+
1 row in set (0.00 sec)
```

4.4.5 isnull(expression)：判断表达式是否为 null

该函数判断表达式是否为 null，若是则返回 1，否则返回 0。

例4.43 分别判断isnull("clay")和isnull(null)是否为null，示例SQL语句及其执行结果如下：

```
# 判断 isnull("clay") 是否为 null
mysql> select isnull("clay");
+----------------+
| isnull("clay") |
+----------------+
|              0 |
+----------------+
1 row in set (0.00 sec)
# 判断isnull(null)是否为null

mysql> select isnull(null);
+--------------+
| isnull(null) |
+--------------+
|            1 |
+--------------+
1 row in set (0.00 sec)
```

4.4.6　nullif(expr1, expr2)：字符串相等则返回 null

该函数用于比较两个字符串，如果字符串 expr1 与 expr2 相等，则返回 null；否则返回 expr1。

例4.44　分别比较字符串"11"和字符串"2"、字符串"a"和字符串"a"，示例SQL语句及其执行结果如下：

```
# 比较字符串"11"和字符串"2"
mysql> select nullif("11","2");
+------------------+
| nullif("11","2") |
+------------------+
| 11               |
+------------------+
1 row in set (0.00 sec)
# 比较字符串"a"和字符串"a"
mysql> select nullif("a","a");
+-----------------+
| nullif("a", "a") |
+-----------------+
| null            |
+-----------------+
1 row in set (0.00 sec)
```

4.4.7　last_insert_id()：返回最近生成的自增 ID

返回最近生成的自增 ID（auto_increment 值）。

例4.45　返回最近生成的自增ID，示例SQL语句及其执行结果如下：

```
mysql> drop table if exists userinfo;
Query OK, 0 rows affected (0.01 sec)
mysql> create table userinfo(id int(10) NOT null auto_increment primary key,
    -> name varchar(20),
    -> age int(2));
Query OK, 0 rows affected, 2 warnings (0.02 sec)
mysql>  insert into userinfo (name,age) values('zhangsan',26);
Query OK, 1 row affected (0.01 sec)
mysql>   insert into userinfo (name,age) values('lisi',26);
Query OK, 1 row affected (0.01 sec)
mysql> select id from userinfo;
+----+
| id |
+----+
|  1 |
|  2 |
+----+
2 rows in set (0.00 sec)
mysql> select last_insert_id();
```

```
+-------------------+
| last_insert_id() |
+-------------------+
|                 2 |
+-------------------+
1 row in set (0.00 sec)
```

4.4.8 case expression：表达式分支

```
case expression
    when condition1 then result1
    when condition2 then result2
   ...
    when conditionN then resultN
    ELSE result
END
```

case表示函数开始，end表示函数结束。如果condition1成立，则返回result1；如果condition2成立，则返回result2；如果全部不成立，则返回result。而当有一个成立之后，后面的就不执行了。

例4.46 根据name分组，统计其次数，并输出其等级，示例SQL语句及其执行结果如下：

```
mysql>  select name,(case when singin_count<5 then '<5' when singin_count>=5
and  singin_count<10 then '<10' else '>10' end ) as level
    ->  from (select name, sum(singin) as singin_count from  employee_tbl group
by name )t;
+------+-------+
| name | level |
+------+-------+
| clay | <10   |
| alsi | <10   |
| tom  | <5    |
+------+-------+
3 rows in set (0.00 sec)
```

4.5 MySQL over()：窗口函数汇总分析

熟悉了SQL的简单查询，比如使用select from where group by这样的基础语句，想要进一步提升自己的SQL技能，一定要知道窗口函数（Window Function），它又被称为分析函数（Analytics Function）。窗口函数类似于可以返回聚合值的函数，例如sum()、count()、max()。但是窗口函数又与普通的聚合函数不同，它不会对结果进行分组，因此输出中的行数与输入中的行数相同。窗口函数语法如下：

- over关键字用来指定函数执行的窗口范围，如果后面括号中什么都不写，则意味着窗口包含满足where条件的所有数据行，窗口函数基于所有数据行进行计算；如果不为空，则支持以下两种语法来设置窗口：

- partition by 子句：窗口按照哪些字段进行分组，窗口函数在不同的分组上分别执行。
- order by 子句：窗口按照哪些字段进行排序，窗口函数将按照排序后的记录顺序进行编号。

接下来我们通过一张学生成绩表来学习一些常用的窗口函数。

```
# 数据准备，创建一个学生成绩表
 create table student_score (
    stu_no int(10), --学生编号
    course_no varchar(50),--科目编号
    score   int  --科目成绩
);
# 插入测试数据
insert into student_score (stu_no ,course_no,score) values (1,'L0001',90);
insert into student_score (stu_no ,course_no,score) values (1,'L0002',98);
insert into student_score (stu_no ,course_no,score) values (1,'L0003',98);
insert into student_score (stu_no ,course_no,score) values (1,'L0004',95);
insert into student_score (stu_no ,course_no,score) values (1,'L0005',95);
insert into student_score (stu_no ,course_no,score) values (2,'L0001',90);
insert into student_score (stu_no ,course_no,score) values (2,'L0002',98);
insert into student_score (stu_no ,course_no,score) values (2,'L0003',98);
insert into student_score (stu_no ,course_no,score) values (2,'L0004',95);
insert into student_score (stu_no ,course_no,score) values (2,'L0005',96);
insert into student_score (stu_no ,course_no,score) values (3,'L0001',98);
insert into student_score (stu_no ,course_no,score) values (3,'L0002',96);
insert into student_score (stu_no ,course_no,score) values (3,'L0003',90);
insert into student_score (stu_no ,course_no,score) values (3,'L0004',98);
insert into student_score (stu_no ,course_no,score) values (3,'L0005',97);
# 查看数据
mysql> select * from student_score;
+--------+-----------+-------+
| stu_no | course_no | score |
+--------+-----------+-------+
|      1 | L0001     |    90 |
|      1 | L0002     |    98 |
|      1 | L0003     |    98 |
|      1 | L0004     |    95 |
|      2 | L0001     |    90 |
|      2 | L0002     |    98 |
|      2 | L0003     |    98 |
|      2 | L0004     |    95 |
|      3 | L0001     |    98 |
|      3 | L0002     |    96 |
|      3 | L0003     |    90 |
|      3 | L0004     |    98 |
|      1 | L0005     |    95 |
|      2 | L0005     |    96 |
```

```
|    3 | L0005      |    97 |
+--------+-----------+-------+
15 rows in set (0.00 sec)
```

4.5.1 row _number()：顺序排名函数

该函数根据提供的字段的值依次进行排序，尽管出现相同的值，排名号也会依次增加。比如，对（10, 20, 20）这个集合排名，排名序号依次是 1、2、3。

例4.47 对学生编号是1的学生的各科目成绩进行排名，示例SQL语句及其执行结果如下：

```
mysql> select *
    -> from (
    -> select stu_no, row_number() over (partition by stu_no
    -> order by score desc ) as score_order, course_no, score
    -> from student_score
    -> ) t
    -> where stu_no =1;
+--------+-------------+-----------+-------+
| stu_no | score_order | course_no | score |
+--------+-------------+-----------+-------+
|      1 |           1 | L0002     |    98 |
|      1 |           2 | L0003     |    98 |
|      1 |           3 | L0004     |    95 |
|      1 |           4 | L0005     |    95 |
|      1 |           5 | L0001     |    90 |
+--------+-------------+-----------+-------+
5 rows in set (0.00 sec)
```

如上所示，尽管该学生的科目 L0002 和 L0003 的成绩一样，科目 L0004 和 L0005 的成绩一样，但是排名还是依次增加的。

例4.48 查询每个学生的分数最高的科目，示例SQL语句及其执行结果如下：

```
mysql> select *
    -> from (
    -> select stu_no, row_number() over (partition by stu_no
    -> order by score desc  ) as score_order, course_no, score
    -> from student_score
    -> ) t
    -> where score_order <=1 ;
+--------+-------------+-----------+-------+
| stu_no | score_order | course_no | score |
+--------+-------------+-----------+-------+
|      1 |           1 | L0002     |    98 |
|      2 |           1 | L0002     |    98 |
|      3 |           1 | L0001     |    98 |
+--------+-------------+-----------+-------+
3 rows in set (0.00 sec)
```

如上所示，编号为 1、2、3 的学生成绩最高的科目依次是 L0002、L0002、L0001，结果符合原始数据的答案。

4.5.2　rank()：跳级排名函数

该函数将根据提供的字段的值进行排序（跳过重复序号），当出现相同的值时，排名号会一致，不过下一个排名号是上一个排名号加上重复的排名号。比如，对（10, 20, 20, 30, 30）这个集合排名，排名序号依次是 1、1、3、4、4。

例4.49　对学生编号是1的学生的各科目成绩进行排名，示例SQL语句及其执行结果如下：

```
mysql> select *
    -> from (
    -> select stu_no, rank() over (partition by stu_no
    -> order by score desc ) as score_order, course_no, score
    -> from student_score
    -> ) t
    -> where stu_no =1 ;
+--------+-------------+-----------+-------+
| stu_no | score_order | course_no | score |
+--------+-------------+-----------+-------+
|      1 |           1 | L0002     |    98 |
|      1 |           1 | L0003     |    98 |
|      1 |           3 | L0004     |    95 |
|      1 |           3 | L0005     |    95 |
|      1 |           5 | L0001     |    90 |
+--------+-------------+-----------+-------+
5 rows in set (0.00 sec)
```

如上所示，编号是 1 的学生，科目 L0002 和 L0003 的成绩一致，所以排名都是 1，然后下一个成绩的排名直接跳过 2 排名为 3；科目 L0004 和 L0005 的成绩一致，所以排名都是 3，然后下一个成绩的排名直接跳过 4 排名为 5。

例4.50　查询每个学生的分数最高的科目，示例SQL语句及其执行结果如下：

```
mysql> select *
    -> from (
    -> select stu_no, rank() over (partition by stu_no
    -> order by score desc) as score_order, course_no, score
    -> from student_score
    -> ) t
    -> where score_order <= 1;
+--------+-------------+-----------+-------+
| stu_no | score_order | course_no | score |
+--------+-------------+-----------+-------+
|      1 |           1 | L0002     |    98 |
|      1 |           1 | L0003     |    98 |
|      2 |           1 | L0002     |    98 |
```

```
|    2 |          1 | L0003     |    98 |
|    3 |          1 | L0001     |    98 |
|    3 |          1 | L0004     |    98 |
+--------+------------+-----------+-------+
6 rows in set (0.00 sec)
```

如上所示，一名学生的最高成绩的科目存在多个。这是因为使用 rank()排名导致出现重复的排名，所以在实际业务中需要依据实际情况选择合适的排名函数。

4.5.3 dense_rank()：不跳级排名函数

该函数将根据提供的字段的值进行排序（不跳过序号），当出现相同的值时，排名号会一致，不过下一个排名号是上一个排名号加 1。比如，对（10, 20, 20, 30, 30）这个集合排名，排名序号依次是 1、1、2、3、3。

例4.51 对学生编号是2的学生的各科目成绩进行排名，示例SQL语句及其执行结果如下：

```
mysql> select *
    -> from (
    -> select stu_no, dense_rank() over (partition by stu_no
    -> order by score desc ) as score_order, course_no, score
    -> from student_score
    -> ) t
    -> where stu_no =2 ;
+--------+-------------+-----------+-------+
| stu_no | score_order | course_no | score |
+--------+-------------+-----------+-------+
|      2 |           1 | L0002     |    98 |
|      2 |           1 | L0003     |    98 |
|      2 |           2 | L0005     |    96 |
|      2 |           3 | L0004     |    95 |
|      2 |           4 | L0001     |    90 |
+--------+-------------+-----------+-------+
5 rows in set (0.00 sec)
```

如上所示，编号为2的学生，科目L0002和L0003的成绩一致，所以排名都是1，然后下一个成绩96的科目排名顺序为2。

4.5.4 lag(expr,n)：前分析函数，返回前 n 行的值

该函数用于返回当前行的前 n 行的 expr 的值。内层 SQL 先通过 lag()函数得到前 n 个值，外层 SQL 再将当前值与前 n 个值相减得到差值 diff。

例4.52 查询科目L0001的成绩，根据分数排名，查看后一名和前一名的成绩之差，示例SQL语句及其执行结果如下：

```
mysql> select stu_no, course_no, score, pre_score,
    -> score-pre_score as diff
    -> from(
```

```
    ->      select stu_no, course_no, score,
    ->      lag(score,1) over w as pre_score
    ->      from student_score
    ->      where course_no in ('10001')
    ->      window w as (partition by course_no order by score)) t
    -> ;
+--------+-----------+-------+-----------+------+
| stu_no | course_no | score | pre_score | diff |
+--------+-----------+-------+-----------+------+
|      1 | L0001     |    90 |      null | null |
|      2 | L0001     |    90 |       90  |   0  |
|      3 | L0001     |    98 |       90  |   8  |
+--------+-----------+-------+-----------+------+
3 rows in set (0.00 sec)
```

如上所示，最后一行 diff 代表的是后一名学生的成绩和上一名学生的成绩之差。

例4.53　查询所有科目的成绩，根据分数排名查看前面两名学生的成绩和当前这名学生的成绩之差，示例SQL语句及其执行结果如下：

```
mysql> select stu_no, course_no, score, pre_score,
    -> score-pre_score as diff
    -> from(
    ->      select stu_no, course_no, score,
    ->      lag(score,2) over w as pre_score
    ->      from student_score
    ->      window w as (partition by course_no order by score)) t
    -> ;
+--------+-----------+-------+-----------+------+
| stu_no | course_no | score | pre_score | diff |
+--------+-----------+-------+-----------+------+
|      1 | L0001     |    90 |     null  | null |
|      2 | L0001     |    90 |     null  | null |
|      3 | L0001     |    98 |       90  |   8  |
|      3 | L0002     |    96 |     null  | null |
|      1 | L0002     |    98 |     null  | null |
|      2 | L0002     |    98 |       96  |   2  |
|      3 | L0003     |    90 |     null  | null |
|      1 | L0003     |    98 |     null  | null |
|      2 | L0003     |    98 |       90  |   8  |
|      1 | L0004     |    95 |     null  | null |
|      2 | L0004     |    95 |     null  | null |
|      3 | L0004     |    98 |       95  |   3  |
|      1 | L0005     |    95 |     null  | null |
|      2 | L0005     |    96 |     null  | null |
|      3 | L0005     |    97 |       95  |   2  |
+--------+-----------+-------+-----------+------+
15 rows in set (0.00 sec)
```

4.5.5 lead(expr,n)：后分析函数，返回后 n 行的值

该函数用于返回当前行的后 n 行的 expr 的值。内层 SQL 先通过 LEAD()函数得到后 n 个值，外层 SQL 再将当前值与后 n 个值相减得到差值 diff。

例4.54 查询科目L0001的成绩，根据分数排名，查看前一名和后一名的成绩之差，示例SQL语句及其执行结果如下：

```
mysql> select stu_no, course_no, score, pre_score,
    -> score-pre_score as diff
    -> from(
    ->     select stu_no, course_no, score,
    ->     lead(score,1) over w as pre_score
    ->     from student_score
    ->     where course_no in ('l0001')
    ->     window w as (partition by course_no order by score)) t;
+--------+-----------+-------+-----------+------+
| stu_no | course_no | score | pre_score | diff |
+--------+-----------+-------+-----------+------+
|      1 | L0001     |    90 |        90 |    0 |
|      2 | L0001     |    90 |        98 |   -8 |
|      3 | L0001     |    98 |      null | null |
+--------+-----------+-------+-----------+------+
3 rows in set (0.00 sec)
```

如上所示，结果符合预期。

4.5.6 first_value(expr)：头尾函数，返回第一个值

该函数用于返回第一行的 expr 的值。

例4.55 根据科目分组对成绩排序，查询科目L0005的成绩中第一个（最低分）成绩值，示例SQL语句及其执行结果如下：

```
mysql> select stu_no, course_no, score,
    -> first_value(score) over (partition by course_no order by score) as
first_score
    -> from student_score
    -> where course_no in ('l0005')
    -> ;
+--------+-----------+-------+-------------+
| stu_no | course_no | score | first_score |
+--------+-----------+-------+-------------+
|      1 | L0005     |    95 |          95 |
|      2 | L0005     |    96 |          95 |
|      3 | L0005     |    97 |          95 |
+--------+-----------+-------+-------------+
3 rows in set (0.01 sec)
```

如上所示，最后的字段 first_score 表示科目成绩排名后的第一个成绩值，结果符合预期。

例4.56　根据科目分组对成绩排序，查询每科的成绩中第一个（最低分）成绩值，示例SQL语句及其执行结果如下：

```
mysql> select stu_no, course_no, score,
    -> first_value(score) over (partition by course_no order by score) as
first_score
    -> from student_score
    -> ;
+--------+-----------+-------+-------------+
| stu_no | course_no | score | first_score |
+--------+-----------+-------+-------------+
|      1 | L0001     |    90 |          90 |
|      2 | L0001     |    90 |          90 |
|      3 | L0001     |    98 |          90 |
|      3 | L0002     |    96 |          96 |
|      1 | L0002     |    98 |          96 |
|      2 | L0002     |    98 |          96 |
|      3 | L0003     |    90 |          90 |
|      1 | L0003     |    98 |          90 |
|      2 | L0003     |    98 |          90 |
|      1 | L0004     |    95 |          95 |
|      2 | L0004     |    95 |          95 |
|      3 | L0004     |    98 |          95 |
|      1 | L0005     |    95 |          95 |
|      2 | L0005     |    96 |          95 |
|      3 | L0005     |    97 |          95 |
+--------+-----------+-------+-------------+
15 rows in set (0.00 sec)
```

如上结果符合预期。

4.5.7　last_value(expr)：头尾函数，返回最后一个值

该函数返回最后一行的 expr 的值。

例4.57　根据科目分组对成绩排序，查询科目L0005的成绩中最后一个（最高分）成绩值，示例SQL语句及其执行结果如下：

```
mysql> select stu_no, course_no, score,
    -> last_value(score) over (partition by course_no order by score range
between unbounded preceding and unbounded following) as last_score
    -> from student_score
    -> where course_no in ('l0005')
    -> ;
+--------+-----------+-------+------------+
| stu_no | course_no | score | last_score |
+--------+-----------+-------+------------+
```

```
|      1 | L0005     |    95 |          97 |
|      2 | L0005     |    96 |          97 |
|      3 | L0005     |    97 |          97 |
+--------+-----------+-------+-------------+
3 rows in set (0.00 sec)
```

如上结果所示，字段last_score表示科目成绩排名后的最后一个成绩值，结果符合预期。

例4.58 根据科目分组对成绩排序，查询每个科目的成绩中最后一个（最高分）成绩值，示例SQL语句及其执行结果如下：

```
mysql> select stu_no, course_no, score,
    -> last_value(score) over (partition by course_no order by score range
between unbounded preceding and unbounded following) as last_score
    -> from student_score
    -> ;
+--------+-----------+-------+-------------+
| stu_no | course_no | score | last_score |
+--------+-----------+-------+-------------+
|      1 | L0001     |    90 |          98 |
|      2 | L0001     |    90 |          98 |
|      3 | L0001     |    98 |          98 |
|      3 | L0002     |    96 |          98 |
|      1 | L0002     |    98 |          98 |
|      2 | L0002     |    98 |          98 |
|      3 | L0003     |    90 |          98 |
|      1 | L0003     |    98 |          98 |
|      2 | L0003     |    98 |          98 |
|      1 | L0004     |    95 |          98 |
|      2 | L0004     |    95 |          98 |
|      3 | L0004     |    98 |          98 |
|      1 | L0005     |    95 |          97 |
|      2 | L0005     |    96 |          97 |
|      3 | L0005     |    97 |          97 |
+--------+-----------+-------+-------------+
15 rows in set (0.00 sec)
```

以上结果符合预期。

例4.59 根据科目分组对成绩排序，查询每个科目的成绩中最高分和最低分的成绩值，示例SQL语句及其执行结果如下：

```
mysql>  select stu_no, course_no, score,
    ->  first_value(score) over (partition by course_no order by score) as
first_score,
    ->  last_value(score) over (partition by course_no order by score range
between unbounded preceding and unbounded following) as last_score
    ->  from student_score
    ->  ;
```

```
+--------+-----------+-------+-------------+------------+
| stu_no | course_no | score | first_score | last_score |
+--------+-----------+-------+-------------+------------+
|      1 | L0001     |    90 |          90 |         98 |
|      2 | L0001     |    90 |          90 |         98 |
|      3 | L0001     |    98 |          90 |         98 |
|      3 | L0002     |    96 |          96 |         98 |
|      1 | L0002     |    98 |          96 |         98 |
|      2 | L0002     |    98 |          96 |         98 |
|      3 | L0003     |    90 |          90 |         98 |
|      1 | L0003     |    98 |          90 |         98 |
|      2 | L0003     |    98 |          90 |         98 |
|      1 | L0004     |    95 |          95 |         98 |
|      2 | L0004     |    95 |          95 |         98 |
|      3 | L0004     |    98 |          95 |         98 |
|      1 | L0005     |    95 |          95 |         97 |
|      2 | L0005     |    96 |          95 |         97 |
|      3 | L0005     |    97 |          95 |         97 |
+--------+-----------+-------+-------------+------------+
15 rows in set (0.00 sec)
```

如上所示，first_score表示每科最低分的成绩，last_score表示每科最高分的成绩。

4.5.8　nth_value(expr,n)：从结果集中的第 n 行获取值

该函数用于返回窗口中第 n 个 expr 的值。

例4.60　显示编号为1和2的学生的成绩中排名第1和第2的成绩的分数，示例SQL语句及其执行结果如下：

```
mysql> select stu_no, course_no, score,
    -> nth_value(score,1) over w as score1,
    -> nth_value(score,2) over w as score2
    -> from student_score
    -> where stu_no in (1,2)
    -> window w as (partition by stu_no order by score desc range between unbounded preceding and unbounded following)
    -> ;

+--------+-----------+-------+--------+--------+
| stu_no | course_no | score | score1 | score2 |
+--------+-----------+-------+--------+--------+
|      1 | L0002     |    98 |     98 |     98 |
|      1 | L0003     |    98 |     98 |     98 |
|      1 | L0004     |    95 |     98 |     98 |
|      1 | L0005     |    95 |     98 |     98 |
|      1 | L0001     |    90 |     98 |     98 |
|      2 | L0002     |    98 |     98 |     98 |
|      2 | L0003     |    98 |     98 |     98 |
```

```
|      2 | L0005     |    96 |     98 |      98 |
|      2 | L0004     |    95 |     98 |      98 |
|      2 | L0001     |    90 |     98 |      98 |
+--------+-----------+-------+--------+---------+
10 rows in set (0.00 sec)
```

如上所示，score1 是第 1 名的成绩，score2 是第 2 名的成绩，结果符合预期。

例4.61 显示所有学生的成绩中排名第2和第3的成绩的分数，示例SQL语句及其执行结果如下：

```
mysql> select stu_no, course_no, score,
    -> nth_value(score,2) over w as score2,
    -> nth_value(score,3) over w as score3
    -> from student_score
    -> window w as (partition by stu_no order by score desc range between unbounded preceding and unbounded following)
    -> ;
+--------+-----------+-------+--------+---------+
| stu_no | course_no | score | score2 | score3 |
+--------+-----------+-------+--------+---------+
|      1 | L0002     |    98 |     98 |      95 |
|      1 | L0003     |    98 |     98 |      95 |
|      1 | L0004     |    95 |     98 |      95 |
|      1 | L0005     |    95 |     98 |      95 |
|      1 | L0001     |    90 |     98 |      95 |
|      2 | L0002     |    98 |     98 |      96 |
|      2 | L0003     |    98 |     98 |      96 |
|      2 | L0005     |    96 |     98 |      96 |
|      2 | L0004     |    95 |     98 |      96 |
|      2 | L0001     |    90 |     98 |      96 |
|      3 | L0001     |    98 |     98 |      97 |
|      3 | L0004     |    98 |     98 |      97 |
|      3 | L0005     |    97 |     98 |      97 |
|      3 | L0002     |    96 |     98 |      97 |
|      3 | L0003     |    90 |     98 |      97 |
+--------+-----------+-------+--------+---------+
15 rows in set (0.00 sec)
```

如上所示，score2 是第 2 名的成绩，score3 是第 3 名的成绩，结果符合预期。

4.5.9 ntile(n)：数据集分桶

将分区中的有序数据分为 n 个等级，记录等级数。此函数在数据分析中应用较多，比如由于数据量大，需要将数据平均分配到 n 个并行的进程分别计算，此时就可以用 ntile(n)对数据进行分组（由于记录数不一定被 n 整除，因此数据不一定完全平均分配），然后将不同桶号的数据再分配，最后计算。

例4.62　根据科目目录分组，分成两组，示例SQL语句及其执行结果如下：

```
mysql> select
    -> ntile(2) over w as nf,
    -> stu_no, course_no, score
    -> from student_score
    -> window w as (partition by course_no order by score)
    -> ;
+----+--------+-----------+-------+
| nf | stu_no | course_no | score |
+----+--------+-----------+-------+
|  1 |      1 | L0001     |    90 |
|  1 |      2 | L0001     |    90 |
|  2 |      3 | L0001     |    98 |
|  1 |      3 | L0002     |    96 |
|  1 |      1 | L0002     |    98 |
|  2 |      2 | L0002     |    98 |
|  1 |      3 | L0003     |    90 |
|  1 |      1 | L0003     |    98 |
|  2 |      2 | L0003     |    98 |
|  1 |      1 | L0004     |    95 |
|  1 |      2 | L0004     |    95 |
|  2 |      3 | L0004     |    98 |
|  1 |      1 | L0005     |    95 |
|  1 |      2 | L0005     |    96 |
|  2 |      3 | L0005     |    97 |
+----+--------+-----------+-------+
15 rows in set (0.00 sec)
```

如上所示，nf代表分组的编码，结果符合预期。

4.5.10　sum() over(expr)：聚合求和

在窗口中每条记录动态地应用聚合函数sum()，可以动态计算在指定窗口内的sum函数值。

例4.63　查询学生编号是2的学生的累计分数，SQL语句及其执行结果如下：

```
mysql> select stu_no, course_no, score,
    -> sum(score) over (partition by stu_no order by course_no) as score_sum
    -> from student_score
    -> where stu_no =2
    -> ;
+--------+-----------+-------+-----------+
| stu_no | course_no | score | score_sum |
+--------+-----------+-------+-----------+
|      2 | L0001     |    90 |        90 |
|      2 | L0002     |    98 |       188 |
|      2 | L0003     |    98 |       286 |
|      2 | L0004     |    95 |       381 |
```

```
|       2 | L0005     |    96 |   477 |
+--------+-----------+-------+-----------+
5 rows in set (0.00 sec)
```

如上所示，score_sum 字段表示累计的分数，结果符合预期。

4.5.11 avg() over(expr)：聚合求平均值

在窗口中每条记录动态地应用聚合函数 avg()，可以动态计算在指定窗口内的 avg 函数值。

例4.64 查询学生编号为2的学生的平均分数，示例SQL语句及其执行结果如下：

```
mysql>  select stu_no, course_no, score,
    -> avg(score) over (partition by stu_no order by course_no  range between
unbounded preceding and unbounded following) as score_avg
    -> from student_score
    -> where stu_no =2;
+--------+-----------+-------+-----------+
| stu_no | course_no | score | score_avg |
+--------+-----------+-------+-----------+
|      2 | L0001     |    90 |   95.4000 |
|      2 | L0002     |    98 |   95.4000 |
|      2 | L0003     |    98 |   95.4000 |
|      2 | L0004     |    95 |   95.4000 |
|      2 | L0005     |    96 |   95.4000 |
+--------+-----------+-------+-----------+
5 rows in set (0.00 sec)
```

如上所示，score_avg 字段表示该学生的平均分数，结果符合预期。

4.5.12 max() over(expr)：聚合求最大值

在窗口中每条记录动态地应用聚合函数 max()，可以动态计算在指定窗口内的 max 函数值。

例4.65 查询学生编号为2的学生的最大分数，示例SQL语句及其执行结果如下：

```
mysql>  select stu_no, course_no, score,
    -> max(score) over (partition by stu_no order by course_no  range between
unbounded preceding and unbounded following) as score_max
    -> from student_score
    -> where stu_no =2;
+--------+-----------+-------+-----------+
| stu_no | course_no | score | score_max |
+--------+-----------+-------+-----------+
|      2 | L0001     |    90 |        98 |
|      2 | L0002     |    98 |        98 |
|      2 | L0003     |    98 |        98 |
|      2 | L0004     |    95 |        98 |
|      2 | L0005     |    96 |        98 |
+--------+-----------+-------+-----------+
5 rows in set (0.00 sec)
```

如上所示，score_max 字段表示该学生的最大分数，结果符合预期。

4.5.13　min() over(expr)：聚合求最小值

在窗口中每条记录动态地应用聚合函数 min()，可以动态计算在指定窗口内的 min 函数值。

例4.66　根据学生编号分组并对科目编号排序，查询所有学生的最小分数，示例SQL语句及其执行结果如下：

```
mysql> select stu_no, course_no, score,
    -> min(score) over (partition by stu_no order by course_no   ) as score_min
    -> from student_score ;
+--------+-----------+-------+-----------+
| stu_no | course_no | score | score_min |
+--------+-----------+-------+-----------+
|      1 | L0001     |    90 |       90  |
|      1 | L0002     |    98 |       90  |
|      1 | L0003     |    98 |       90  |
|      1 | L0004     |    95 |       90  |
|      1 | L0005     |    95 |       90  |
|      2 | L0001     |    90 |       90  |
|      2 | L0002     |    98 |       90  |
|      2 | L0003     |    98 |       90  |
|      2 | L0004     |    95 |       90  |
|      2 | L0005     |    96 |       90  |
|      3 | L0001     |    98 |       98  |
|      3 | L0002     |    96 |       96  |
|      3 | L0003     |    90 |       90  |
|      3 | L0004     |    98 |       90  |
|      3 | L0005     |    97 |       90  |
+--------+-----------+-------+-----------+
15 rows in set (0.00 sec)
```

如上所示，score_min 字段表示该学生的最小分数，结果符合预期。

4.5.14　count() over(expr)：聚合总条数

在窗口中每条记录动态地应用聚合函数count()，可以动态计算在指定窗口内的count函数值。

例4.67　计算每个学生参加考试的总科目数量，示例SQL语句及其执行结果如下：

```
mysql>  select stu_no, course_no, score,
    -> count(score) over (partition by stu_no order by course_no  range between
unbounded preceding and unbounded following ) as score_count
    -> from student_score ;
+--------+-----------+-------+-------------+
| stu_no | course_no | score | score_count |
+--------+-----------+-------+-------------+
|      1 | L0001     |    90 |         5   |
|      1 | L0002     |    98 |         5   |
```

```
|      1 | L0003      |    98 |           5 |
|      1 | L0004      |    95 |           5 |
|      1 | L0005      |    95 |           5 |
|      2 | L0001      |    90 |           5 |
|      2 | L0002      |    98 |           5 |
|      2 | L0003      |    98 |           5 |
|      2 | L0004      |    95 |           5 |
|      2 | L0005      |    96 |           5 |
|      3 | L0001      |    98 |           5 |
|      3 | L0002      |    96 |           5 |
|      3 | L0003      |    90 |           5 |
|      3 | L0004      |    98 |           5 |
|      3 | L0005      |    97 |           5 |
+--------+------------+-------+-------------+
15 rows in set (0.00 sec)
```

如上所示，score_count 字段表示每个学生考试的总科目数量，结果符合预期。

例4.68 根据学生编号分组来查询每个学生科目的平均分、累加分和最高分数，示例SQL语句及其执行结果如下：

```
mysql> select stu_no, course_no, score
    -> , sum(score) over (partition by stu_no order by course_no) as score_sum
    -> , avg(score) over (partition by stu_no order by course_no range between
unbounded preceding and unbounded following) as score_avg
    -> , max(score) over (partition by stu_no order by course_no range between
unbounded preceding and unbounded following) as score_max
    -> from student_score;
+--------+------------+-------+-----------+-----------+-----------+
| stu_no | course_no  | score | score_sum | score_avg | score_max |
+--------+------------+-------+-----------+-----------+-----------+
|      1 | L0001      |    90 |        90 |   95.2000 |        98 |
|      1 | L0002      |    98 |       188 |   95.2000 |        98 |
|      1 | L0003      |    98 |       286 |   95.2000 |        98 |
|      1 | L0004      |    95 |       381 |   95.2000 |        98 |
|      1 | L0005      |    95 |       476 |   95.2000 |        98 |
|      2 | L0001      |    90 |        90 |   95.4000 |        98 |
|      2 | L0002      |    98 |       188 |   95.4000 |        98 |
|      2 | L0003      |    98 |       286 |   95.4000 |        98 |
|      2 | L0004      |    95 |       381 |   95.4000 |        98 |
|      2 | L0005      |    96 |       477 |   95.4000 |        98 |
|      3 | L0001      |    98 |        98 |   95.8000 |        98 |
|      3 | L0002      |    96 |       194 |   95.8000 |        98 |
|      3 | L0003      |    90 |       284 |   95.8000 |        98 |
|      3 | L0004      |    98 |       382 |   95.8000 |        98 |
|      3 | L0005      |    97 |       479 |   95.8000 |        98 |
+--------+------------+-------+-----------+-----------+-----------+
15 rows in set (0.00 sec)
```

如上所示，结合原始数据，结果符合预期。

第 5 章

MySQL 大表快速优化诀窍

本章主要内容：

- MySQL 分区的策略
- MySQL 分区的几种方式
- MySQL 分区的管理
- MySQL 分区的限制
- MySQL 视图、存储过程
- MySQL 游标和字符集排序规则

本章将讲解 MySQL 各种分区策略、实际使用场景、分区管理、在 MySQL 中使用存储过程和游标等高级特性，本章会列举大量示例供读者理解和学习。

5.1 分　　区

MySQL 目前仅支持使用 InnoDB 和 NDB 存储引擎对数据表进行分区，其他的存储引擎都不支持。如果使用 MyISAM 存储引擎创建数据表的分区，将会显示 ER_CHECK_NOT_IMPLEMENTED 的错误。

MySQL 分区让用户可以根据自己设置的规则把各个数据表中的数据分布在不同的文件系统中。实际上，数据表的相关部分作为单独的表存储在不同的位置上。用户设置数据划分的规则称为分区函数，在 MySQL 中可以是模数、对一组范围或值列表的简单匹配、内部哈希函数（或称为散列函数）或线性哈希函数。该函数根据用户指定的分区类型进行选择，并将用户提供的表达式的值作为其参数。此表达式可以是列值，也可以是作用于一个或多个列值的函数，具体取决于所使用的分区类型。

使用分区的优点如下：

- 数据表经分区，其中的数据可以分布在不同的物理设备上，从而高效地利用多个硬件设备。
- 分区上的数据更容易维护。例如，想批量删除大量数据时，可以使用清除整个分区的方式来处理。另外，还可以对一个独立分区进行优化、检查、修复等操作。

- 可以使用分区来避免某些特殊的瓶颈，例如 InnoDB 的单个索引的互斥访问。
- 在大数据集的应用场景下，可以备份和恢复独立的分区，这样能够更好地提高性能。
- 某些查询也可以极大地优化，因为满足给定 where 子句的数据只能存储在一个或多个分区上，这会自动搜索相关分区数据，而不是扫描所有的表数据。
- 由于在创建分区后可以更改分区，因此用户可以重新组织数据，提高查询效率。

5.1.1 分区类型

MySQL 的所有分区类型说明如下：

- 范围（range）分区：基于一个给定连续区间的列值，把区间列值对应的多行分配给分区。
- 列表（list）分区：类似于按 range 进行分区，区别在于 list 分区是基于列值匹配一个离散值集合中的某个值进行选择的。
- 哈希（hash）分区：基于用户定义的表达式的返回值来进行选择的分区，该表达式使用将要插入表中的这些行的列值进行计算。这个函数可以包含 MySQL 中有效的、产生非负整数值的任何表达式。
- key 分区：类似于按 hash 分区，区别在于 key 分区只支持计算一列或多列，并且 MySQL 服务器为此提供了自身的哈希函数。

5.1.2 范围分区

数据表按范围分区的方式是，每个分区都包含分区表达式列值在给定范围内的行。范围应该是连续且不重叠的，使用 value less than 运算符来定义。

例 5.1 创建一个保存商店的员工薪资的信息表，然后对表进行分区。

首先创建表，示例 SQL 语句如下：

```
create table employees
(
    empno varchar(20) not null,
    empname varchar(20),
    deptno int,
    birthdate date,
    salary int
);
```

然后对表进行分区，该表可以通过多种方式按范围进行分区。

1）使用salary列，通过添加partition by range子句将表分为4个分区：

```
create table employees
(
    empno varchar(20) not null,
    empname varchar(20),
    deptno int,
    birthdate date,
```

```
    salary int
)
partition by range(salary)(
    partition p0 values less than (5000),
    partition p1 values less than (10000),
    partition p2 values less than (15000),
    partition p3 values less than (20000)
);
```

在此分区方案中，与工资在 0～5000 的员工对应的所有数据行都存储在 partition 中的 p0 分区中，工资在 5000～10000 的员工对应的所有数据行都存储在 partition 中的 p1 分区中，以此类推。每个分区都是按顺序从最低到最高进行定义的。

如果在数据表中新增工资是 15800 的员工信息：

```
(1,'zhangsan1',1,'2021-06-20',15800)
```

那么这条信息会存储在p3分区中。不过，当我们增加了员工工资在20000的信息时，在这种方案下，由于没有规则覆盖salary大于20000的行，因此会出错，因为服务器不知道该将它放在哪里。为了防止出现这种错误，需要通过下面的分区方案重新进行分区：

```
create table employees
(
    empno varchar(20) not null,
    empname varchar(20),
    deptno int,
    birthdate date,
    salary int
)
partition by range(salary)(
    partition p0 values less than (5000),
    partition p1 values less than (10000),
    partition p2 values less than (15000),
    partition p3 values less than (20000),
    partition p4 values less than maxvalue
);
```

maxvalue 表示始终大于最大可能的整数值。salary 列值大于或等于 20000（定义的最高值）的任何行都存储在分区中的 p4 分区。随着数据增大，当员工工资增长到 25000、30000 或更多时，可以使用 alter table 语句为 20000～25000 的薪资添加新分区，我们将在后面章节中学习分区的管理知识。

2）以几乎相同的方式，根据员工部门编号（deptno）对表进行分区。可以使用以下语句来创建数据表的分区：

```
create table employees
(
    empno varchar(20) not null,
    empname varchar(20),
    deptno int,
```

```
    birthdate date,
    salary int
)
partition by range(deptno)(
    partition p0 values less than (10),
    partition p1 values less than (20),
    partition p2 values less than (30),
    partition p3 values less than (40)
);
```

在这种分区方案下，所有员工部门编号在 0～10 的数据记录都将存储在 p0 分区中，部门编号在 10～20 的数据记录都将存储在 p1 分区中，以此类推。

3）也可以根据员工的出生日期（birthdate）进行分区，把出生在同一年的员工信息存储在同一个分区中。

```
create table emp_employees
(
    empno varchar(20) not null,
    empname varchar(20),
    deptno int,
    birthdate date,
    salary int
)
partition by range(year(birthdate)(
    partition p2018 values less than (2018),
    partition p2019 values less than (2019),
    partition p2020 values less than (2020),
    partition p2021 values less than (2021),
    partition pmax values less than maxvalue .
);
```

在如上分区的示例中，我们以year(birthdate)表达式作为分区依据。

下面以薪资范围分区为例，通过测试数据来查询每个分区中分配的数据数量，示例SQL语句及其执行结果如下：

```
# 根据薪资范围分区
mysql> create table employees
-> (
->      empno varchar(20) not null,
->      empname varchar(20),
->      deptno int,
->      birthdate date,
->      salary int
-> )
-> partition by range(salary)(
-> partition p0 values less than (5000),
-> partition p1 values less than (10000),
-> partition p2 values less than (15000),
```

```
    -> partition p3 values less than (20000),
    -> partition p4 values less than maxvalue
    -> );
    Query OK, 0 rows affected (0.10 sec)
    # 新增测试数据
    mysql> insert into employees (empno,empname,deptno,birthdate,salary) values
(1,'wagnwu',1,'2020-06-20',12000);
    Query OK, 1 row affected (0.01 sec)
    mysql> insert into employees (empno,empname,deptno,birthdate,salary) values
(2,'zhangsan',1,'2020-06-20',8000);
    Query OK, 1 row affected (0.00 sec)
    mysql> insert into employees (empno,empname,deptno,birthdate,salary) values
(3,'lisi',1,'2020-06-20',19000);
    Query OK, 1 row affected (0.00 sec)
    # 查看每个分区中的数据量
    mysql> select partition_name as "",table_rows as "" from
information_schema.partitions where  table_name="employees";
    +------+------+
    |      |      |
    +------+------+
    | p0   |    0 |
    | p1   |    1 |
    | p2   |    1 |
    | p3   |    1 |
    | p4   |    0 |
    +------+------+
    5 rows in set (0.00 sec)
```

5.1.3　列表分区

MySQL 中的列表分区在很多方面类似于范围分区，每个分区都必须明确定义。列表分区与范围分区的区别是：在列表分区中，每个分区是根据列表中一组值中的列值来定义和选择的，而不是根据一组连续范围的列值来进行定义和选择的。

例 5.2　使用下面的表结构进行列表分区。

```
create table employees_list
(
    empno varchar(20) not null,
    empname varchar(20),
    deptno int,
    birthdate date,
    salary int
) ;
```

如以上的数据表结构，若想通过部门编号（deptno）来进行列表分区，则可执行如下的SQL语句：

```
create table employees_list
(
```

```
    empno  varchar(20) not null,
    empname varchar(20),
    deptno  int,
    birthdate date not null,
    salary int
)
partition by list(deptno) (
    partition p0 values in  (10,20,30),
    partition p1 values in  (40,50,60),
    partition p2 values  in  (70,80,90)
);
```

在此分区方案中，部门编号等于 10、20 和 30 的数据存储在 p0 分区中，部门编号等于 40、50 和 60 的数据存储在 p1 分区中，部门编号等于 70、80 和 90 的数据存储在 p2 分区中。

下面用数据进行测试，查询每个分区中分配的数据量，示例 SQL 语句及其执行结果如下：

```
# 创建分区
mysql> create table employees_list
    -> (
    -> empno  varchar(20) not null ,
    -> empname varchar(20),
    -> deptno  int,
    -> birthdate date not null,
    -> salary int
    -> )
    -> partition by list(deptno) (
    -> partition p0 values in  (10,20,30),
    -> partition p1 values in  (40,50,60),
    -> partition p2 values  in  (70,80,90));
Query OK, 0 rows affected (0.06 sec)
# 插入测试数据
mysql> insert into employees_list  (empno,empname,deptno,birthdate,salary)
values (1,'zhangsan1',10,'2017-06-20',1998);
Query OK, 1 row affected (0.00 sec)
mysql> insert into employees_list  (empno,empname,deptno,birthdate,salary)
values (2,'zhangsan2',50,'2018-06-20',1998);
Query OK, 1 row affected (0.01 sec)
mysql> insert into employees_list  (empno,empname,deptno,birthdate,salary)
values (3,'zhangsan31',20,'2019-06-20',12998);
Query OK, 1 row affected (0.00 sec)
mysql> insert into employees_list  (empno,empname,deptno,birthdate,salary)
values (4,'zhangsan32',30,'2021-06-20',12998);
Query OK, 1 row affected (0.00 sec)
# 查看每个分区存储的数据量
mysql> select partition_name as "",table_rows as "" from
information_schema.partitions where  table_name="employees_list";
+------+------+
```

```
|        |        |
+--------+--------+
| p0     |      3 |
| p1     |      1 |
| p2     |      0 |
+--------+--------+
3 rows in set (0.01 sec)
```

在列表分区的方案中，如果插入的数据中分区字段的值不在分区列表中，则会出现错误提示信息，示例如下：

```
mysql> insert into employees_list(empno,empname,deptno,birthdate,salary)
values (5,'zhangsan5',100,'2021-06-20',12998);
ERROR 1526 (HY000): Table has no partition for value 100
```

如上所示，插入一条员工信息，该员工部门编号是 100，此编号并不在分区的数值列表中，因此提示不知道该条信息存储在哪个分区中。因此，如果在一条语句中要添加多条数据，需要忽略这个错误，可以使用 ignore 关键字。

例5.3 添加数据时，使用ignore关键字忽略部分数据错误，示例SQL语句及其执行结果如下：

```
# 插入操作，忽略部分数据错误
mysql> insert ignore into employees_list
(empno,empname,deptno,birthdate,salary) values(6,'zhangsan6',10,'2021-06-20',
12998),(7,'zhangsan7',100,'2021-06-20',12998);
Query OK, 1 row affected, 1 warning (0.00 sec)
Records: 2  Duplicates: 1  Warnings: 1
# 查询结果显示，不在分区列表中的数据没有新增进去
mysql> select * from  employees_list;
+-------+------------+--------+------------+--------+
| empno | empname    | deptno | birthdate  | salary |
+-------+------------+--------+------------+--------+
| 1     | zhangsan1  |     10 | 2017-06-20 |  1998  |
| 3     | zhangsan31 |     20 | 2019-06-20 | 12998  |
| 4     | zhangsan32 |     30 | 2021-06-20 | 12998  |
| 6     | zhangsan6  |     10 | 2021-06-20 | 12998  |
| 2     | zhangsan2  |     50 | 2018-06-20 |  1998  |
+-------+------------+--------+------------+--------+
5 rows in set (0.00 sec)
```

5.1.4 列分区

列（columns）分区是范围分区和列表分区的变体。列分区允许在分区键中使用多个列。它分为两种分区类型，一种是范围列（range columns）分区，另一种是列表列（list columns）分区。列分区支持使用非整数列来定义值范围或列表成员。支持的数据类型说明如下：

- 支持 tinyint、smallint、mediumint、int、bigint 类型的列作为分区列。

- 不支持 decimal 或 float 类型的列作为分区列。
- 支持 date 和 datetime 类型的列作为分区列。
- 支持 char、varchar、binary 和 varbinary 类型的列作为分区列。
- 不支持 text 和 blob 类型的列作为分区列。

1. 范围列分区

范围列分区类似于范围分区，不一样的是范围列分区允许使用多个列值的范围来定义分区。此外，还可以使用整数类型以外的类型列来定义范围。范围列分区和范围分区在以下方面也有很大不同：

- 范围列分区不接受表达式，只接受列名。
- 范围列分区接受一列或多列的列表。
- 范围列分区基于元组（列值列表）之间的比较，而不是标量值之间的比较。
- 范围列分区的列不限于整数列，字符串、date 以及 datetime 类型的列也可以作为分区列。

范围列分区创建分区表的基本语法如下：

```
create table table_name
partitioned by range columns(column_list) (
    partition partition_name values less than (value_list)[,
    partition partition_name values less than (value_list)][,
    ...]
)
column_list:
    column_name[, column_name][, ...]
value_list:
    value[, value][, ...]
```

在上述语法中，column_list 是一列或多列的列表（分区列的列表），value_list 是值列表（即分区定义的值列表），而且 value_list 必须为每个分区提供定义，每个 value_list 的值数量与 column_list 的列数量相同。也就是说，如果用户在 columns 子句中使用 N 个列，那么每个 value less than 子句就必须提供一个具有 N 个值的列表。

分区列的列表中的元素和定义每个分区的值列表中的元素必须以相同的顺序出现。此外，值列表中的每个元素都必须与列列表中的相应元素的数据类型相同。但是，分区列的列表和值列表中列名的顺序不必与 create table 语句中定义表列的顺序相同。下面是一个简单的范围列分区示例。

例 5.4 范围列分区示例的 SQL 语句及其执行结果如下：

```
mysql> create table rtable(
    ->      a int,
    ->      b int,
    ->      c char(8),
    ->      d int
    -> )
    -> partition by range columns(a,d,c) (
```

```
    ->    partition p0 values less than (5,20,'aa'),
    ->    partition p1 values less than (10,30,'cc'),
    ->    partition p2 values less than (15,80,'dd'),
    ->    partition p3 values less than (maxvalue,maxvalue,maxvalue)
    -> );
Query OK, 0 rows affected (0.12 sec)
```

在上述示例中，表 rtable 包含 4 列（a、b、c、d 列），该 columns 子句的分区列表使用了其中 3 列，其顺序为 a、d、c，并且每个值列表元组都具有(int,int,char(8))形式，对应列 a、d 和 c（按该顺序）使用的数据类型。

把与 columns 子句中列列表相匹配的元组与 value less than 子句中用于定义表分区的元组进行比较，就可以确定将插入的行放置到具体哪个分区中。因为我们比较的是元组而不是标量值，所以 value less than 用于范围列分区的语义与使用简单范围分区的语义有所不同。接下来用两个示例来展示两种不同分区的效果。

（1）范围分区与使用多个分区列进行范围列分区的区别

例 5.5 范围分区与使用多个分区列进行范围列分区的区别示例。

① 使用范围分区创建表tablea，SQL语句如下：

```
create table tablea (
   a int,
   b int
)
partition by range (a)  (
   partition p0 values less than (5),
   partition p1 values less than (maxvalue)
);
# 在表中插入 3 行，每一行的列值 a 都是 5，那么 3 行全部存储在 p1 分区中
mysql> insert into tablea values (5,10), (5,11), (5,12);
Query OK, 3 rows affected (0.00 sec)
Records: 3  Duplicates: 0  Warnings: 0
# 查询各个分区的数据分布
mysql> select partition_name,table_rows
    ->    from information_schema.partitions
    ->    where table_name = 'tablea';
+----------------+------------+
| partition_name | table_rows |
+----------------+------------+
| p0             |          0 |
| p1             |          3 |
+----------------+------------+
2 rows in set (0.00 sec)
```

② 创建一个类似于tablea的表，使用范围列对列a和列b创建分区，SQL语句如下：

```
create table tablea(
   a int,
   b int
```

```
)
partition by range columns(a, b) (
    partition p0 values less than (5, 12),
    partition p1 values less than (maxvalue, maxvalue)
);
# 插入与 tablea 刚刚插入的行完全相同的行，tablea 的行分布会大不相同
mysql> insert into tableavalues (5,10), (5,11), (5,12);
Query OK, 3 rows affected (0.00 sec)
Records: 3  Duplicates: 0  Warnings: 0
# 查询每个分区的数据分布
mysql> select partition_name,table_rows
    ->     from information_schema.partitions
    ->     where table_name = 'rc1';
+--------------+----------------+------------+
| table_schema | partition_name | table_rows |
+--------------+----------------+------------+
| p            | p0             |          2 |
| p            | p1             |          1 |
+--------------+----------------+------------+
2 rows in set (0.00 sec)
```

出现上面问题的原因是我们比较的是行值而不是标量值。我们把将插入的行值与在tablea中定义p0分区的限制行值进行比较，结果如下：

```
mysql> select (5,10) < (5,12), (5,11) < (5,12), (5,12) < (5,12);
+-----------------+-----------------+-----------------+
| (5,10) < (5,12) | (5,11) < (5,12) | (5,12) < (5,12) |
+-----------------+-----------------+-----------------+
|               1 |               1 |               0 |
+-----------------+-----------------+-----------------+
1 row in set (0.00 sec)
```

（2）范围分区与仅使用单个分区列进行范围列分区的区别

对于仅使用单个分区列进行范围列分区的数据表，分区中行的存储与按范围分区的行的存储效果是相同的。

例 5.6 范围分区与使用单个分区列进行范围列分区的区别，示例 SQL 语句及其执行结果如下：

```
# 创建一个使用单个分区列进行范围列分区的数据表
create table tableb(
    a int,
    b int
)
partition by range columns (a) (
    partition p0 values less than (5),
    partition p1 values less than (maxvalue)
);
```

```
# 把行(5,10)、(5,11)和(5,12)插入这个表中
mysql> insert into tableb values (5,10), (5,11),(5,12);
Query OK, 3 rows affected (0.00 sec)
Records: 3  Duplicates: 0  Warnings: 0
# 查询分区的数据分布，可以看到它们的位置与之前创建和填充的表相同
mysql> select partition_name,table_rows
    ->   from information_schema.partitions
    ->   where table_name = 'tableb';
+--------------+----------------+------------+
| table_schema | partition_name | table_rows |
+--------------+----------------+------------+
| p            | p0             |          0 |
| p            | p1             |          3 |
+--------------+----------------+------------+
2 rows in set (0.00 sec)
```

需要注意的是，范围列的一个或多个列的限制值在连续分区定义中可以重复，只要保证用于定义分区的列值元组是严格递增的即可。例如，以下分区语句都是正确的：

```
create table tablec(
    a int,
    b int
)
partition by range columns(a,b) (
    partition p0 values less than (0,10),
    partition p1 values less than (10,20),
    partition p2 values less than (10,30),
    partition p3 values less than (maxvalue,maxvalue)
 );
create table tablec(
    a int,
    b int
)
partition by range columns(a,b) (
    partition p0 values less than (0,10),
    partition p1 values less than (10,20),
    partition p2 values less than (10,30),
    partition p3 values less than (10,35),
    partition p4 values less than (20,40),
    partition p5 values less than (maxvalue,maxvalue)
 );
create table tabled(
    a int,
    b int,
    c int
)
partition by range columns(a,b,c) (
    partition p0 values less than (0,25,50),
```

```
    partition p1 values less than (10,20,100),
    partition p2 values less than (10,30,50)
    partition p3 values less than (maxvalue,maxvalue,maxvalue)
);
```

（3）范围列可以使用 MySQL 客户端所需的元组来测试连续的分区定义

例5.7 在设计分区时，范围列使用MySQL客户端所需的元组来测试连续的分区定义，SQL语句如下：

```
mysql> select (0,25,50) < (10,20,100), (10,20,100) < (10,30,50);
+-------------------------+--------------------------+
| (0,25,50) < (10,20,100) | (10,20,100) < (10,30,50) |
+-------------------------+--------------------------+
|                       1 |                        1 |
+-------------------------+--------------------------+
1 row in set (0.00 sec)
```

如果create table语句包含非严格递增顺序的分区定义，那么语句会执行失败并显示错误提示信息，示例SQL语句及其执行结果如下：

```
mysql> create table rcf (
    ->     a int,
    ->     b int,
    ->     c int
    -> )
    -> partition by range columns(a,b,c) (
    ->       partition p0 values less than (0,25,50),
    ->       partition p1 values less than (20,20,100),
    ->       partition p2 values less than (10,30,50),
    ->       partition p3 values less than (maxvalue,maxvalue,maxvalue)
    -> );
ERROR 1493 (HY000): value less than value must be strictly increasing for each
partition
```

当遇到此类错误时，可以使用MySQL客户端所需的元组来测试连续的分区定义，示例SQL语句及其执行结果如下：

```
mysql> select (0,25,50) < (20,20,100), (20,20,100) < (10,30,50);
+-------------------------+--------------------------+
| (0,25,50) < (20,20,100) | (20,20,100) < (10,30,50) |
+-------------------------+--------------------------+
|                       1 |                        0 |
+-------------------------+--------------------------+
1 row in set (0.00 sec)
```

（4）范围列分区可以使用非整数列作为分区列

如前所述，范围列也可以使用非整数列作为分区列。

例 5.8　创建一个名为 employees 的数据表，对表中的 lname 列进行范围列分区，示例 SQL 语句及其执行结果如下：

```
# 创建名为 employees 的数据表
create table employees (
    id int not null,
    fname varchar(30),
    lname varchar(30),
    hired date not null default '1970-01-01',
    separated date not null default '9999-12-31',
    job_code int not null,
    store_id int not null
);
# 使用范围列分区创建此表的一个版本，将每一行数据存储在基于员工姓氏的 4 个分区之一
partition by range columns (lname)  (
    partition p0 values less than ('g'),
    partition p1 values less than ('m'),
    partition p2 values less than ('t'),
    partition p3 values less than (maxvalue)
);
# 也可以通过执行以下 alter table 语句对先前创建的 employees 表进行分区
alter table employees partition by range columns (lname)  (
    partition p0 values less than ('g'),
    partition p1 values less than ('m'),
    partition p2 values less than ('t'),
    partition p3 values less than (maxvalue)
);
```

2. 列表列分区

MySQL 8 提供对列表列分区的支持。这是列表分区的一种变体，列表列分区允许使用多个列作为分区键。

（1）使用 city 列通过列表列分区创建一个数据表

例 5.9　一家企业在 12 个省市拥有客户，出于销售和营销的目的，需要将其组织成 4 个区域，每个区域 3 个省市，如表 5-1 所示。

表 5-1　客户数据

地区	省市
1	河南省、湖北省、湖南省
2	广东省、广西壮族自治区、海南省
3	上海市、江苏省、浙江省
4	北京市、天津市、河北省

通过列表列分区为客户数据创建一个表，该表根据客户所在省市的名称将一条记录（对应一行的数据）分配给这些区域对应的4个分区中的任何一个，示例SQL语句如下：

```
create table customers (
    name varchar(25),
    street_1 varchar(30),
    street_2 varchar(30),
    city varchar(15),
    renewal date
)
partition by list columns(city) (
    partition pregion_1 values in('河南省', '湖北省', '湖南省'),
    partition pregion_2 values in('广东省', '广西壮族自治区', '海南省'),
    partition pregion_3 values in('上海市', '江苏省', '浙江省'),
    partition pregion_4 values in('北京市', '天津市', '河北省')
);
```

（2）使用 date 和 datetime 列通过列表列分区创建一个表

例5.10 根据表中的renewal列进行列表列分区，并将表分为4个分区，示例SQL语句如下：

```
create table customers (
    first_name varchar(25),
    last_name varchar(25),
    street_1 varchar(30),
    street_2 varchar(30),
    city varchar(15),
    renewal date
)
partition by list columns(renewal) (
    partition pweek_1 values in('2021-02-01', '2021-02-02', '2021-02-03',
        '2021-02-04', '2021-02-05', '2021-02-06', '2021-02-07'),
    partition pweek_2 values in('2021-02-08', '2021-02-09', '2021-02-10',
        '2021-02-11', '2021-02-12', '2021-02-13', '2021-02-14'),
    partition pweek_3 values in('2021-02-15', '2021-02-16', '2021-02-17',
        '2021-02-18', '2021-02-19', '2021-02-20', '2021-02-21'),
    partition pweek_4 values in('2021-02-22', '2021-02-23', '2021-02-24',
        '2021-02-25', '2021-02-26', '2021-02-27', '2021-02-28')
);
```

如果涉及的日期数量非常大，定义与维护就会变得很麻烦，在这种情况下，建议使用范围分区或范围列分区。

例5.11 使用date列作为分区键进行范围列分区，示例SQL语句如下：

```
create table customers(
    first_name varchar(25),
    last_name varchar(25),
    street_1 varchar(30),
    street_2 varchar(30),
    city varchar(15),
    renewal date
```

```
)
partition by range columns(renewal) (
    partition pweek_1 values less than('2021-02-09'),
    partition pweek_2 values less than('2021-02-15'),
    partition pweek_3 values less than('2021-02-22'),
    partition pweek_4 values less than('2021-03-01')
);
```

5.1.5 哈希分区

哈希分区主要用来确保数据在预先确定的分区中平均分布。在范围分区和列表分区中必须明确指定每个分区对应的数据；而在哈希分区中，MySQL 会自动完成这些工作，用户所要做的只是为将要被哈希的列值指定一个表达式以及表分区的数量。

要对表进行哈希分区，必须在 create table 语句后附加一个子句，这个子句可以是一个返回整数的表达式，也可以是 MySQL 整数类型列的名称。

例 5.12 创建一个数据表，根据表中的 store_id 列进行哈希分区并分为 4 个分区，示例 SQL 语句及其执行结果如下：

```
create table employees (
    id int not null,
    fname varchar(30),
    lname varchar(30),
    hired date not null default '1970-01-01',
    separated date not null default '9999-12-31',
    job_code int,
    store_id int
)
partition by hash(store_id)
partitions 4;
```

如果分区语句不包含 partition 子句，则分区数默认为 1；如果分区语句包含 partition 子句，则必须在后面指定分区的数量，否则会提示语法错误。

还可以使用为 SQL 返回整数的表达式：

```
create table employees (
    id int not null,
    fname varchar(30),
    lname varchar(30),
    hired date not null default '1970-01-01',
    separated date not null default '9999-12-31',
    job_code int,
    store_id int
)
partition by hash( year(hired) )
partitions 4;
```

完整示例的SQL语句及其执行结果如下：

```
# 创建分区表
mysql> create table emp
    -> (
    -> empno varchar(20) not null,
    -> empname varchar(20),
    -> deptno int,
    -> birthdate date not null,
    -> salary int
    -> ) partition by hash(year(birthdate))
    -> partitions 4;
Query OK, 0 rows affected (0.07 sec)
# 插入测试数据
mysql> insert into emp (empno,empname,deptno,birthdate,salary) values
(1,'zhangsan1',10,'2017-06-20',998);
insert into emp (empno,empname,deptno,birthdate,salary) values
(2,'zhangsan2',10,'2018-06-20',1998);
insert into emp (empno,empname,deptno,birthdate,salary) values
(3,'zhangsan31',20,'2019-06-20',2998);
insert into emp (empno,empname,deptno,birthdate,salary) values
(4,'zhangsan32',30,'2020-06-20',2998);Query OK, 1 row affected (0.00 sec)
mysql> insert into emp (empno,empname,deptno,birthdate,salary) values
(2,'zhangsan2',10,'2018-06-20',1998);
Query OK, 1 row affected (0.01 sec)
mysql> insert into emp (empno,empname,deptno,birthdate,salary) values
(3,'zhangsan31',20,'2019-06-20',2998);
Query OK, 1 row affected (0.01 sec)
mysql> insert into emp (empno,empname,deptno,birthdate,salary) values
(4,'zhangsan32',30,'2020-06-20',2998);
Query OK, 1 row affected (0.00 sec)
# 查询分区 p0 中的数据
mysql> select * from emp partition(p0);
+-------+------------+--------+------------+--------+
| empno | empname    | deptno | birthdate  | salary |
+-------+------------+--------+------------+--------+
| 4     | zhangsan32 |     30 | 2020-06-20 |   2998 |
+-------+------------+--------+------------+--------+
1 row in set (0.00 sec)
# 查询分区 p1 中的数据
mysql> select * from emp partition(p1);
+-------+-----------+--------+------------+--------+
| empno | empname   | deptno | birthdate  | salary |
+-------+-----------+--------+------------+--------+
| 1     | zhangsan1 |     10 | 2017-06-20 |    998 |
+-------+-----------+--------+------------+--------+
1 row in set (0.01 sec)
# 查询分区 p2 中的数据
mysql> select * from emp partition(p2);
```

```
+-------+-----------+--------+------------+--------+
| empno | empname   | deptno | birthdate  | salary |
+-------+-----------+--------+------------+--------+
| 2     | zhangsan2 |     10 | 2018-06-20 |  1998  |
+-------+-----------+--------+------------+--------+
1 row in set (0.00 sec)
# 查询分区 p3 中的数据
mysql> select * from emp partition(p3);
+-------+------------+--------+------------+--------+
| empno | empname    | deptno | birthdate  | salary |
+-------+------------+--------+------------+--------+
| 3     | zhangsan31 |     20 | 2019-06-20 |  2998  |
+-------+------------+--------+------------+--------+
1 row in set (0.00 sec)
```

线性哈希分区

MySQL 还支持线性哈希，它与常规哈希的不同之处在于：线性哈希使用线性二次幂算法，而常规哈希使用哈希函数值的模数。在语法上，线性哈希分区唯一区别于常规哈希的地方是在 partition by 子句中添加了 linear 关键字。

例 5.13　线性哈希分区是在 partition by 子句中添加了 linear 关键字，示例 SQL 语句及其执行结果如下：

```
create table employees (
   id int not null,
   fname varchar(30),
   lname varchar(30),
   hired date not null default '1970-01-01',
   separated date not null default '9999-12-31',
   job_code int,
   store_id int
)
partition by linear hash( year(hired) )
partitions 4;
```

线性哈希分区数 N 是根据以下算法导出的：

假设要保存记录的分区编号为 n，num 为一个非负整数，表示分割成的分区的数量，那么 N 可以通过以下步骤得到：

步骤 01　找到一个大于等于 num 的 2 的幂，这个值为 v，v 可以通过公式：v = power(2, ceiling(log(2, num)))得到。

步骤 02　设置 n=f(column_list) & (v–1)。

步骤 03　当 n>=num 时，设置 v=ceiling(V/2)，n=n&(v–1)，只要满足 n>=num，就一直循环执行。

例5.14　假设t1使用线性哈希分区，并且具有6个分区的表table是使用以下语句创建的：

```
create table t1 (col1 int, col2 char(5), col3 date)
  partition by linear hash( year(col3) )
partitions 6;
```

现在假设要插入两条记录，使其t1具有col3列值'2003-04-14'和'1998-10-19'。其中第一条记录的分区数计算如下：

```
V = power(2, ceiling( log(2,6) )) = 8
N = year('2003-04-14') & (8 - 1)
   = 2003 & 7
   = 3
(3 >= 6 不成立：数据在第 3 个分区中)
```

存储第二条记录的分区数计算如下：

```
V = 8
N = year('1998-10-19') & (8 - 1)
  = 1998 & 7
  = 6
(6 >= 6 成立：还需要再次计算)
N = 6 & ((8 / 2) - 1)
  = 6 & 3
  = 2
(2 >= 6 不成立：数据存储在第 2 个分区)
```

5.1.6 键分区

键分区和哈希分区很相似，但是键分区支持除 text 和 blob 类型之外的数据类型的列，而哈希分区只支持数字类型的列，键分区不允许使用用户自定义的表达式进行分区，而是使用系统提供的哈希函数进行分区。当表中存在主键或者唯一键时，如果创建键分区时没有指定列，则系统默认会选择主键列作为分区列，如果不存在主键列，则会选择非空的唯一键列作为分区列。

唯一列作为分区列时，唯一列不能为 null。

例 5.15 键分区示例的 SQL 语句及其执行结果如下：

```
create table tb_key (
  id int,
  var char(32)
)
partition by key(var)
partitions 10;
# 查询当前表的分区情况
select partition_name,partition_method,partition_expression,
partition_description,table_rows,subpartition_name,subpartition_method,subpart
ition_expression
  from information_schema.partitions where table_schema=schema()
  and table_name='tb_key';
```

5.1.7 子分区

子分区也称为复合分区，是对分区表中每个分区的进一步划分。

1. 范围-哈希复合分区

范围-哈希（range-hash）复合分区示例如下。

例 5.16 对 salary 列进行范围分区，并对 birthdate 列进行哈希分区，示例 SQL 语句及其执行结果如下：

```
create table emp(
    empno varchar(20) not null,
    empname varchar(20),
    deptno int,
    birthdate date not null,
    salary int
)
partition by range(salary)
subpartition by hash(year(birthdate))
subpartitions 3(
    partition p1 values less than (2000),
    partition p2 values less than maxvalue
);
```

2. 范围-键复合分区

范围-键（range-key）复合分区示例如下。

例 5.17 对 salary 列进行范围分区，并对 birthdate 列进行键分区，示例 SQL 语句及其执行结果如下：

```
create table emp
(
    empno varchar(20) not null,
    empname varchar(20),
    deptno int,
    birthdate date not null,
    salary int
)
partition by range(salary)
subpartition by key(birthdate)
subpartitions 3
(
    partition p1 values less than (2000),
    partition p2 values less than maxvalue
);
```

3. 列表-哈希复合分区

列表-哈希（list-hash）复合分区示例如下。

例 5.18 对 deptno 列进行列表分区，并对 birthdate 列进行哈希分区，示例 SQL 语句如下：

```
create table emp (
    empno varchar(20) not null,
    empname varchar(20),
    deptno int,
    birthdate date not null,
    salary int
)
partition by list (deptno)
subpartition by hash(year(birthdate))
subpartitions 3
(
    partition p1 values in  (10),
    partition p2 values in  (20)
);
```

4. 列表-键复合分区

列表-键（list-key）复合分区示例如下。

例5.19 对deptno列进行列表分区，并对birthdate列进行键分区，示例SQL语句如下：

```
create table emp (
    empno varchar(20) not null,
    empname varchar(20),
    deptno int,
    birthdate date not null,
    salary int
)
partition by list (deptno)
subpartition by key(birthdate)
subpartitions 3
(
    partition p1 values in  (10),
    partition p2 values in  (20)
);
```

5.1.8 MySQL 分区对 null 的处理

MySQL 中的分区不会禁止 null 作为分区表达式的值，无论是列值还是用户提供的表达式的值，都允许 null 用作必须产生整数的表达式的值。需要注意的是，null 不是数字。MySQL 中的分区将 null 视为小于任何非 null 值，这意味着 null 在不同类型的分区中的处理方式也不同。本节将学习每种 MySQL 分区类型中存储 null 的数据行在确定分区时是如何处理的，并为每种分区提供示例。

1. 使用范围分区处理 null

如果将一行数据插入分区中，并且用于确定范围分区的列值为 null，则该行将插入最低分区中。

例 5.20　使用范围分区处理 null，示例 SQL 语句及其执行结果如下：

```
mysql> create table t1 (
    ->     c1 int,
    ->     c2 varchar(20)
    -> )
    -> partition by range(c1) (
    ->     partition p0 values less than (0),
    ->     partition p1 values less than (10),
    ->     partition p2 values less than maxvalue
    -> );
Query OK, 0 rows affected (0.09 sec)

mysql> create table t2 (
    ->     c1 int,
    ->     c2 varchar(20)
    -> )
    -> partition by range(c1) (
    ->     partition p0 values less than (-5),
    ->     partition p1 values less than (0),
    ->     partition p2 values less than (10),
    ->     partition p3 values less than maxvalue
    -> );
Query OK, 0 rows affected (0.09 sec)
```

查询这两条语句创建的分区information_schema：

```
mysql> select table_name, partition_name, table_rows, avg_row_length,
data_length
     >   from information_schema.partitions
     >   where table_schema = 'p' and table_name like 't_';
+------------+----------------+------------+----------------+-------------+
| table_name | partition_name | table_rows | avg_row_length | data_length |
+------------+----------------+------------+----------------+-------------+
| t1         | p0             |          0 |              0 |           0 |
| t1         | p1             |          0 |              0 |           0 |
| t1         | p2             |          0 |              0 |           0 |
| t2         | p0             |          0 |              0 |           0 |
| t2         | p1             |          0 |              0 |           0 |
| t2         | p2             |          0 |              0 |           0 |
| t2         | p3             |          0 |              0 |           0 |
+------------+----------------+------------+----------------+-------------+
7 rows in set (0.00 sec)
# 插入数据，给分区字段赋值为null
mysql> insert into t1 values (null, 'mothra');
Query OK, 1 row affected (0.00 sec)

mysql> insert into t2 values (null, 'mothra');
Query OK, 1 row affected (0.00 sec)
```

```
mysql> select * from t1;
+------+--------+
| id   | name   |
+------+--------+
| null | mothra |
+------+--------+
1 row in set (0.00 sec)

mysql> select * from t2;
+------+--------+
| id   | name   |
+------+--------+
| null | mothra |
+------+--------+
1 row in set (0.00 sec)
```

查询两个表中分区的数据量：

```
mysql> select table_name, partition_name, table_rows, avg_row_length, data_length
    >  from information_schema.partitions
    >  where table_schema = 'p' and table_name like 't_';
+------------+----------------+------------+----------------+-------------+
| table_name | partition_name | table_rows | avg_row_length | data_length |
+------------+----------------+------------+----------------+-------------+
| t1         | p0             |          1 |             20 |          20 |
| t1         | p1             |          0 |              0 |           0 |
| t1         | p2             |          0 |              0 |           0 |
| t2         | p0             |          1 |             20 |          20 |
| t2         | p1             |          0 |              0 |           0 |
| t2         | p2             |          0 |              0 |           0 |
| t2         | p3             |          0 |              0 |           0 |
+------------+----------------+------------+----------------+-------------+
7 rows in set (0.01 sec)
```

通过结果可以看出，null 数据被存储在编号最小的分区中。

通过删除这些分区，然后重新运行 select 语句来证明这些（null 数据）行存储在每个表的编号最小的分区中：

```
mysql> alter table t1 drop partition p0;
Query OK, 0 rows affected (0.16 sec)

mysql> alter table t2 drop partition p0;
Query OK, 0 rows affected (0.16 sec)

mysql> select * from t1;
Empty set (0.00 sec)

mysql> select * from t2;
Empty set (0.00 sec)
```

使用 SQL 函数的分区表达式也是以这种方式来处理 null 数据的。

例5.21　SQL函数返回null，则该行存储在编号最小的分区中，示例SQL语句如下：

```
create table t3 (
   id int,
   dt date
)
partition by range( year(dt) ) (
   partition p0 values less than (1990),
   partition p1 values less than (2000),
   partition p2 values less than maxvalue
);
```

与其他 MySQL 函数一样，year(null)返回 null，所以被插入到 p0 分区。

2. 使用列表分区处理 null

当且仅当使用包含的值列表定义其分区之一时，由列表分区的数据表才允许 null 值插入分区。

例5.22　将不在列表分区定义范围内的null值插入列表分区的数据表中，示例SQL语句及其执行结果如下：

```
mysql> create table ts1 (
    ->     c1 int,
    ->     c2 varchar(20)
    -> )
    -> partition by list(c1) (
    ->     partition p0 values in (0, 3, 6),
    ->     partition p1 values in (1, 4, 7),
    ->     partition p2 values in (2, 5, 8)
    -> );
Query OK, 0 rows affected (0.01 sec)

mysql> insert into ts1 values (9, 'mothra');
ERROR 1504 (HY000): Table has no partition for value 9

mysql> insert into ts1 values (null, 'mothra');
ERROR 1504 (HY000): Table has no partition for value null
```

在本例中，只能将 c1 列值介于 0～8 的行数据插入 ts1 表中。由于列值 9 和 null 不在列表分区定义的范围内，因此插入时报错。

例5.23　将列表分区定义范围内的null值插入列表分区的数据表中，示例SQL语句及其执行结果如下：

```
# 创建表 ts2 和 ts3，表中的分区包含列值为 null 的行数据
mysql> create table ts2 (
    ->     c1 int,
    ->     c2 varchar(20)
```

```
    -> )
    -> partition by list(c1) (
    ->     partition p0 values in (0, 3, 6),
    ->     partition p1 values in (1, 4, 7),
    ->     partition p2 values in (2, 5, 8),
    ->     partition p3 values in (null)
    -> );
Query OK, 0 rows affected (0.01 sec)

mysql> create table ts3 (
    ->     c1 int,
    ->     c2 varchar(20)
    -> )
    -> partition by list(c1) (
    ->     partition p0 values in (0, 3, 6),
    ->     partition p1 values in (1, 4, 7, null),
    ->     partition p2 values in (2, 5, 8)
    -> );
Query OK, 0 rows affected (0.01 sec)
mysql> insert into ts2 values (null, 'mothra');
Query OK, 1 row affected (0.00 sec)
mysql> insert into ts3 values (null, 'mothra');
Query OK, 1 row affected (0.00 sec)
# 查询每个分区中的数据分布数量
mysql> select table_name, partition_name, table_rows, avg_row_length,
data_length
     >     from information_schema.partitions
     >     where table_schema = 'p' and table_name like 'ts_';
+------------+----------------+------------+----------------+-------------+
| table_name | partition_name | table_rows | avg_row_length | data_length |
+------------+----------------+------------+----------------+-------------+
| ts2        | p0             |          0 |              0 |           0 |
| ts2        | p1             |          0 |              0 |           0 |
| ts2        | p2             |          0 |              0 |           0 |
| ts2        | p3             |          1 |             20 |          20 |
| ts3        | p0             |          0 |              0 |           0 |
| ts3        | p1             |          1 |             20 |          20 |
| ts3        | p2             |          0 |              0 |           0 |
+------------+----------------+------------+----------------+-------------+
7 rows in set (0.01 sec)
```

如以上结果所示，值为 null 的行数据被插入列表分区对应的分区中。

3. 使用哈希分区和键分区处理 null

对于由哈希分区或者键分区的表而言，处理值为 null 的行数据的方式略有不同。在哈希分区和键分区的表中，任何产生 null 值的分区表达式的返回值都为 0。

例5.24　在哈希分区中插入值为null的列值，示例SQL语句及其执行结果如下：

首先创建一个数据表，使用哈希分区：

```
mysql> create table th (
    ->     c1 int,
    ->     c2 varchar(20)
    -> )
    -> partition by hash(c1)
    -> partitions 2;
Query OK, 0 rows affected (0.00 sec)
```

查询属于该表的分区：

```
mysql>select
>   table_name,partition_name,table_rows,avg_row_length,data_length
     >   from information_schema.partitions
     >   where table_schema = 'p' and table_name ='th';
+------------+----------------+------------+----------------+-------------+
| table_name | partition_name | table_rows | avg_row_length | data_length |
+------------+----------------+------------+----------------+-------------+
| th         | p0             |          0 |              0 |           0 |
| th         | p1             |          0 |              0 |           0 |
+------------+----------------+------------+----------------+-------------+
2 rows in set (0.00 sec)
```

从查询结果可知，每个分区存储的数据条数都是0。现在插入两行数据，其c1列值为null，并验证这些行的数据是否已插入：

```
mysql> insert into th values (null, 'mothra'), (0, 'gigan');
Query OK, 1 row affected (0.00 sec)
mysql> select * from th;
+------+---------+
| c1   | c2      |
+------+---------+
| null | mothra  |
+------+---------+
|    0 | gigan   |
+------+---------+
2 rows in set (0.01 sec)
```

查询每个分区中数据的分布情况：

```
mysql> select table_name, partition_name, table_rows, avg_row_length,
data_length
     >   from information_schema.partitions
     >   where table_schema = 'p' and table_name ='th';
+------------+----------------+------------+----------------+-------------+
| table_name | partition_name | table_rows | avg_row_length | data_length |
+------------+----------------+------------+----------------+-------------+
```

```
| th            | p0           |          2 |         20 |          20 |
| th            | p1           |          0 |          0 |           0 |
+---------------+--------------+------------+------------+-------------+
2 rows in set (0.00 sec)
```

从结果可以看出null值被插入分区中。

5.1.9 分区管理

使用 SQL 语句修改分区时，可以使用 alter table 语句的分区扩展来添加、删除、重新定义、合并或拆分现有分区。

1. 范围分区和列表分区的管理

（1）添加和删除分区

范围分区和列表分区的添加和删除操作相似。

✪ 范围分区

这是一个按范围分区的数据表：

```
# 给数据表分了 6 个分区
mysql> create table tr (id int, name varchar(50), purchased date)
    ->    partition by range( year(purchased) ) (
    ->        partition p0 values less than (1990),
    ->        partition p1 values less than (1995),
    ->        partition p2 values less than (2000),
    ->        partition p3 values less than (2005),
    ->        partition p4 values less than (2010),
    ->        partition p5 values less than (2015)
    ->    );
Query OK, 0 rows affected (0.28 sec)
# 新增数据到数据表
mysql> insert into tr values
    ->    (1, 'desk organiser', '2003-10-15'),
    ->    (2, 'alarm clock', '1997-11-05'),
    ->    (3, 'chair', '2009-03-10'),
    ->    (4, 'bookcase', '1989-01-10'),
    ->    (5, 'exercise bike', '2014-05-09'),
    ->    (6, 'sofa', '1987-06-05'),
    ->    (7, 'espresso maker', '2011-11-22'),
    ->    (8, 'aquarium', '1992-08-04'),
    ->    (9, 'study desk', '2006-09-16'),
    ->    (10, 'lava lamp', '1998-12-25');
Query OK, 10 rows affected (0.05 sec)
Records: 10  Duplicates: 0  Warnings: 0
# 查看 P2 分区的数量
mysql> select * from tr partition (p2);
+------+-------------+------------+
```

```
| id    | name        | purchased  |
+-------+-------------+------------+
|    2  | alarm clock | 1997-11-05 |
|   10  | lava lamp   | 1998-12-25 |
+-------+-------------+------------+
2 rows in set (0.00 sec)
# 删除 P2 分区
mysql> alter table tr drop partition p2;
 Query OK, 0 rows affected (0.03 sec)
mysql> select * from tr partition (p2);
Empty set (0.00 sec)
```

如以上操作所示，当我们删除分区时，分区中的数据也会被删除。如果想要在不丢失数据的情况下更改表的分区，需要使用 alter table … add partition 语句。

例5.25　范围分区的管理，SQL语句如下：

```
# 创建一个有 3 个分区的数据表
 create table members (
   id int,
   fname varchar(25),
   lname varchar(25),
   dob date
)
partition by range( year(dob) ) (
   partition p0 values less than (1980),
   partition p1 values less than (1990),
   partition p2 values less than (2000)
);
# 给表 members 再增加一个分区，分区的范围值大于之前的年份，可以正常创建成功
alter table members add partition (partition p3 value less than (2021));
# 尝试给表 members 增加一个分区，分区的范围值小于之前分区的最小范围值
mysql> alter table members > add partition ( > partition n value less than (1970));
ERROR 1463 (HY000): value less than value must be strictly » increasing for each
partition
```

当添加一个分区，其分区值小于之前的最小分区值时，将会抛出异常。我们需要重新组织分区来解决此问题，示例SQL语句及其执行结果如下：

```
alter table members
   reorganize partition p0 into (
      partition n0 values less than (1920),
      partition n1 values less than (1980)
);
# 查询表 members 的结果和分区
mysql> show create table members\G
************************** 1. row **************************
      Table: members
```

```
create Table: create table `members` (
  `id` int(11) default null,
  `fname` varchar(25) default null,
  `lname` varchar(25) default null,
  `dob` date default null
) engine=InnoDB default charset=latin1
/*!50100 partition by range ( year(dob))
(partition n0 value less than (1920) engine = InnoDB,
 partition n1 value less than (1980) engine = InnoDB,
 partition p1 value less than (1990) engine = InnoDB,
 partition p2 value less than (2000) engine = InnoDB,
 partition p3 value less than (2021) engine = InnoDB) */
1 row in set (0.00 sec)
```

从上面的结果可以看出，新增的分区已正常创建好了。

✪ 列表分区

接下来看看列表分区是如何进行管理的。

例 5.26　列表分区的管理，示例 SQL 语句及其执行结果如下：

```
# 使用列表分区创建 tt 表
create table tt (
    id int,
    data int
)
partition by list(data) (
    partition p0 values in (5, 10, 15),
    partition p1 values in (6, 12, 18)
);
# 给表添加一个正常的新分区
alter table tt add partition (partition p2 values in (7, 14, 21));
# 尝试创建一个新分区，新分区包含之前分区的值
mysql> alter table tt add partition
     >      (partition np values in (4, 8, 12));
ERROR 1465 (HY000): Multiple definition of same constant »
                    in list partitioning
```

由此可以看出，如果添加的新分区的值存在之前分区的值，则会抛出异常，创建分区失败。

（2）拆分分区

除了上述新增分区和删除分区之外，还可以在保证数据不丢失的情况下，把一个分区拆分为多个分区。

例 5.27　在保证数据不丢失的情况下拆分分区，示例 SQL 语句及其执行结果如下：

```
# 查询当前 members 表的结构和分区情况
mysql> show create table members\G
*************************** 1. row ***************************
```

```
       Table: members
Create Table: create table `members` (
  `id` int(11) default null,
  `fname` varchar(25) default null,
  `lname` varchar(25) default null,
  `dob` date default null
) engine=InnoDB default charset=latin1
/*!50100 partition by range ( year(dob))
(partition n0 value less than (1970) engine = InnoDB,
 partition n1 value less than (1980) engine = InnoDB,
 partition p1 value less than (1990) engine = InnoDB,
 partition p2 value less than (2000) engine = InnoDB,
 partition p3 value less than (2010) engine = InnoDB) */
1 row in set (0.00 sec)
# 把 n0 分区拆分成两个分区
alter table members reorganize partition n0 into (
   partition s0 values less than (1960),
   partition s1 values less than (1970)
);
#把 s0、s1 分区合并成一个分区
alter table members reorganize partition s0,s1 into (
   partition p0 values less than (1970)
);
```

2. 哈希分区和键分区的管理

哈希分区和键分区的添加与删除操作相似。

✪ 哈希分区

例 5.28 哈希分区的管理，示例 SQL 语句及其执行结果如下：

```
# 创建一个具有 10 个分区的数据表
create table clients (
   id int,
   fname varchar(30),
   lname varchar(30),
   signed date
)
partition by hash( month(signed) )
partitions 10;
# 把分区数量从 10 个变成 6 个
mysql> alter table clients coalesce partition 4;
Query OK, 0 rows affected (0.02 sec)
```

✪ 键分区

例5.29 键分区的管理，示例SQL语句及其执行结果如下：

```
# 创建一个键分区为 10 个分区的表
```

```
mysql> create table clients_lk (
    ->     id int,
    ->     fname varchar(30),
    ->     lname varchar(30),
    ->     signed date
    -> )
    -> partition by linear key(signed)
    -> partitions 12;
Query OK, 0 rows affected (0.03 sec)
# 把线性分区数量从 10 个变成 6 个
mysql> alter table clients_lk coalesce partition 4;
Query OK, 0 rows affected (0.06 sec)
Records: 0  Duplicates: 0  Warnings: 0
```

需要注意的是，coalesce partition后面的数字表示要删除表的分区数。因此，当删除的分区数大于总分区数时会报错，示例如下：

```
mysql> alter table clients coalesce partition 18;
ERROR 1478 (HY000): Cannot remove all partitions, use drop table instead
```

3. 分区管理和维护操作

（1）删除分区（仅限于范围分区和列表分区，会丢失数据）

如果有多余的分区不想使用了，则可以通过 drop 指令对分区进行删除。示例如下：

```
# 一次性删除一个分区
alter table emp drop partition p1;
# 一次性删除多个分区
alter table emp drop partition p1,p2;
```

（2）增加分区

如果要对现有的表增加分区，则可以通过 add 指令实现。示例如下：

```
# 增加范围分区
alter table emp add partition (partition p3 values less than (5000));
# 增加列表分区
alter table empl add partition (partition p3 values in (5000));
```

（3）分解分区（不会丢失数据）

reorganize partition 关键字可以对表的部分分区或全部分区进行修改，并且不会丢失数据。分解前后分区的整体范围应该一致。示例如下：

```
alter table t
reorganize partition p1 into
(
    partition p1 values less than (1000),
    partition p3 values less than (2000)
);
```

（4）合并分区（不会丢失数据）

随着分区数量越来越多，如果想要把多个分区合并成一个分区，则可以使用 into 指令实现。示例如下：

```
alter table t
reorganize partition p1,p3 into
(partition p1 values less than (10000));
```

（5）重新定义哈希分区（不会丢失数据）

随着业务的不断扩展，想要对哈希分区进行扩容或缩容，则可以对现有的哈希分区进行重新定义。示例如下：

```
alter table t partition by hash(salary) partitions 8;
```

（6）重新定义范围分区（不会丢失数据）

随着业务的不断扩展，想要对范围分区进行扩容或缩容，则可以对现有的范围分区进行重新定义。示例如下：

```
alter table t partition by range(salary)
(
    partition p1 values less than (20000),
    partition p2 values less than (30000)
);
```

（7）删除表的所有分区（不会丢失数据）

在 MySQL 中，如果要删除表的所有分区，但又不想删除数据，则可以执行如下语句：

```
alter table emp remove partitioning;
```

（8）重建分区

这和先删除保存在分区中的所有记录，然后重新插入它们具有同样的效果，可用于整理分区碎片。示例如下：

```
alter table emp rebuild partitionp1,p2;
```

（9）优化分区

如果从分区中删除了大量的行，或者对一个带有可变长度的行做了许多修改，可以使用 alter table … optimize partition 来收回没有使用的空间，并整理分区数据文件的碎片。示例如下：

```
alter table t optimize partition p1,p2;
```

（10）分析分区

在 MySQL 中，想要对现有的分区进行分析，可以执行如下语句：

```
# 读取并保存分区的键分布
alter table t analyze partition p1,p2;
```

（11）修补分区

在 MySQL 中，想要对现有的分区进行修补，可以执行如下语句：

```
# 修补被破坏的分区
alter table  t repairpartition p1,p2;
```

（12）检查分区

在 MySQL 中，想要查看现有的分区是否被破坏，可以执行如下语句：

```
# 检查表指定的分区
alter table t check partition p1,p2;
```

这条 SQL 语句可以告诉我们表 t 的分区 P1、P2 中的数据或索引是否已经被破坏了。如果分区被破坏了，可以使用 alter table … repair partition 来修补该分区。

5.1.10　分区的限制

1. 分区的限制

在业务中可以对分区进行一些限制：

1）分区键必须包含在表的主键、唯一键中。

2）MySQL 只能在使用分区函数的列进行比较时才能筛选分区，而不能根据表达式的值去筛选分区，即使这个表达式就是分区函数也不行。

3）不使用 NDB 存储引擎的数据表的最大分区数为 8192。如果分区数很大，但是未达到 8192，则会出现错误提示信息 Got error … from storage engine: Out of resources when opening file，可以通过增加 open_files_limit 系统变量的值来解决这个问题，当然同时打开文件的数量也受操作系统本身的限制。

4）InnoDB 存储引擎的分区不支持外键。

5）服务器 SQL 模式（可以通过 SQL-MODE 参数进行配置）影响分区表的同步复制。主节点和从节点上不同的 SQL 模式可能会导致相同的数据存储在主从节点的不同分区中，甚至可能导致数据插入主节点成功，而插入从节点失败。为了获得最佳效果，应该始终在主机和从机上使用相同的服务器 SQL 模式，强烈建议不要在创建分区后更改服务器 SQL 模式。

6）分区不支持全文索引，即使是使用 InnoDB 或 MyISAM 存储引擎的分区也不例外。

7）分区无法使用外键约束。

8）临时表不能进行分区。

2. 分区键与主键、唯一键的关系

控制分区键与主键、唯一键关系的规则是：分区表达式中使用的所有列必须是该数据表可能具有的每个唯一键的一部分。换句话说，分区键必须包含在表的主键、唯一键中。

分区键与主键、唯一键关系的错误示例见例 5.30～例 5.34。

例5.30　唯一键是col1和col2，分区键是col3，示例SQL语句及其执行结果如下：

```
mysql> create table t1 (
    ->     col1 int not null,
    ->     col2 date not null,
    ->     col3 int not null,
```

```
    ->     col4 int not null,
    ->     unique key (col1, col2)
    -> )
    -> partition by hash(col3)
    -> partitions 4;
ERROR 1503 (HY000): A PRIMARY KEY must include all columns in the table's partitioning function (prefixed columns are not considered).
```

因为 col3 不是 col1 和 col2 的一部分，所以报错。

例5.31 两个唯一键分别是col1和col3，分区键是根据运算符相加的col1和col3，示例SQL语句及其执行结果如下：

```
mysql> create table t2 (
    ->     col1 int not null,
    ->     col2 date not null,
    ->     col3 int not null,
    ->     col4 int not null,
    ->     unique key (col1),
    ->     unique key (col3)
    -> )
    -> partition by hash(col1 + col3)
    -> partitions 4;
ERROR 1503 (HY000): A PRIMARY KEY must include all columns in the table's partitioning function (prefixed columns are not considered).
```

分区键不是数据表所有唯一键的一部分，导致报错。

例5.32 两个唯一键分别是(col1, col2)和col3，分区键为col1 + col3，示例SQL语句及其执行结果如下：

```
mysql> create table t3 (
    ->     col1 int not null,
    ->     col2 date not null,
    ->     col3 int not null,
    ->     col4 int not null,
    ->     unique key (col1, col2),
    ->     unique key (col3)
    -> )
    -> partition by hash(col1 + col3)
    -> partitions 4;
ERROR 1491 (HY000): A PRIMARY KEY must include all columns in the table's partitioning function
```

因为分区键 col1 和 col3 没有包含在所有的唯一键中，导致报错。

例5.33 主键是col1和col2，分区键为col3，示例SQL语句及其执行结果如下：

```
mysql> create table t5 (
    ->     col1 int not null,
```

```
    ->     col2 date not null,
    ->     col3 int not null,
    ->     col4 int not null,
    ->     primary key(col1, col2)
    -> )
    -> partition by hash(col3)
    -> partitions 4;
ERROR 1503 (HY000): A PRIMARY KEY must include all columns in the table's
partitioning function (prefixed columns are not considered).
```

因为分区键不在主键中，所以报错。

例5.34 主键是col1和col3，唯一键为col2，分区键为year(col2)，示例SQL语句及其执行结果如下：

```
mysql> create table t6 (
    ->     col1 int not null,
    ->     col2 date not null,
    ->     col3 int not null,
    ->     col4 int not null,
    ->     primary key(col1, col3),
    ->     unique key(col2)
    -> )
    -> partition by hash( year(col2) )
    -> partitions 4;
ERROR 1503 (HY000): A PRIMARY KEY must include all columns in the table's
partitioning function (prefixed columns are not considered).
```

因为分区键没有包含在所有的唯一键中（包含主键），所以报错。

分区键与主键、唯一键关系的正确示例见例 5.35～例 5.37。

例5.35 唯一键是复合键，包含col1、col2、col3，分区键是col3，示例SQL语句及其执行结果如下：

```
mysql> create table t1 (
    ->     col1 int not null,
    ->     col2 date not null,
    ->     col3 int not null,
    ->     col4 int not null,
    ->     unique key (col1, col2, col3)
    -> )
    -> partition by hash(col3)
    -> partitions 4;
Query OK, 0 rows affected (0.03 sec)
```

因为分区键是唯一键的一部分，所以执行正确。

例5.36 唯一键是复合键，包含col1、col3，分区键是col1+col3，示例SQL语句及其执行结果如下：

```
mysql> create table t2 (
    ->     col1 int not null,
    ->     col2 date not null,
    ->     col3 int not null,
    ->     col4 int not null,
    ->     unique key (col1, col3)
    -> )
    -> partition by hash(col1 + col3)
    -> partitions 4;
Query OK, 0 rows affected (0.02 sec)
```

因为分区键包含在唯一键中，所以执行正确。

例5.37 两个唯一键，分别为(col1, col2, col3)和col3，分区键是col3，示例SQL语句及其执行结果如下：

```
mysql> create table t3 (
    ->     col1 int not null,
    ->     col2 date not null,
    ->     col3 int not null,
    ->     col4 int not null,
    ->     unique key (col1, col2, col3),
    ->     unique key (col3)
    -> )
    -> partition by hash(col3)
    -> partitions 4;
Query OK, 0 rows affected (0.05 sec)
```

因为分区键包含在两个唯一键中，所以执行正确。

例5.38 以下两种情况下，主键都不包括分区表达式中引用的所有列，但语句都是有效的。

情况 1：

```
create table t7 (
    col1 int not null,
    col2 date not null,
    col3 int not null,
    col4 int not null,
    primary key(col1, col2)
)
partition by hash(col1 + year(col2))
partitions 4;
```

情况2：

```
create table t8 (
    col1 int not null,
    col2 date not null,
    col3 int not null,
    col4 int not null,
```

```
    primary key(col1, col2, col4),
    unique key(col2, col1)
)
partition by hash(col1 + year(col2))
partitions 4;
```

5.2 视　　图

视图是一个虚拟表，其内容是由查询语句来定义的。与真实的表一样，视图包含一系列带有名称的列数据和行数据。不过，视图并不在数据库中以存储数据集的形式存在。视图中的数据是根据定义视图的查询语句动态生成的。

视图是存储在数据库中的查询语句，它主要有两个优势：

- 视图可以隐藏一些数据，比如社会保险基金表可以用视图只显示姓名、地址，而不显示社会保险号和工资数等。
- 视图可以使复杂的查询易于理解和使用。

视图就像一个“窗口”，从中只能看到想要的列数据（对应数据库中的列）和行数据（对应数据库中的记录）。这意味着可以在这个视图上使用 select *，看到的将是在视图定义中给出的列数据和行数据。

视图带给我们了如下好处：

1）视图能简化用户操作。视图机制使用户可以将注意力集中在所关心的数据上。如果这些数据不是直接来自数据库中的基本数据表，则可以通过定义视图使数据库看起来结构简单、清晰，并且可以简化用户的数据查询操作。例如，那些定义了若干张表连接的视图，就将表与表之间的连接操作隐藏起来了（对数据库的用户而言）。换句话说，用户只需对一个虚拟表进行简单查询，而无须了解这个虚拟表是怎样得来的。

2）逻辑独立性。数据的物理独立性是指用户的应用程序不依赖于数据库的物理结构。数据的逻辑独立性是指当数据库重构时，如增加新的关系或对原有的关系增加新的字段，用户的应用程序不会受影响。

3）视图能够对机密数据提供安全保护。有了视图机制，就可以在设计数据库应用系统时对不同的用户定义不同的视图，使机密数据不出现在非授权用户的视图上。这样视图机制就自动提供了对机密数据的安全保护功能。例如，表 Student 涉及全校 15 个院系学生的数据，可以在其上定义 15 个视图，每个视图只包含一个院系的学生数据，并只允许每个院系的主任查询和修改本院系的学生视图。

例5.39　使用视图，示例SQL语句及其执行结果如下：

```
# 创建表
mysql> create table t_employee(
    ->         id int  primary key  auto_increment,
    ->         name char (30) not null,
    ->         sex  char (2) not null,
```

```
    ->          age int not null,
    ->          department char (10) not null,
    ->          salary  int not null,
    ->          home char (30),
    ->          marry char (2) not null default '',
    ->          hobby char (30)
    ->    );
Query OK, 0 rows affected (0.02 sec)
# 添加数据
mysql> insert into t_employee(id, name , sex, age,department, salary, home,
marry, hobby)
    -> values ( null , 'zhangsan' , '1' ,20, 'hr' , '4000' , 'guangndong' , 'no' ,
'tennis' );
Query OK, 1 row affected (0.00 sec)

mysql> insert into t_employee(id, name , sex, age,department, salary, home,
marry, hobby)
    -> values ( null , 'zhangsan2' , '1' ,22, 'hr' , '5000' , 'guangndong' ,
'no' , 'tennis' );
Query OK, 1 row affected (0.01 sec)

mysql> insert into t_employee(id, name , sex, age,department, salary, home,
marry, hobby)
    -> values ( null , 'zhangsan3' , '1' ,23, 'hr' , '6000' , 'guangndong' ,
'no' , 'tennis' );
Query OK, 1 row affected (0.00 sec)
# 查询数据
mysql> select * from t_employee;
+----+-----------+----+-----+------------+--------+------------+-------+--------+
| id | name      | sex | age | department | salary | home       | marry | hobby  |
+----+-----------+----+-----+------------+--------+------------+-------+--------+
|  1 | zhangsan  | 1  |  20 | hr         |   4000 | guangndong | no    | tennis |
|  2 | zhangsan2 | 1  |  22 | hr         |   5000 | guangndong | no    | tennis |
|  3 | zhangsan3 | 1  |  23 | hr         |   6000 | guangndong | no    | tennis |
+----+-----------+----+-----+------------+--------+------------+-------+--------+
3 rows in set (0.00 sec)

# 创建视图
mysql> create view my_vie) as select name,age,home from t_employee;
Query OK, 0 rows affected (0.01 sec)
# 查询视图的结果
mysql> select * from my_view;
+-----------+-----+------------+
| name      | age | home       |
+-----------+-----+------------+
| zhangsan  |  20 | guangndong |
| zhangsan2 |  22 | guangndong |
| zhangsan3 |  23 | guangndong |
```

```
+-----------+-----+------------+
3 rows in set (0.00 sec)

# 根据视图修改表中的数据，把年龄大于 20 岁的地址改为 xian
mysql> update my_view set home='xian' where age>20;
Query OK, 2 rows affected (0.01 sec)
Rows matched: 2  Changed: 2  Warnings: 0
# 查询视图数据
mysql> select * from my_view;
+-----------+-----+------------+
| name      | age | home       |
+-----------+-----+------------+
| zhangsan  |  20 | guangndong |
| zhangsan2 |  22 | xian       |
| zhangsan3 |  23 | xian       |
+-----------+-----+------------+
3 rows in set (0.00 sec)
# 查询原始表中的数据，发现原始表中的数据也被修改了

mysql> select id,name,sex,age,home from t_employee;
+----+-----------+-----+-----+------+
| id | name      | sex | age | home |
+----+-----------+-----+-----+------+
|  2 | zhangsan2 | 1   |  22 | xian |
|  3 | zhangsan3 | 1   |  23 | xian |
+----+-----------+-----+-----+------+
2 rows in set (0.00 sec)

# 根据视图删除数据 name='zhangsan'
mysql> delete  from my_view where  name='zhangsan';
Query OK, 1 row affected (0.00 sec)
# 验证 name='zhangsan'的数据被删除
mysql> select * from my_view;
+-----------+-----+------+
| name      | age | home |
+-----------+-----+------+
| zhangsan2 |  22 | xian |
| zhangsan3 |  23 | xian |
+-----------+-----+------+
2 rows in set (0.00 sec)
# 验证在原始表中 name='zhangsan'的数据也被删除
mysql> select id,name,sex,age,home from t_employee;
+----+-----------+-----+-----+------------+--------+------+
| id | name      | sex | age | department | salary | home |
+----+-----------+-----+-----+------------+--------+------+
|  2 | zhangsan2 | 1   |  22 | hr         |   5000 | xian |
|  3 | zhangsan3 | 1   |  23 | hr         |   6000 | xian |
+----+-----------+-----+-----+------------+--------+------+
```

```
2 rows in set (0.00 sec)
# 修改视图的语句
mysql> alter  view my_view as select id,name,sex,age,home from t_employee where
age>20;
Query OK, 0 rows affected (0.00 sec)
# 验证视图已经修改成功
mysql> select * from my_view;
+----+-----------+-----+-----+------------+--------+------+
| id | name      | sex | age | department | salary | home |
+----+-----------+-----+-----+------------+--------+------+
|  2 | zhangsan2 | 1   |  22 | hr         |   5000 | xian |
|  3 | zhangsan3 | 1   |  23 | hr         |   6000 | xian |
+----+-----------+-----+-----+------------+--------+------+
2 rows in set (0.00 sec)
# 删除视图
mysql> drop view my_view ;
Query OK, 0 rows affected (0.01 sec)
# 验证视图是否已经删除成功
mysql> select * from my_view;
ERROR 1146 (42S02): Table 'demo.MY_VIEW' doesn't exist
```

5.3 存储过程

存储过程是一种数据库对象，在数据库中存储复杂的程序以便外部程序调用。存储过程是为了完成特定功能的一组 SQL 语句的集合，经过编译并保存在数据库中，用户可以通过存储过程的名字和给定的参数来调用与执行它们。存储过程的设计目标就是为了实现数据库 SQL 语言编写的程序的代码封装与代码复用（重复使用）。下面介绍使用存储过程的优点和缺点。

存储过程的优点如下：

1）存储过程可以封装，并隐藏复杂的业务逻辑。

2）存储过程可以回传值，还可以接收参数。

3）存储过程无法使用 select 命令来运行，因为它是子程序，与查看表结构、表数据或用户定义函数不同。

存储过程的缺点如下：

1）存储过程往往定制化于特定的数据库上，因为支持的编程语言不同，当切换到其他厂商的数据库系统时，需要重新编写原有的存储过程。

2）当业务复杂时，对于存储过程的维护成本比较高。

5.3.1 存储过程的创建和调用

创建存储过程的语法如下：

```
create
   [definer = { user | current_user }]
procedure sp_name ([proc_parameter[,...]])
   [characteristic ...] routine_body

proc_parameter:
   [ in | out | inout ] param_name type

characteristic:
   comment 'string'
  | language sql
  | [not] deterministic
  | { contains sql | no sql | reads sql data | modifies sql data }
  | sql security { definer | invoker }

routine_body:
   valid sql routine statement

[begin_label:] begin
   [statement_list]
     ……
end [end_label]
```

例5.40 创建和使用存储过程，示例SQL语句及其执行结果如下：

```
# 数据准备、创建表与新增数据
mysql> create table userinfo (
    -> id int,
    -> name varchar (100),
    -> age int
    -> );
Query OK, 0 rows affected (0.03 sec)
mysql> insert into userinfo values(1,'zhangsan',18);
Query OK, 1 row affected (0.00 sec)
mysql> insert into userinfo values(2,'zhangsan2',19);
Query OK, 1 row affected (0.01 sec)
mysql> insert into userinfo values(3,'zhangsan3',20);
Query OK, 1 row affected (0.01 sec)
# 创建一个根据 id 删除用户信息的存储过程
# 临时修改结束符号，防止创建存储过程的语句不完整执行
mysql> delimiter $
mysql> create procedure proc_delete_userinfo(in p_id integer)
    -> begin
    -> delete from userinfo where id = p_id;
    -> end$
Query OK, 0 rows affected (0.01 sec)
# 调用存储过程，删除 id=1 的用户，然后验证是否删除成功
# 修改结束符号
mysql> delimiter;
```

```
mysql> select * from userinfo;
+------+-----------+------+
| id   | name      | age  |
+------+-----------+------+
|    1 | zhangsan  |  18 |
|    2 | zhangsan2 |  19 |
|    3 | zhangsan3 |  20 |
+------+-----------+------+
3 rows in set (0.00 sec)
# 调用存储过程
mysql> call proc_delete_userinfo(1);
Query OK, 1 row affected (0.00 sec)
# 查询结果，验证 id=1 的用户信息已经被删除
mysql> select * from userinfo;
+------+-----------+------+
| id   | name      | age  |
+------+-----------+------+
|    2 | zhangsan2 |  19 |
|    3 | zhangsan3 |  20 |
+------+-----------+------+
2 rows in set (0.00 sec)
```

5.3.2　带参数的存储过程

MySQL 存储过程的参数用于存储过程的定义，共有 in、out、inout 三种参数类型，其语法如下：

```
create procedure 存储过程名([[in |out |inout ] 参数名 数据类型...])
```

参数类型说明：

- in（输入参数）：表示调用者向过程传入值。
- out（输出参数）：表示过程向调用者传出值。
- inout（输入输出参数）：既表示调用者向过程传入值，又表示过程向调用者传出值。

1. in（输入）参数

例5.41　输入参数的存储过程，示例SQL语句及其执行结果如下：

```
mysql> delimiter $$
mysql> create procedure in_param(in p_in int)
    -> begin
    ->     select p_in;
    ->     set p_in=2;
    ->   select P_in;
    -> end$$
mysql> delimiter;
# 定义变量
mysql> set @p_in=1;
mysql> call in_param(@p_in);
+------+
```

```
| p_in |
+------+
|   1  |
+------+
+------+
| P_in |
+------+
|   2  |
+------+
# 查询变量的值
mysql> select @p_in;
+-------+
| @p_in |
+-------+
|    1  |
+-------+
```

从本例可以看出，p_in 在存储过程中被修改，但并不影响@p_in 的值，因为前者为局部变量，后者为全局变量。

2. out（输出）参数

例5.42 输出参数的存储过程，示例SQL语句及其执行结果如下：

```
# 设置结束符为$
mysql> delimiter $
# 创建存储过程
mysql>  create procedure proc_delete_userinfo2(in p_id integer,out msg 
varchar(100))
    -> begin
    -> delete from userinfo where id = p_id;
    -> set msg='delete is ok';
    -> end$
Query OK, 0 rows affected (0.00 sec)
# 设置结束符
mysql> delimiter;
# 查询表数据
mysql> select * from userinfo;
+------+-----------+------+
| id   | name      | age  |
+------+-----------+------+
|    1 | zhangsan  |   18 |
|    2 | zhangsan2 |   19 |
|    3 | zhangsan3 |   20 |
+------+-----------+------+
3 rows in set (0.00 sec)
# 设置输入变量
mysql> set @id=1;
Query OK, 0 rows affected (0.00 sec)
```

```
# 设置输出变量
mysql> set @msg='';
Query OK, 0 rows affected (0.00 sec)
# 调用存储过程
mysql> call proc_delete_userinfo2(@id,@msg);
Query OK, 1 row affected (0.00 sec)
# 查询输出变量的值
mysql> select @msg;
+---------------+
| @msg          |
+---------------+
| delete is ok |
+---------------+
1 row in set (0.00 sec)
# 验证数据是否被删除
mysql> select * from userinfo;
+------+-----------+------+
| id   | name      | age  |
+------+-----------+------+
|    2 | zhangsan2 |   19 |
|    3 | zhangsan3 |   20 |
+------+-----------+------+
2 rows in set (0.00 sec)
```

3. inout（输入输出）参数

例5.43　输入输出参数的存储过程，示例SQL语句及其执行结果如下：

```
# 设置结束符为$
mysql> delimiter $$
# 创建存储过程
mysql> create procedure inout_param(inout p_inout int)
    ->  begin
    ->    select p_inout;
    ->    set p_inout=2;
    ->    select p_inout;
    ->  end
    -> $$
# 设置结束符
mysql> delimiter;
# 设置输入输出变量
mysql> set @p_inout=1;
# 调用存储过程
mysql> call inout_param(@p_inout);
+---------+
| p_inout |
+---------+
|       1 |
```

```
+----------+

+----------+
| p_inout |
+----------+
|       2 |
+----------+
# 查询输入输出变量的值

mysql> select @p_inout;
+-----------+
| @p_inout |
+-----------+
|        2 |
+-----------+
```

5.3.3 变量

1. 变量定义

局部变量的声明一定要放在存储过程的开始，语法如下：

```
declare variable_name [,variable_name...] datatype [default value];
```

例5.44 局部变量的声明，示例SQL语句如下：

```
declare l_numeric number(8,2) default 10.25;
declare l_date date default '2019-12-31';
declare l_varchar varchar(255) default 'this is proc';
```

2. 变量赋值

变量赋值的语法如下：

```
set 变量名 = 表达式值 [,variable_name = expression ...]
```

3. 用户变量

用户变量是会话级别的变量，其变量的作用域仅限于声明它的客户端连接。当这个客户端断开时，其所有的会话变量都将被释放。

例5.45 在MySQL客户端使用用户变量，示例SQL语句及其执行结果如下：

```
mysql > select 'hello world' into @x;
mysql > select @x;
+-------------+
|   @x        |
+-------------+
| hello world |
+-------------+
mysql > set @z=1+2+3+4+5;
```

```
mysql > select @z;
+-------+
| @z    |
+-------+
|  15   |
+-------+
# 在存储过程中使用用户变量
mysql > create procedure proc_world( ) select concat(@a,' world');
mysql > set @a='hello';
mysql > call proc_world( );
+---------------------------+
| concat(@a,' world')       |
+---------------------------+
|  Hello World              |
+---------------------------+
# 在存储过程之间传递全局范围的用户变量
mysql> create procedure p1()   set @last_procedure='p1';
mysql> create procedure p2() select concat('last procedure was ',
@last_procedure);
mysql> call p1( );
mysql> call p2( );
+-----------------------------------------------+
| concat('last procedure was ',@last_proc       |
+-----------------------------------------------+
| Last procedure was p1                         |
+-----------------------------------------------+
```

5.3.4　注释

MySQL 存储过程可以使用两个横杠“--”或“/* */”来进行注释。

例5.46　在存储过程中使用两个横杠来注释，示例SQL语句及其执行结果如下：

```
mysql > delimiter //
mysql > create procedure proc1 -- name 存储过程名 (这是注释)
     -> (in parameter1 integer)
     -> begin
     -> declare variable1 char(10);
     -> if parameter1 = 17 then
     -> set variable1 = 'birds';
     -> else
     -> set variable1 = 'beasts';
    -> end if;
    -> insert into table1 values (variable1);
    -> end
    -> //
mysql > delimiter;
```

5.3.5 存储过程的修改和删除

修改存储过程的语法如下：

```
alter procedure 存储过程名称
```

删除存储过程的语法如下：

```
drop procedure 存储过程名称
```

5.3.6 存储过程的控制语句

1. 变量作用域

内部变量在其作用域范围内享有更高的优先权，当执行到 end 关键字时，内部变量会消失，此时已经在其作用域外了，变量不再可见了，因为在存储过程外再也找不到这个声明的变量，但是可以通过 out 参数或者赋值方式来保存会话变量的值。

例 5.47 变量作用域的示例 SQL 语句及其执行结果如下：

```
mysql > delimiter //
mysql > create procedure proc3()
     -> begin
     -> declare x1 varchar(3) default "aaa";
     -> begin
     -> declare x1 varchar(3) default "bbb";
      -> select x1;
      -> end;
       -> select x1;
     -> end;
     -> //
mysql > delimiter;
```

2. 条件语句

条件语句可以给定一个判断条件，并在程序执行过程中判断该条件是否成立，根据判断结果执行不同的操作，从而改变代码的执行顺序，以实现更多的功能。

（1）if-then-else 语句

if-then-else 的逻辑看似简单，功能却十分强大，它可以根据不同的条件执行不同的操作。

例5.48 if-then-else语句的示例SQL语句及其执行结果如下：

```
mysql > delimiter //
mysql > create procedure proc2(in parameter int)
     -> begin
     -> declare var int;
     -> set var=parameter+1;
     -> if var=0 then
     -> insert into t values(18);
     -> end if;
```

```
    -> if parameter=0 then
    -> update t set s1=s1+80;
    -> else
    -> update t set s1=s1+12;
    -> end if;
    -> end;
    -> //
mysql > delimiter;
```

（2）case 语句

在 MySQL 中，除了使用 if-then-else 语句外，还可以使用 case 语句来根据不同的条件执行不同的操作，case 语句相对于 if-then-else 更简洁。

例5.49　case语句的示例SQL语句及其执行结果如下：

```
mysql > delimiter //
mysql > create procedure proc3 (in parameter int)
    -> begin
    -> declare var int;
    -> set var=parameter+1;
    -> case var
    -> when 0 then
    -> insert into t values(17);
    -> when 1 then
    -> insert into t values(18);
    -> else
    -> insert into t values(19);
    -> end case;
    -> end;
    -> //
mysql > delimiter;
case
   when var=0 then
      insert into t values(30);
   when var>0 then
   when var<0 then
   else
end case
```

3. 循环语句

在实际问题中，有许多具有规律的重复操作，因此在程序中就需要重复执行某些语句，控制这些语句反复执行的语句就是循环语句。

（1）while 语句

while 语句是 MySQL 中的一种基本循环语句。当满足条件时进入循环体，当不满足条件时跳出循环体。

例5.50 while循环语句的示例SQL语句及其执行结果如下：

```
mysql > delimiter $
mysql > create procedure proc4()
    -> begin
    -> declare var int;
    -> set var=0;
    -> while var<6 do
    -> insert into t values(var);
    -> set var=var+1;
    -> end while;
    -> end;
    ->$
```

（2）loop 语句

在 MySQL 中，除了使用 while 语句外，还可以使用 loop 语句来处理重复的操作。在实际开发中，用户可以根据自己的喜好来选择。这两种语句除了语法不太一样外，实际效果是相同的。

例5.51 loop循环语句的示例SQL语句及其执行结果如下：

```
mysql > delimiter $
mysql > create procedure proc6 ()
    -> begin
    -> declare v int;
    -> set v=0;
    -> loop_lable:loop
    -> insert into t values(v);
    -> set v=v+1;
    -> if v >=5 then
    -> leave loop_lable;
    -> end if;
    -> end loop;
    -> end;
    -> //
mysql > delimiter;
```

5.4 游　　标

MySQL 在服务器端提供只读的、单向的游标，而且只能在存储过程或者更底层的客户端 API 中使用。因为 MySQL 游标中指向的对象都存储在临时表中，而不是指向数据库中对应的实际数据，所以 MySQL 游标总是只读的。

1. 游标的特性

- 不敏感：数据库可以选择不复制结果集。
- 只读。
- 不滚动和回滚：游标只能向同一方向前进，并且不可以跳过中间任何一行的数据。

2. 游标的优点

游标是针对行操作的，对从数据库中查询得到的结果集的每一行可以分开、独立地执行相同或者不相同的操作。

3. 游标的缺点

- 性能不高，只能一行一行地操作。
- 使用游标可能会产生死锁，造成内存开销过大。

4. 游标的适用场景

- 存储过程。
- 函数。
- 触发器。

例5.52 使用游标的示例SQL语句及其执行结果如下：

```
# 准备数据
create table student(
   stuId int primary key auto_increment,
   stuName varchar(20),
   stuSex varchar(2),
   stuAge int
)default charset=utf8;
# 创建一个普通游标，查询年龄大于 18 岁的学生信息
delimiter //
create procedure p1()
begin
   declare id int;
   declare name varchar(100) character set utf8;
   declare done int default 0;
   -- 声明游标
   declare mc cursor for select stuId,stuName from student where stuAge >18;
   declare continue handler for not found set done = 1;
   -- 打开游标
   open mc;
   -- 获取结果
   fetch mc into id,name;
   -- 这里是为了显示获取的结果
   select id,name;
   -- 关闭游标
   close mc;
end //
delimiter ;

# 创建游标结合 loop
 -- 定义语法结束符号
delimiter //
```

```
-- 创建一个名称为p2的存储过程
create procedure p2()
begin
    -- 声明用于接收游标指向的变量
    declare id,age,total int;
    -- 注意，接收游标指向的值为中文时，需要给变量指定字符集为utf8
    declare name,sex varchar(20) character set utf8;
    -- 游标结束的标志
    declare done int default 0;
    -- 声明游标
    declare cur cursor for select stuId,stuName,stuSex,stuAge from student where
stuAge > 18;
    -- 指定游标循环结束时的返回值
    declare continue handler for not found set done =1;
    -- 打开游标
    open cur;
    -- 初始化变量
    set total = 0;
    -- loop循环
    u:loop
        -- 根据游标当前指向的一条数据
        fetch cur into id,name,sex,age;
        -- 当游标的返回值为1时，退出loop循环
        if done = 1 then
            leave u;
        end if;
        -- 累计
        set total = total + 1;
    end loop;
    -- 关闭游标
    close cur;
    -- 输出累计的结果
    select total;
end //
delimiter ;
# 创建游标结合while
delimiter //
-- 创建一个名称为p3的存储过程
create procedure p3()
begin
    -- 声明用于接收游标指向值的变量
    declare id,age,total int;
    -- 注意，接收游标指向的值为中文时，需要给变量指定字符集为utf8
    declare name,sex varchar(20) character set utf8;
    -- 游标结束的标志
    declare done int default 0;
    -- 声明游标
```

```
    declare cur cursor for select stuId,stuName,stuSex,stuAge from student where
stuAge > 18;
    -- 指定游标循环结束时的返回值
    declare continue handler for not found set done = 1;
    -- 打开游标
    open cur;
    -- 初始化变量
    set total = 0;
    -- while 循环
    while done != 1 do
        fetch cur into id,name,sex,age;
          if done != 1 then
             set total = total + 1;
          end if;
    end while;
    -- 关闭游标
    close cur;
    -- 输出累计的结果
    select total;
  end //
  delimiter ;
```

5.5 字符集和排序规则

MySQL 支持多种字符集，使我们能够使用各种字符集来存储数据并根据排序规则进行字符或字符串的比较。MySQL服务器默认的字符集和排序规则是utf8mb4和utf8mb4_0900_ai_ci，不过我们可以根据具体情况为服务器、数据库、表和列指定字符集。字符集问题不仅会影响数据的存储，还会影响客户端程序和 MySQL 服务器之间的通信。如果希望客户端程序不使用默认的字符集与服务器通信，则需要指明是具体的字符集。例如，要使用 utf8 Unicode 字符集，在连接到服务器后执行以下语句：

```
set names 'utf8';
```

5.5.1 MySQL 中的字符集和排序规则

1. 字符集

MySQL 服务器支持多种字符集，包括多个 Unicode 字符集。可以使用 show character set 语句查询当前服务器支持的字符集。

例 5.53 使用 show character set 语句查询当前服务器支持的字符集，SQL 语句及其执行结果如下：

```
mysql> show character set;
+----------+---------------------------------+---------------------+--------+
| Charset  | Description                     | Default collation   | Maxlen |
+----------+---------------------------------+---------------------+--------+
```

```
| big5     | Big5 Traditional Chinese        | big5_chinese_ci     |    2 |
| dec8     | DEC West European               | dec8_swedish_ci     |    1 |
| cp850    | DOS West European               | cp850_general_ci    |    1 |
| hp8      | HP West European                | hp8_english_ci      |    1 |
| koi8r    | KOI8-R Relcom Russian           | koi8r_general_ci    |    1 |
| latin1   | cp1252 West European            | latin1_swedish_ci   |    1 |
| latin2   | ISO 8859-2 Central European     | latin2_general_ci   |    1 |
| swe7     | 7bit Swedish                    | swe7_swedish_ci     |    1 |
| ascii    | US ASCII                        | ascii_general_ci    |    1 |
| ujis     | EUC-JP Japanese                 | ujis_japanese_ci    |    3 |
| sjis     | Shift-JIS Japanese              | sjis_japanese_ci    |    2 |
| hebrew   | ISO 8859-8 Hebrew               | hebrew_general_ci   |    1 |
| tis620   | TIS620 Thai                     | tis620_thai_ci      |    1 |
| euckr    | EUC-KR Korean                   | euckr_korean_ci     |    2 |
| koi8u    | KOI8-U Ukrainian                | koi8u_general_ci    |    1 |
| gb2312   | GB2312 Simplified Chinese       | gb2312_chinese_ci   |    2 |
| greek    | ISO 8859-7 Greek                | greek_general_ci    |    1 |
| cp1250   | Windows Central European        | cp1250_general_ci   |    1 |
| gbk      | GBK Simplified Chinese          | gbk_chinese_ci      |    2 |
| latin5   | ISO 8859-9 Turkish              | latin5_turkish_ci   |    1 |
| armscii8 | ARMSCII-8 Armenian              | armscii8_general_ci |    1 |
| utf8     | UTF-8 Unicode                   | utf8_general_ci     |    3 |
| ucs2     | UCS-2 Unicode                   | ucs2_general_ci     |    2 |
| cp866    | DOS Russian                     | cp866_general_ci    |    1 |
| keybcs2  | DOS Kamenicky Czech-Slovak      | keybcs2_general_ci  |    1 |
| macce    | Mac Central European            | macce_general_ci    |    1 |
| macroman | Mac West European               | macroman_general_ci |    1 |
| cp852    | DOS Central European            | cp852_general_ci    |    1 |
| latin7   | ISO 8859-13 Baltic              | latin7_general_ci   |    1 |
| utf8mb4  | UTF-8 Unicode                   | utf8mb4_general_ci  |    4 |
| cp1251   | Windows Cyrillic                | cp1251_general_ci   |    1 |
| utf16    | UTF-16 Unicode                  | utf16_general_ci    |    4 |
| utf16le  | UTF-16LE Unicode                | utf16le_general_ci  |    4 |
| cp1256   | Windows Arabic                  | cp1256_general_ci   |    1 |
| cp1257   | Windows Baltic                  | cp1257_general_ci   |    1 |
| utf32    | UTF-32 Unicode                  | utf32_general_ci    |    4 |
| binary   | Binary pseudo charset           | binary              |    1 |
| geostd8  | GEOSTD8 Georgian                | geostd8_general_ci  |    1 |
| cp932    | SJIS for Windows Japanese       | cp932_japanese_ci   |    2 |
| eucjpms  | UJIS for Windows Japanese       | eucjpms_japanese_ci |    3 |
| gb18030  | China National Standard GB18030 | gb18030_chinese_ci  |    4 |
+----------+---------------------------------+---------------------+------+
41 rows in set (0.00 sec)
```

默认情况下，show character set语句会显示出所有可用的字符集。我们可以使用like或者where子句来指示要匹配的字符集名称。

例5.54　使用like子句匹配字符集名称utf%，示例SQL语句及其执行结果如下：

```
mysql> show character set like 'utf%';
+---------+------------------+--------------------+--------+
| Charset | Description      | Default collation  | Maxlen |
+---------+------------------+--------------------+--------+
| utf8    | UTF-8 Unicode    | utf8_general_ci    |      3 |
| utf8mb4 | UTF-8 Unicode    | utf8mb4_general_ci |      4 |
| utf16   | UTF-16 Unicode   | utf16_general_ci   |      4 |
| utf16le | UTF-16LE Unicode | utf16le_general_ci |      4 |
| utf32   | UTF-32 Unicode   | utf32_general_ci   |      4 |
+---------+------------------+--------------------+--------+
5 rows in set (0.00 sec)
```

2. 排序规则

一个给定的字符集至少有一个支持的排序规则，大多数字符集有几个支持的排序规则。

例5.55　查看默认字符集utf8mb4的排序规则，示例SQL语句及其执行结果如下：

```
mysql> show collation where charset = 'utf8mb4';
+----------------------+---------+-----+---------+----------+---------+
| Collation            | Charset | Id  | Default | Compiled | Sortlen |
+----------------------+---------+-----+---------+----------+---------+
| utf8mb4_general_ci   | utf8mb4 |  45 | Yes     | Yes      |       1 |
| utf8mb4_bin          | utf8mb4 |  46 |         | Yes      |       1 |
| utf8mb4_unicode_ci   | utf8mb4 | 224 |         | Yes      |       8 |
| utf8mb4_icelandic_ci | utf8mb4 | 225 |         | Yes      |       8 |
| utf8mb4_latvian_ci   | utf8mb4 | 226 |         | Yes      |       8 |
| utf8mb4_romanian_ci  | utf8mb4 | 227 |         | Yes      |       8 |
| utf8mb4_slovenian_ci | utf8mb4 | 228 |         | Yes      |       8 |
| utf8mb4_polish_ci    | utf8mb4 | 229 |         | Yes      |       8 |
| utf8mb4_estonian_ci  | utf8mb4 | 230 |         | Yes      |       8 |
| utf8mb4_spanish_ci   | utf8mb4 | 231 |         | Yes      |       8 |
| utf8mb4_swedish_ci   | utf8mb4 | 232 |         | Yes      |       8 |
| utf8mb4_turkish_ci   | utf8mb4 | 233 |         | Yes      |       8 |
| utf8mb4_czech_ci     | utf8mb4 | 234 |         | Yes      |       8 |
| utf8mb4_danish_ci    | utf8mb4 | 235 |         | Yes      |       8 |
| utf8mb4_lithuanian_ci| utf8mb4 | 236 |         | Yes      |       8 |
| utf8mb4_slovak_ci    | utf8mb4 | 237 |         | Yes      |       8 |
| utf8mb4_spanish2_ci  | utf8mb4 | 238 |         | Yes      |       8 |
| utf8mb4_roman_ci     | utf8mb4 | 239 |         | Yes      |       8 |
| utf8mb4_persian_ci   | utf8mb4 | 240 |         | Yes      |       8 |
| utf8mb4_esperanto_ci | utf8mb4 | 241 |         | Yes      |       8 |
| utf8mb4_hungarian_ci | utf8mb4 | 242 |         | Yes      |       8 |
| utf8mb4_sinhala_ci   | utf8mb4 | 243 |         | Yes      |       8 |
| utf8mb4_german2_ci   | utf8mb4 | 244 |         | Yes      |       8 |
| utf8mb4_croatian_ci  | utf8mb4 | 245 |         | Yes      |       8 |
| utf8mb4_unicode_520_ci | utf8mb4 | 246 |       | Yes      |       8 |
```

```
| utf8mb4_vietnamese_ci | utf8mb4  | 247 |       | Yes      |        8 |
+-----------------------+----------+-----+-------+----------+----------+
26 rows in set (0.00 sec)
```

需要注意的是，排序规则具有以下特征：

1）两个不同的字符集不能有相同的排序规则。

2）每个字符集都有一个默认的排序规则。

5.5.2 列字符集和排序规则

每个字符列（类型为 char、varchar、text 或任何同义词的列）都有一个列字符集和一个列排序规则，用于列定义的语法 create table 和 alter table 具有用于指定列的字符集和归类可选子句，语法如下：

```
col_name {char | varchar | text} (col_length)
    [character set charset_name]
    [collate collation_name]
```

例5.56 创建数据表时就指定好列字符集和排序规则，示例SQL语句如下：

```
create table t1
(
    col1 varchar(5)
      character set latin1
      collate latin1_german1_ci
);
```

例5.57 使用alter的方式修改数据表中的列字符集和排序规则，示例SQL语句如下：

```
alter table t1 modify
    col1 varchar(5)
    character set latin1
    collate latin1_swedish_ci;
```

5.5.3 使用 collate 指定查询排序规则

使用 collate 子句可以覆盖用于比较的任何默认排序规则。collate 可用于 SQL 语句的各个部分，示例如下。

例5.58 collate与order by结合查询排序规则，示例SQL语句如下：

```
select k
from t1
order by k collate latin1_german2_ci;
```

例5.59 collate与as结合查询排序规则，示例SQL语句如下：

```
select k collate latin1_german2_ci as k1
from t1
order by k1;
```

例5.60　collate与group by组合查询排序规则，示例SQL语句如下：

```
select k
from t1
group by k collate latin1_german2_ci;
```

例5.61　collate与聚合函数组合查询排序规则，示例SQL语句如下：

```
select max(k collate latin1_german2_ci)
from t1;
```

例5.62　collate与distinct组合查询排序规则，示例SQL语句如下：

```
select distinct k collate latin1_german2_ci
from t1;
```

例5.63　collate与where结合查询排序规则，示例SQL语句如下：

```
select *
from t1
where _latin1 'müller' collate latin1_german2_ci = k;
elect *
from t1
where k like _latin1 'müller' collate latin1_german2_ci;
```

例5.64　collate与having组合查询排序规则，示例SQL语句如下：

```
select k
from t1
group by k
having k = _latin1 'müller' collate latin1_german2_ci;
```

第 6 章

MySQL 创建高效的索引

本章主要内容：

- MySQL 索引介绍
- MySQL 索引的指导原则
- MySQL 索引的底层
- MySQL 索引的检索原理
- MySQL 索引的使用技巧
- MySQL 游标和字符集排序规则

本章将讲解 MySQL 的索引基本知识、各种索引的创建和使用。如果想要提升 SQL 语句的性能，学习本章尤为重要，本章包含索引的底层和检索原理，这是编写好 SQL 语句必须掌握的技能。

6.1 索　　引

索引（Index）是可以帮助 MySQL 高效获取数据的数据结构。索引的目的在于提高查询效率，可以将它与字典的目录类比，如果要查 mysql 这个单词，我们肯定要先定位到字母 m，然后从上往下查找字母 y，再查找剩下的 sql。如果没有索引，我们可能需要扫描整部字典，这会导致查询性能下降，所以使用索引是一种提升查询性能、快速高效地获取数据的方法。

数据库除了存储业务数据之外，还维护着一个满足特定查找算法的数据结构，这个数据结构以某种方式指向数据，这样就可以在数据结构的基础上实现高级查找算法，这种数据结构就是索引。一般来说，索引本身也很大，不可能全部存储在内存中，因此往往以索引文件的形式存储在磁盘上。

常用的索引有如下几类：

- 普通索引：基本索引类型，允许在定义索引的列中插入重复值和空值。
- 唯一索引：索引列数据不允许出现重复，但是允许有空值。

- 主键索引：要求主键列中的每个值是非空、唯一的。创建一个主键系统将会自动创建主键索引。
- 复合索引：将多个列组合作为索引。
- 前缀索引：只能作用于文本内容，也就是在 text、char、varchar 数据类型的列上创建前缀索引，可以指定索引列的长度。

下面是索引的基本操作。

（1）创建索引，[unique]可以省略

```
create [unique] index indexname on tabname(column1,column2);
```

只写一个字段就是单值索引，写多个字段就是复合索引。

（2）删除索引

```
drop index [indexname] on tabname;
```

（3）查看索引

```
show index from tabname \g;
```

（4）通过修改数据表的方式创建索引

```
# 该语句表示给数据表添加一个主键，系统会默认给此主键字段创建主键索引。这意味着索引值必须是唯一的，并且不能为null，需要注意的是多个字段也可以作为一个主键
alter table tabname add primary key(column_list);

# 该语句表示创建一个唯一索引，索引的值必须是唯一的（除了 null 之外）
alter table tabname add unique indexname(column_list);

# 该语句表示创建一个普通索引，索引值可以重复
alter table tabname add index indexname(column_list);

# 该语句表示创建一个前缀索引
alter table tabname add index(column(4));

# 该语句表示创建了一个 fulltext 索引，主要用于全文检索
alter table tabname add fulltext indexname(column_list);
```

操作示例如下。

例6.1 创建索引并对索引进行操作，示例SQL语句及其执行结果如下：

```
# 创建一个用户表
mysql> create table userinfo(
    -> id int not null,
    -> name varchar(100),
    -> address varchar(255),
    -> age int,
    -> cardid varchar(20)
    -> );
Query OK, 0 rows affected (0.00 sec)
```

```
# 创建 id 为主键索引
mysql> alter table userinfo  add primary key(id);
Query OK, 0 rows affected (0.00 sec)
Records: 0  Duplicates: 0  Warnings: 0
# 创建 cardid 为唯一索引
mysql> alter table userinfo  add  unique key inx_uq_cardid(cardid);
Query OK, 0 rows affected (0.00 sec)
Records: 0  Duplicates: 0  Warnings: 0

# 创建 address 为普通索引
mysql> alter table userinfo  add index inx_address(address);
Query OK, 0 rows affected (0.01 sec)
Records: 0  Duplicates: 0  Warnings: 0
# 创建 name 和 address 为复合索引
mysql> alter table userinfo  add index inx_name_address(name,address);
Query OK, 0 rows affected (0.01 sec)
Records: 0  Duplicates: 0  Warnings: 0
# 查询当前用户表中所有索引的详细情况
mysql> show index from userinfo \G;
*************************** 1. row ***************************
        Table: userinfo
   Non_unique: 0
     Key_name: PRIMARY
 Seq_in_index: 1
  Column_name: id
    Collation: A
  Cardinality: 0
     Sub_part: NULL
       Packed: NULL
         Null:
   Index_type: BTREE
      Comment:
Index_comment:
*************************** 2. row ***************************
        Table: userinfo
   Non_unique: 0
     Key_name: inx_uq_cardid
 Seq_in_index: 1
  Column_name: cardid
    Collation: A
  Cardinality: 0
     Sub_part: NULL
       Packed: NULL
         Null: YES
   Index_type: BTREE
      Comment:
Index_comment:
*************************** 3. row ***************************
```

```
       Table: userinfo
  Non_unique: 1
    Key_name: inx_address
Seq_in_index: 1
 Column_name: address
   Collation: A
 Cardinality: 0
    Sub_part: NULL
      Packed: NULL
        Null: YES
  Index_type: BTREE
     Comment:
Index_comment:
*************************** 4. row ***************************
       Table: userinfo
  Non_unique: 1
    Key_name: inx_name_address
Seq_in_index: 1
 Column_name: name
   Collation: A
 Cardinality: 0
    Sub_part: NULL
      Packed: NULL
        Null: YES
  Index_type: BTREE
     Comment:
Index_comment:
*************************** 5. row ***************************
       Table: userinfo
  Non_unique: 1
    Key_name: inx_name_address
Seq_in_index: 2
 Column_name: address
   Collation: A
 Cardinality: 0
    Sub_part: NULL
      Packed: NULL
        Null: YES
  Index_type: BTREE
     Comment:
Index_comment:
5 rows in set (0.00 sec)
```

6.2 创建索引的指导原则

MySQL 在以下操作中使用索引：

- 快速查找与 where 子句匹配的行。
- 如果在多个索引之间进行选择，MySQL 通常选择使用查找最少行数的索引。
- 如果数据表具有多列索引，则优化器可以使用索引的任何最左前缀来查找数据。例如，如果在（col1, col2, col3）上有一个 3 列索引，则在使用(col1)、(col1, col2)和(col1, col2, col3)的查询功能时都能使用索引（最左匹配原则）。
- 如果需要进行类型转换才能比较值，则不同数据类型的列进行比较（例如，将字符串列与数字列进行比较）时可能会阻止使用索引。
- 如果查询仅使用某个索引中包含的列，则可以直接从索引树中检索所选值，以提高查询效率（索引覆盖）。

当查询需要访问表中的大多数行时，那么按顺序读取比使用索引更快，因为顺序读取可以最大限度地减少磁盘搜索。

6.3 B-Tree 索引和哈希索引的比较

MySQL 支持索引的数据结构有两种：一种是哈希，另一种是 B-Tree（默认的索引存储结构）。

1. B-Tree 索引

图 6-1 是 B-Tree 存储索引的示例图。

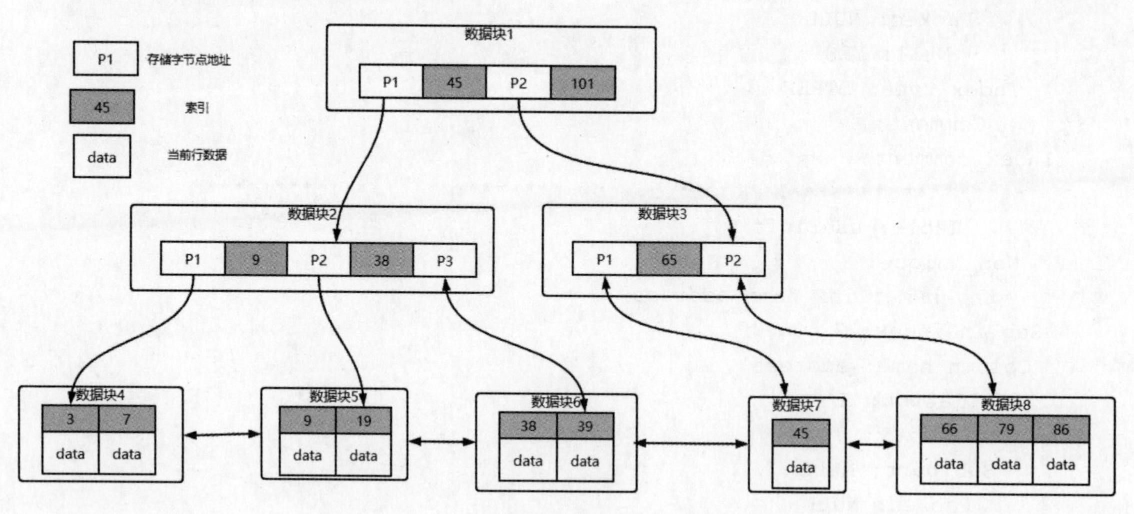

图 6-1 B-Tree 存储索引的示例图

B-Tree 存储索引具有如下特性：

- 所有关键字都出现在叶子节点的链表中，并且链表中的关键字恰好是有序的。
- 非叶子节点相当于叶子节点的索引，叶子节点相当于存储关键字数据的数据层。非根节点存储的其实是指向根节点的索引。
- 数据值存储在树的末梢（即存储在叶子节点中）。
- 根节点横向也有链指针（方便范围查询、分页查询）。

通过上面几点可以发现 B-Tree 类型适合在某一叶子节点到另一叶子节点范围内进行查找，例如用于<、>、orderby 等应用场景中。

2. 哈希索引

哈希索引是一种检索效率非常高的精确定位索引。哈希索引不像 B-Tree 索引需要从根节点到子节点进行多次访问才能访问到叶子节点，所以哈希索引的查询效率要远高于 B-Tree 索引，它会将计算出的哈希值和对应的行指针信息记录在哈希表中。虽然哈希索引效率很高，但是同样有很多弊端和限制。哈希索引的特征如下：

- 哈希索引仅能满足“=”“in”和“<=>”查询，不能使用范围查询。
- 哈希索引无法避免数据的排序操作。
- 哈希索引不能利用部分索引键查询。
- 哈希索引在任何时候都不能避免表的扫描查找（遇到重复哈希值的情况）。
- 只能使用整个键来搜索一行。

6.4　高效 SQL 必备分析利器的执行计划分析

在日常工作中，有时会使用慢查询去记录一些执行时间比较长的 SQL 语句，找出这些 SQL 语句后，使用 explain 命令来分析这些 SQL 语句的执行计划，查看该 SQL 语句有没有使用索引，有没有做全表扫描。explain 命令可以帮助我们深入了解 MySQL 基于开销的优化器，还可以获得很多可能被优化器考虑到的访问策略的细节，以及当运行 SQL 语句时哪种策略预计会被优化器采用。因此，使用 explain 命令来了解执行计划是我们优化 SQL 必备的手段。explain 命令可以解决以下问题：

1）数据表的读取顺序是什么。
2）数据读取操作有哪些操作类型。
3）哪些索引可以被使用。
4）哪些索引被实际使用。
5）数据表之间如何引用。
6）每张数据表有多少行被优化器查询。

接下来将通过示例来深入地理解和学习 explain 命令。

例 6.2　使用 explain 命令来了解执行计划。
首先进行数据准备，示例 SQL 语句如下：

```
# 创建学科数据表
create table subject(
  id int(10) auto_increment,
  name varchar(20),
  teacher_id int(10),
  primary key (id),
  index idx_teacher_id (teacher_id));
```

```
# 创建教师表
create table teacher(
  id int(10) auto_increment,
  name varchar(20),
  teacher_no varchar(20),
  primary key (id),
  unique index unx_teacher_no (teacher_no(20)));
# 创建学生表
create table student(
  id int(10) auto_increment,
  name varchar(20),
  student_no varchar(20),
  primary key (id),
  unique index unx_student_no (student_no(20)));
# 创建学生成绩表
create table student_score(
  id int(10) auto_increment,
  student_id int(10),
  subject_id int(10),
  score int(10),
  primary key (id),
  index idx_student_id (student_id),
  index idx_subject_id (subject_id));
# 在教师表中增加 name 字段为普通索引
alter table teacher add index idx_name(name(20));
# 数据填充
 insert into student(name,student_no) values
('zhangsan','20200001'),('lisi','20200002'),('yan','20200003'),('dede',
'20200004');
 insert into teacher(name,teacher_no) values
('wangsi','T2010001'),('sunsi','T2010002'),('jiangsi','T2010003'),
('zhousi','T2010004');
 insert into subject(name,teacher_id) values
('math',1),('Chinese',2),('English',3),('history'4);
insert into student_score(student_id,subject_id,score) values
(1,1,90),(1,2,60),(1,3,80),(1,4,100),(2,4,60),(2,3,50),(2,2,80),(2,1,90),
(3,1,90),(3,4,100),(4,1,40),(4,2,80),(4,3,80),(4,5,100);
```

接着使用explain命令分析select * from subject语句，看看能得到什么结果，示例SQL语句如下：

```
mysql> explain select * from subject \G;
************************** 1. row ***************************
           id: 1
  select_type: SIMPLE
        table: subject
   partitions: NULL
```

```
         type: ALL
possible_keys: NULL
          key: NULL
      key_len: NULL
          ref: NULL
         rows: 4
     filtered: 100.00
        Extra: NULL
1 row in set, 1 warning (0.00 sec)
```

从上面的结构可以看出，explain输出了很多列，每一列中字段的意义如下：

- id：表示 select 查询的序列号，包含一组数字，也就是查询中执行 select 子句或操作表的顺序。
- select_type：表示查询类型。
- table：表示正在访问哪张数据表。
- partitions：表示匹配的分区。
- type：表示访问的类型。
- possible_keys：表示显示可能应用在这张表中的一个或多个索引，但不一定会实际用到。
- key：表示实际用到的索引，如果为 NULL，则没有使用索引。
- key_len：表示索引中使用的字节数，可以通过该列计算查询中使用的索引的长度。
- ref：表示显示索引的哪一列被使用了，一般是一个常数。
- rows：表示根据数据表统计信息及索引的选用情况大致估算出所需记录的读取行数。
- filtered：表示查询的表行占数据表的百分比。
- Extra：表示包含不适合在其他列中显示但又十分重要的额外信息。

1. id 列

1）如果 id 的值都相同，则表示执行顺序是从上到下；如果 id 的值不同，则 id 的值越大优先级越高，越先被执行。

例6.3 出现多行id，且id值相同，示例SQL语句如下：

```
mysql> explain select subject.* from subject,student_score,teacher where
subject.id = student_id and subject.teacher_id = teacher.id \G;
*************************** 1. row ***************************
           id: 1
  select_type: SIMPLE
        table: subject
   partitions: NULL
         type: ALL
possible_keys: PRIMARY,idx_teacher_id
          key: NULL
      key_len: NULL
          ref: NULL
         rows: 4
     filtered: 100.00
```

```
        Extra: Using where
*************************** 2. row ***************************
           id: 1
  select_type: SIMPLE
        table: teacher
   partitions: NULL
         type: eq_ref
possible_keys: PRIMARY
          key: PRIMARY
      key_len: 4
          ref: demo.subject.teacher_id
         rows: 1
     filtered: 100.00
        Extra: Using index
*************************** 3. row ***************************
           id: 1
  select_type: SIMPLE
        table: student_score
   partitions: NULL
         type: ref
possible_keys: idx_student_id
          key: idx_student_id
      key_len: 5
          ref: demo.subject.id
         rows: 1
     filtered: 100.00
        Extra: Using index
3 rows in set, 1 warning (0.00 sec)
```

通过上面的返回结果可以看出，3 张表的 id 值都是 1，查询数据库时，将按顺序从上往下执行，查询表的顺序是 subject > teacher > student_score。

2）如果出现多行 id，其值有的相同，有的不同，可以认为相同 id 的是一组，在同一组中从上往下顺序执行。不同的组 id 值越大，优先级越高，越先执行。

例6.4 出现多行id，且id值不相同，示例SQL语句如下：

```
mysql> explain select subject.* from subject left join teacher on
subject.teacher_id = teacher.id
    -> union
    -> select subject.* from subject right join teacher on subject.teacher_id
= teacher.id \G;
*************************** 1. row ***************************
           id: 1
  select_type: PRIMARY
        table: subject
   partitions: NULL
         type: ALL
```

```
possible_keys: NULL
          key: NULL
      key_len: NULL
          ref: NULL
         rows: 4
     filtered: 100.00
        Extra: NULL
*************************** 2. row ***************************
           id: 1
  select_type: PRIMARY
        table: teacher
   partitions: NULL
         type: eq_ref
possible_keys: PRIMARY
          key: PRIMARY
      key_len: 4
          ref: demo.subject.teacher_id
         rows: 1
     filtered: 100.00
        Extra: Using index
*************************** 3. row ***************************
           id: 2
  select_type: UNION
        table: teacher
   partitions: NULL
         type: index
possible_keys: NULL
          key: unx_teacher_no
      key_len: 23
          ref: NULL
         rows: 4
     filtered: 100.00
        Extra: Using index
*************************** 4. row ***************************
           id: 2
  select_type: UNION
        table: subject
   partitions: NULL
         type: ALL
possible_keys: idx_teacher_id
          key: NULL
      key_len: NULL
          ref: NULL
         rows: 4
     filtered: 100.00
        Extra: Using where; Using join buffer (Block Nested Loop)
*************************** 5. row ***************************
```

```
         id: NULL
  select_type: UNION RESULT
        table: <union1,2>
   partitions: NULL
         type: ALL
possible_keys: NULL
          key: NULL
      key_len: NULL
          ref: NULL
         rows: NULL
     filtered: NULL
        Extra: Using temporary
5 rows in set, 1 warning (0.00 sec)
```

从上面的结果可以看出，id 值依次是 subject（primary）=1、teacher（primary）=1、teacher（union）=2、subject（union）=2，所以表的查询顺序是 teacher（union）>subject（union）>subject（primary）>teacher（primary）。

2. select_type 字段

1）select_type=SIMPLE，表示此 SQL 语句是简单查询，不包含子查询或 union 查询。

例6.5 select_type=SIMPLE的示例SQL语句及其执行结果如下：

```
mysql> explain select subject.* from subject,student_score,teacher where
subject.id = student_id and subject.teacher_id = teacher.id \G;
*************************** 1. row ***************************
           id: 1
  select_type: SIMPLE
        table: teacher
   partitions: NULL
         type: index
possible_keys: PRIMARY
          key: unx_teacher_no
      key_len: 23
          ref: NULL
         rows: 4
     filtered: 100.00
        Extra: Using index
*************************** 2. row ***************************
           id: 1
  select_type: SIMPLE
        table: subject
   partitions: NULL
         type: ALL
possible_keys: PRIMARY,idx_teacher_id
          key: NULL
      key_len: NULL
```

```
          ref: NULL
         rows: 4
     filtered: 25.00
        Extra: Using where; Using join buffer (Block Nested Loop)
*************************** 3. row ***************************
           id: 1
  select_type: SIMPLE
        table: student_score
   partitions: NULL
         type: ref
possible_keys: idx_student_id
          key: idx_student_id
      key_len: 5
          ref: demo.subject.id
         rows: 1
     filtered: 100.00
        Extra: Using index
3 rows in set, 1 warning (0.00 sec)
```

从上面的结果可以看出，3 行数据的 select_type 都是 SIMPLE，说明这 3 张表都进行了简单查询。

2）select_type=primary，表示查询中包含任何复杂的子部分，最外层查询被标记为主查询。

例6.6　select_type=primary的示例SQL语句及其执行结果如下：

```
mysql> explain select score.* from student_score as score where subject_id = (select id from subject where teacher_id = (select id from teacher where id = 2)) \G;
*************************** 1. row ***************************
           id: 1
  select_type: PRIMARY
        table: student_score
   partitions: NULL
         type: ref
possible_keys: idx_subject_id
          key: idx_subject_id
      key_len: 5
          ref: const
         rows: 3
     filtered: 100.00
        Extra: Using where
*************************** 2. row ***************************
           id: 2
  select_type: SUBQUERY
        table: subject
   partitions: NULL
         type: ref
possible_keys: idx_teacher_id
          key: idx_teacher_id
```

```
     key_len: 5
         ref: const
        rows: 1
    filtered: 100.00
       Extra: Using where; Using index
*************************** 3. row ***************************
          id: 3
  select_type: SUBQUERY
       table: teacher
   partitions: NULL
        type: const
possible_keys: PRIMARY
         key: PRIMARY
     key_len: 4
         ref: const
        rows: 1
    filtered: 100.00
       Extra: Using index
3 rows in set, 1 warning (0.01 sec)
```

通过上面的结果可以看出， score 表的 select_type 等于 primary，所以上述 SQL 语句中 student_score 表被作为主表进行查询。

表 6-1 为 select_type 的每种值表示的含义。

表 6-1　select_type 的每种值表示的含义

select_type值	含义
simple	表示简单 select（不使用 union 或子查询）
primary	表示最外层查询被标记为主查询
union	表示若第二个 select 出现在 union 之后，则被标记为 union
dependent union	表示 select 语句中的第二个或后面的 union 会被标记为此类型
union result	表示 union 的结果集
dependent subquery	表示 select 在子查询中，依赖于外部查询
derived	表示在 from 列表中包含的子查询被标记为 derived（派生）
dependent derived	表示派生表依赖于另一个表
materialized	表示物化子查询
uncacheable subquery	表示子查询无法缓存结果并且必须为外部查询的每一行重新评估

3. type 字段

1）type=null，表示 MySQL 能够在优化阶段分解查询语句，在执行阶段不用再访问数据表或通过索引就可以查询出结果。

例6.7　type=null的示例SQL语句及其执行结果如下：

```
mysql> explain select min(id) from subject \G;
*************************** 1. row ***************************
          id: 1
```

```
  select_type: SIMPLE
        table: NULL
   partitions: NULL
         type: NULL
possible_keys: NULL
          key: NULL
      key_len: NULL
          ref: NULL
         rows: NULL
     filtered: NULL
        Extra: Select tables optimized away
1 row in set, 1 warning (0.00 sec)
```

从上面的结果可以看出，查询最小 id 的时候，type=null，说明此语句被优化，不需要查询表或索引就可以查询出结果。

2）type=all，表示此 SQL 语句的所有数据都是从硬盘上扫描整个数据表获得的，这种方式的性能是最差的。

例6.8　type=all的示例SQL语句及其执行结果如下：

```
mysql> explain select * from subject \G;
*************************** 1. row ***************************
           id: 1
  select_type: SIMPLE
        table: subject
   partitions: NULL
         type: ALL
possible_keys: NULL
          key: NULL
      key_len: NULL
          ref: NULL
         rows: 4
     filtered: 100.00
        Extra: NULL
1 row in set, 1 warning (0.00 sec)
```

从上面的结果可以看出，查询 subject 表时没有使用任何 where 子句来筛选，所以没有用到任何索引，此语句的结果是通过在硬盘上进行全表扫描获得的，在业务开发中应尽量避免采用这种方式查询。

3）type=index，表示此 SQL 语句先用索引获得了数据指针，再去查询原始数据，或者直接从索引中得到结果。一般情况下，这种方式比全表扫描速度更快，性能更高。

例6.9　type=index的示例SQL语句及其执行结果如下：

```
mysql> explain select id from subject \G;
*************************** 1. row ***************************
           id: 1
  select_type: SIMPLE
```

```
        table: subject
   partitions: NULL
         type: index
possible_keys: NULL
          key: idx_teacher_id
      key_len: 5
          ref: NULL
         rows: 4
     filtered: 100.00
        Extra: Using index
1 row in set, 1 warning (0.00 sec)
```

从上面的结果可以看出，type=index 表示查询了索引，尽管这条 SQL 语句没有使用 where 等子句，但是查询的字段是 id，而 id 是此表的主键，默认是聚集索引，所以经过优化器分析，这些数据可以全部来源于索引数据，不需要在原始表中查询，也就是说不需要扫描索引。

4）type=ref，表示非唯一性索引扫描，返回匹配某个单独值的所有行。type=ref 本质上也是一种索引访问，返回所有匹配某个单独值的行。这种扫描可能会找到多个符合条件的行，此扫描方式属于查找和扫描的混合体。

例6.10　type=ref的示例SQL语句及其执行结果如下：

```
mysql> explain select * from subject where teacher_id=9 \G;
*************************** 1. row ***************************
           id: 1
  select_type: SIMPLE
        table: subject
   partitions: NULL
         type: ref
possible_keys: idx_teacher_id
          key: idx_teacher_id
      key_len: 5
          ref: const
         rows: 1
     filtered: 100.00
        Extra: NULL
1 row in set, 1 warning (0.00 sec)
```

表 6-2 所示是每种 type 值表示的含义。

表 6-2　每种 type 值表示的含义

type值	含义
null	表示 MySQL 能够在优化阶段分解查询语句，在执行阶段不用再访问表或索引
system	表示数据表只有一行记录（等于系统表），这是 const 类型的特例，一般的 SQL 语句出现概率很小
const	表示通过索引一次就找到了结果，const 用于比较 primary key 或 unique 索引，因为只匹配一行数据，所以很快，如主键置于 where 列表中，MySQL 就能将该查询转换为一个常量

（续）

type值	含义
eq_ref	表示匹配的分区
ref	表示非唯一性索引扫描，返回匹配某个单独值的所有行
ref_or_null	类似于 ref，但是可以搜索值为 null 的行
index_merge	表示使用了索引合并的优化方法
range	表示只检索给定范围的数据行，使用一个索引来选择行，key 列显示使用了哪个索引。一般就是在 where 子句中出现 between、<>、in 等的查询
index	表示查询只遍历索引树，通常比使用 all 快
all	表示将遍历全数据表以找到匹配的行

以上几种值的查询性能由快到慢依次为：

```
null>system>const>eq_ref>ref>ref_or_null>index_merge>range>index>all;
```

4. table 字段

此字段用于查询数据来源于哪张表。

例6.11　table字段的示例SQL语句及其执行结果如下：

```
mysql> explain select id from subject  \G;
*************************** 1. row ***************************
           id: 1
  select_type: SIMPLE
        table: subject
   partitions: NULL
         type: index
possible_keys: NULL
          key: idx_teacher_id
      key_len: 5
          ref: NULL
         rows: 4
     filtered: 100.00
        Extra: Using index
1 row in set, 1 warning (0.00 sec)
```

通过 table 字段的值就能发现此语句会去查询哪张表。

5. possible_keys 字段

此字段表示可能应用在这张表中的索引有一个或多个。查询涉及的字段若存在索引，则该索引将被列出，但不一定被实际使用。

例6.12　possible_keys字段的示例SQL语句及其执行结果如下：

```
mysql> explain select * from subject where teacher_id=9 \G;
*************************** 1. row ***************************
           id: 1
  select_type: SIMPLE
```

```
        table: subject
   partitions: NULL
         type: ref
possible_keys: idx_teacher_id
          key: idx_teacher_id
      key_len: 5
          ref: const
         rows: 1
     filtered: 100.00
        Extra: NULL
1 row in set, 1 warning (0.00 sec)
```

可以看出此语句可能用到了 idx_teacher_id 索引，但只是猜测。

6. key 字段

表示实际使用到的索引，如果为 null，则没有使用索引。查询中若使用了覆盖索引（查询的列刚好是索引），则该索引仅出现在 key 列表中。

例6.13 Key字段的示例SQL语句及其执行结果如下：

```
mysql> explain select * from subject where teacher_id=9 \G;
*************************** 1. row ***************************
           id: 1
  select_type: SIMPLE
        table: subject
   partitions: NULL
         type: ref
possible_keys: idx_teacher_id
          key: idx_teacher_id
      key_len: 5
          ref: const
         rows: 1
     filtered: 100.00
        Extra: NULL
1 row in set, 1 warning (0.00 sec)
```

由此结果可以看出，此语句用到了索引 idx_teacher_id。

7. key_len 字段

表示索引中使用的字节数，可通过该列计算查询中使用的索引的长度。在不损失精确度的情况下，长度越短越好。key_len 显示的值为索引字段最大的可能长度，并非实际使用长度，即 key_len 是根据定义计算而得到的，不是通过表内检索出的。

例6.14 key_len字段的示例SQL语句及其执行结果如下：

```
mysql> explain  select * from teacher where name='sunsi' \G;
*************************** 1. row ***************************
           id: 1
```

```
   select_type: SIMPLE
         table: teacher
    partitions: NULL
          type: ref
possible_keys: idx_name
           key: idx_name
       key_len: 63
           ref: const
          rows: 1
      filtered: 100.00
         Extra: NULL
1 row in set, 1 warning (0.00 sec)
```

可以看出此 SQL 查询用到了索引 idx_name，而且使用索引的长度是 63。

下面介绍影响索引长度的因素和索引使用字节数的计算方式。

（1）影响索引长度的因素

- 列长度。
- 列是否为空，如 null(+1)、not null(+0)。
- 字符集，如 utf8mb4=4、utf8=3、gbk=2、latin1=1。
- 列类型为字符，如 varchar(+2)、char(+0)。
- int 占 4 字节。
- bigint 占 8 字节。

（2）计算公式

key_len= (表字符集长度) * 列长度 + 1（null）+ 2（变长列）

计算示例如下：

① charact_set=utf8, char(50), null
　key_len=(3*50+1+0)=151

② charact_set=utf8, char(50), not null
　key_len=(3*50+0+0)=150

③ charact_set=utf8, varchar(50), null
　key_len=(3*50+1+2)=153

8. ref 字段

表示哪些列或常量与 key 列中显示的索引进行比较，以从数据表中选择行。

例6.15　ref字段的示例SQL语句及其执行结果如下：

```
mysql> explain  select * from teacher where name='sunsi' \G;
*************************** 1. row ***************************
           id: 1
  select_type: SIMPLE
        table: teacher
   partitions: NULL
```

```
         type: ref
possible_keys: idx_name
          key: idx_name
      key_len: 63
          ref: const
         rows: 1
     filtered: 100.00
        Extra: NULL
1 row in set, 1 warning (0.00 sec)
```

如上所示，ref 是一个常量，表示语句通过索引 idx_name 与常量比较，使用 idx_name 值从数据表中选择数据行。

9. row 字段

表示根据数据表统计信息及索引选用情况大致估算所需的记录需要读取的行数。

例6.16 row字段的示例SQL语句及其执行结果如下：

```
mysql> explain  select * from teacher  \G;
*************************** 1. row ***************************
           id: 1
  select_type: SIMPLE
        table: teacher
   partitions: NULL
         type: ALL
possible_keys: NULL
          key: NULL
      key_len: NULL
          ref: NULL
         rows: 4
     filtered: 100.00
        Extra: NULL
1 row in set, 1 warning (0.00 sec)
```

此语句表示进行全表扫描，扫描数量是 4 行，而此数据表的数量也刚好是 4 行。在优化 SQL 的时候，数据条数越少，表示查询速度越快。

10. partitions 字段

表示查询的数据从哪些分区获取。如果使用了分区，则尽量让此字段有值。这样就只需要查询数据表中的一部分数据。

例6.17 partitions字段的示例SQL语句及其执行结果如下：

```
# 创建表 hash_part，对字段 id 以哈希方式分为 3 个分区
create table if not exists `hash_part` (
    `id` int(11) not null ,
    `comment` varchar(1000) not null default '' ,
    `ip` varchar(25) not null default '' ,
    primary key (`id`)
```

```
) engine=innodb  default charset=utf8 auto_increment=1
partition by hash(id)
partitions 3;
# 插入数据
insert into hash_part values(1,'aaa','192.168.3.2');
insert into hash_part values(2,'bbb','192.168.3.2');
insert into hash_part values(3,'ccc','192.168.3.2');
insert into hash_part values(4,'ddd','192.168.3.2');
# 没有 where 子句的查询
mysql> explain select * from hash_part \G;
*************************** 1. row ***************************
           id: 1
  select_type: SIMPLE
        table: hash_part
   partitions: p0,p1,p2
         type: ALL
possible_keys: NULL
          key: NULL
      key_len: NULL
          ref: NULL
         rows: 4
     filtered: 100.00
        Extra: NULL
1 row in set, 1 warning (0.00 sec)
```

如上所示，partitions字段为p0,p1,p2，说明扫描了所有的分区。

```
# 根据分区的 id 来筛选
mysql> explain select * from hash_part where id=1 \G;
*************************** 1. row ***************************
           id: 1
  select_type: SIMPLE
        table: hash_part
   partitions: p1
         type: const
possible_keys: PRIMARY
          key: PRIMARY
      key_len: 4
          ref: const
         rows: 1
     filtered: 100.00
        Extra: NULL
1 row in set, 1 warning (0.00 sec)
```

如上所示，partitions 字段为 p1，说明只从 p1 分区中查询了数据。

如果对数据表进行了分区，那么在查询时让 partitions 字段中的分区数量尽可能地小，这样就能提高查询效率。

11. extra 字段

extra 字段包含不适合在其他列中显示但又十分重要的一些额外信息。

1）extra=using filesort，表示 MySQL 会对数据使用一个外部的索引排序，而不是按照表内的索引顺序进行读取。

例6.18　extra=using filesort的示例SQL语句及其执行结果如下：

```
mysql> explain select * from subject order by name \G;
*************************** 1. row ***************************
           id: 1
  select_type: SIMPLE
        table: subject
   partitions: NULL
         type: ALL
possible_keys: NULL
          key: NULL
      key_len: NULL
          ref: NULL
         rows: 4
     filtered: 100.00
        Extra: Using filesort
1 row in set, 1 warning (0.00 sec)
```

如上查询 subject 数据需要排序输出。这个排序字段不是索引字段（如果是索引字段，则需要判断 key 字段的值是否和排序字段一致），所以使用了外部排序。

2）extra=distinct，表示一旦 MySQL 找到了与数据表中行列值相匹配的行数据，就不再继续搜索了。

例6.19　extra= distinct的示例SQL语句及其执行结果如下：

```
mysql> explain select distinct teacher.name from teacher left join subject on
teacher.id = subject.teacher_id \G;
*************************** 1. row ***************************
           id: 1
  select_type: SIMPLE
        table: teacher
   partitions: NULL
         type: index
possible_keys: idx_name
          key: idx_name
      key_len: 63
          ref: NULL
         rows: 4
     filtered: 100.00
        Extra: Using index; Using temporary
*************************** 2. row ***************************
           id: 1
  select_type: SIMPLE
```

```
        table: subject
   partitions: NULL
         type: ref
possible_keys: idx_teacher_id
          key: idx_teacher_id
      key_len: 5
          ref: demo.teacher.id
         rows: 1
     filtered: 100.00
        Extra: Using index; Distinct
2 rows in set, 1 warning (0.00 sec)
```

如上所示，teacher 表和 subject 表连接查询，根据 teacher_id 和 extra 字段的值可以看出，subject 表与 teacher 表在连接查询的时候，只要找到一行数据就不再继续查询其他数据。

表 6-3 所示是 extra 值表示的含义。

表 6-3　extra 值及其含义

extra值	含义
using filesort	表示 MySQL 会对数据使用一个外部的索引排序，而不是按照表内的索引顺序进行读取
using temporary	表示使用了临时表保存中间结果，MySQL 在对结果排序时使用临时表，常见于排序（order by）和分组查询（group by）
using index	表示相应的 select 操作中使用了覆盖索引，避免访问表的数据行，效率比较高。如果同时出现 using where，则表明索引被用来执行索引键值的查找。如果没有同时出现 using where，则表明索引用来读取数据而非执行查找动作
using where	表示使用了 where 子句
using join buffer	表示使用了连接缓存
impossible where	表示 where 子句的值总是 false，不能用来获取任何数据
distinct	表示一旦 MySQL 找到了相匹配的数据行，就不再进行搜索
select tables optimized away	表示 MySQL 根本没有遍历表或索引就返回数据了，select 操作已经优化到不能再优化了

6.5　高效 SQL 的索引检索原理

前面已经介绍了索引的创建、索引的分类，以及通过分析执行计划来查询是否使用了索引、是否可以优化。接下来将学习索引查询的底层原理。下面所有的示例都是以 InnoDB 存储下的索引来进行分析的。

6.5.1　主键索引

主键索引又叫聚簇索引，它使用 B-Tree 构建，叶子节点存储的是数据表的某一行数据。当表没有创建主键索引时，InnoDB 存储引擎会自动创建一个 ROWID（占用 6 字节）字段用于构建聚簇索引。具体规则如下：

1）在数据表上定义主键，InnoDB 默认会将主键索引用作聚簇索引。

2）如果数据表没有定义主键，InnoDB 存储引擎会选择第一个不为 null 的唯一索引列用作聚簇索引。

3）如果以上两个都没有，InnoDB 存储引擎会使用一个 6 字节长整型的隐式字段（ROWID 字段）构建聚簇索引。该 ROWID 字段会在插入新行时自动递增。

下面通过示例来分析主键索引检索数据的逻辑。

例6.20　主键索引检索数据的逻辑分析。

```
# 创建 student 表
create table `student` (
  `id` int(11) not null auto_increment,
  `name` varchar(100) character set utf8 collate utf8_general_ci not null,
  `age` int(11) null default null,
  primary key (`id`) using btree,
  index `index_age`(`age`) using btree
) engine = innodb auto_increment = 66 character set = utf8 collate =
utf8_general_ci row_format = compact;
```

通过上面的语句可以看出，id 是主键，也会被默认作为主键索引（聚簇索引），而 age 字段被创建为普通索引，这两个字段的索引都是以 B-Tree 的结构存储的。所以目前 student 表的索引树有两棵，一棵是 id 的主键索引树，另一棵是 age 的普通索引树。

图 6-2 所示是 id 的主键索引树。

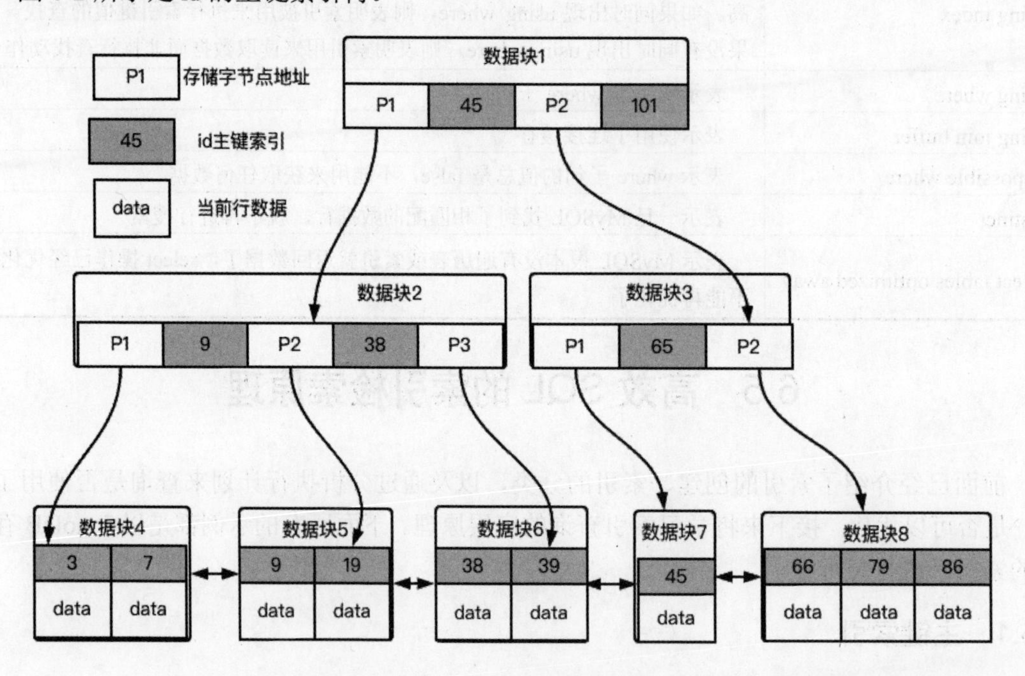

图 6-2　id 的主键索引树

其中，p1、p2 等表示的是存储子节点的地址信息（指针）；45、101 等表示的是主键，也就是 id 字段的值；data 表示主键对应行的数据（当前行的所有字段值）。

如图 6-3 所示是 age 的普通索引树。

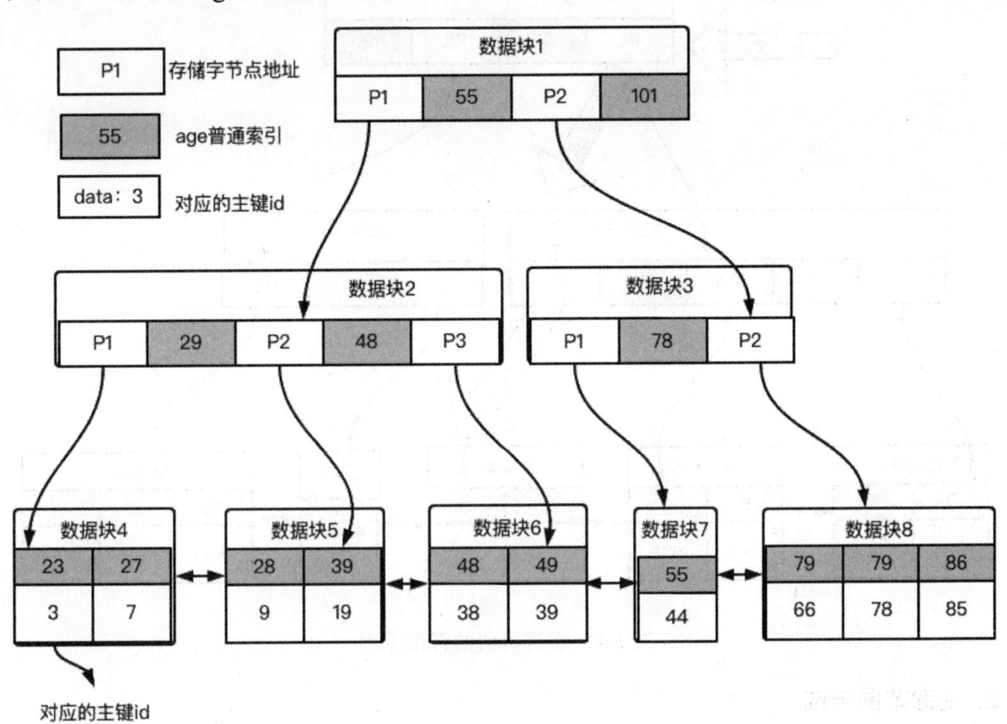

图 6-3　age 的普通索引树

其中，p1、p2 等表示的是存储子节点的地址信息（指针）；55、101 等表示的是索引值，也就是 age 字段的值。

1. 主键等值查询

根据上述 id 的主键索引树，我们将解析主键等值查询所经历的过程。

例6.21　查询id=39的行数据，示例SQL语句如下：

```
select * from student where id = 39;
```

因为 id 是主键，所以需要从 id 的主键索引树中查询当前行数。

查询过程如下：

第一次查询：从根节点检索，将数据块 1 加载到内存中，比较 39<45，遍历左边。

第二次查询：将左边的数据块 2 加载到内存中，比较 9<38<39，遍历右边。

第三次查询：将右边的数据块 6 加载到内存中，比较 38<39、39=39。查询完毕，将数据返回客户端。

查询流程图如图 6-4 所示。

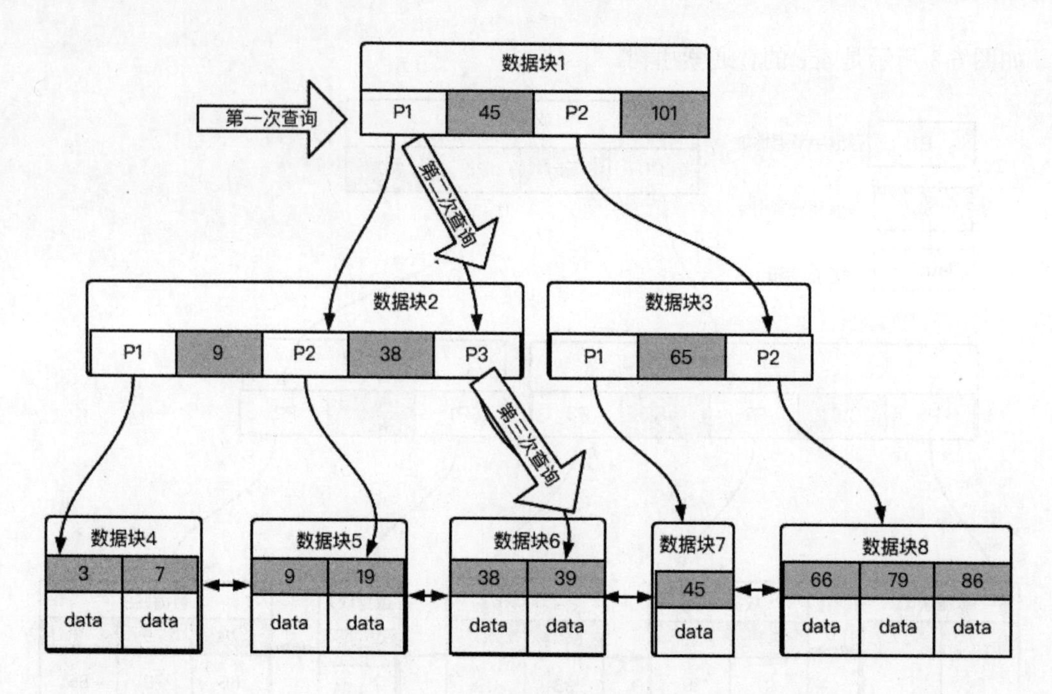

图 6-4 主键等值的查询流程

2. 主键范围查询

接下来将了解主键索引范围查询的过程。

例6.22 查询id在39和45之间的值的行数据，示例SQL语句如下：

```
select * from student where id between 39 and 45;
```

因为 id 是主键，所以索引会从主键索引树去检索数据。
查询的过程如下：

第一次查询：从根节点检索，将数据块 1 加载到内存中，比较 39<45，遍历左边。
第二次查询：将左边的数据块 2 加载到内存中，比较 9<38<39，遍历右边。
第三次查询：将右边的数据块 6 加载到内存中，比较 38<39、39=39，遍历右边。
第四次查询：将右边的数据块 7 加载到内存中，比较 39<45,45=45。因为叶子节点有双向指针，范围查询可以直接利用双向有序链表，所以查询到这就查询完毕，将数据返回客户端。

查询流程如图 6-5 所示。

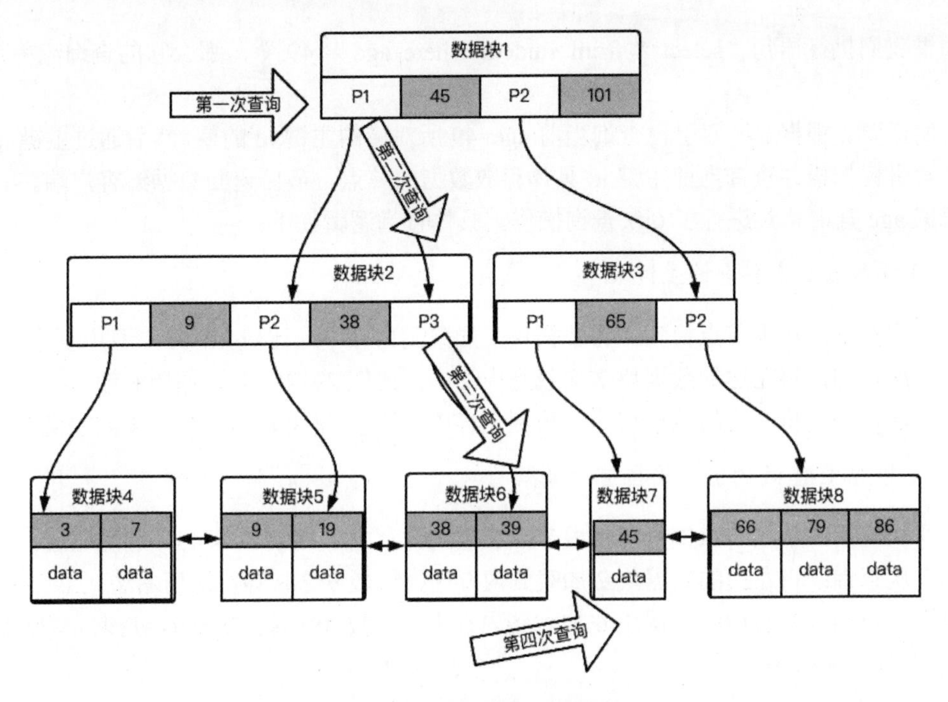

图 6-5 主键范围的查询流程

6.5.2 普通索引

本小节将学习普通索引查询数据的过程原理。在 InnoDB 中，B_Tree 存储引擎中普通索引不存储行数据，只存储数据的主键值（最底层节点存储主键 id 的值）。比如表 student 中的 age，它的索引结构如图 6-6 所示。

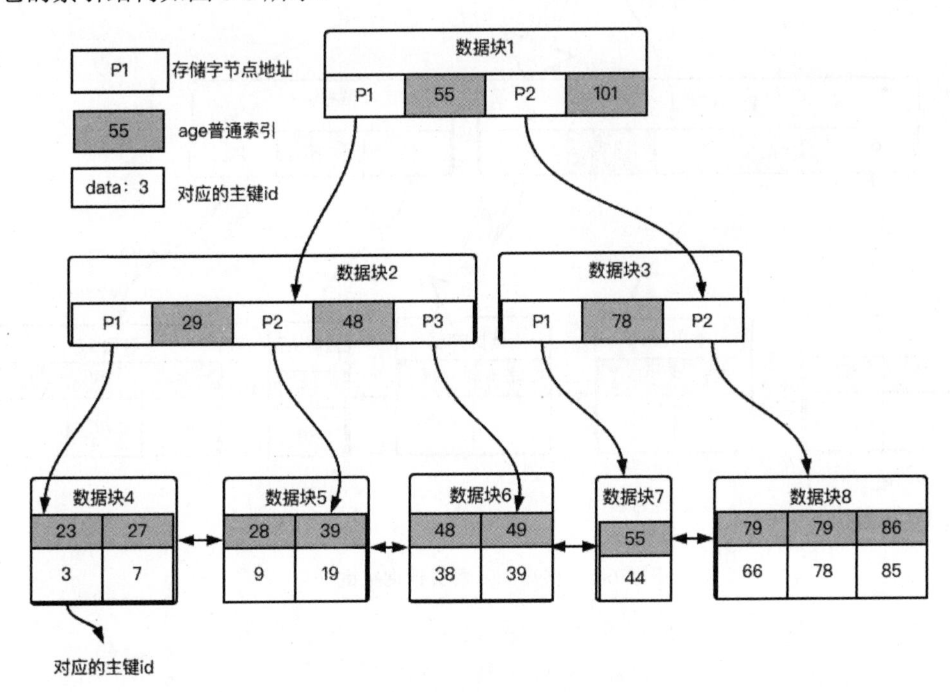

图 6-6 age 索引示例图

如果我们执行语句“select * from student where age = 49;”，那么它的查询流程是怎样的呢？

我们需要先根据 age 索引树查询当前 age=49 所对应的主键 id 的值，然后通过主键 id 的值去主键索引树扫描并查询当前主键 id 具体存放数据的节点，最后返回数据给客户端。

根据 age 查询总共进行了 6 次查询操作，具体查询逻辑如下：

（1）根据 age 索引查询主键 id

第一次查询：从根节点检索，将数据块 1 加载到内存中，比较 49<55，遍历左边。

第二次查询：将左边的数据块 2 加载到内存中，比较 29<48<49，遍历右边。

第三次查询：将右边的数据块 6 加载到内存中，比较 48<49、49=49，得到主键 39。

（2）根据主键 id 的值查询当前行数据

第四次查询：从根节点检索，将根节点加载到内存中，比较 39 < 45，遍历左边。

第五次查询：将左边的数据块 2 加载到内存中，比较 9<38<39，遍历右边。

第六次查询：将右边的数据块 6 加载到内存中，比较 38<39、39=39。查询完毕，将数据返回客户端。

查询过程如图 6-7 和图 6-8 所示。

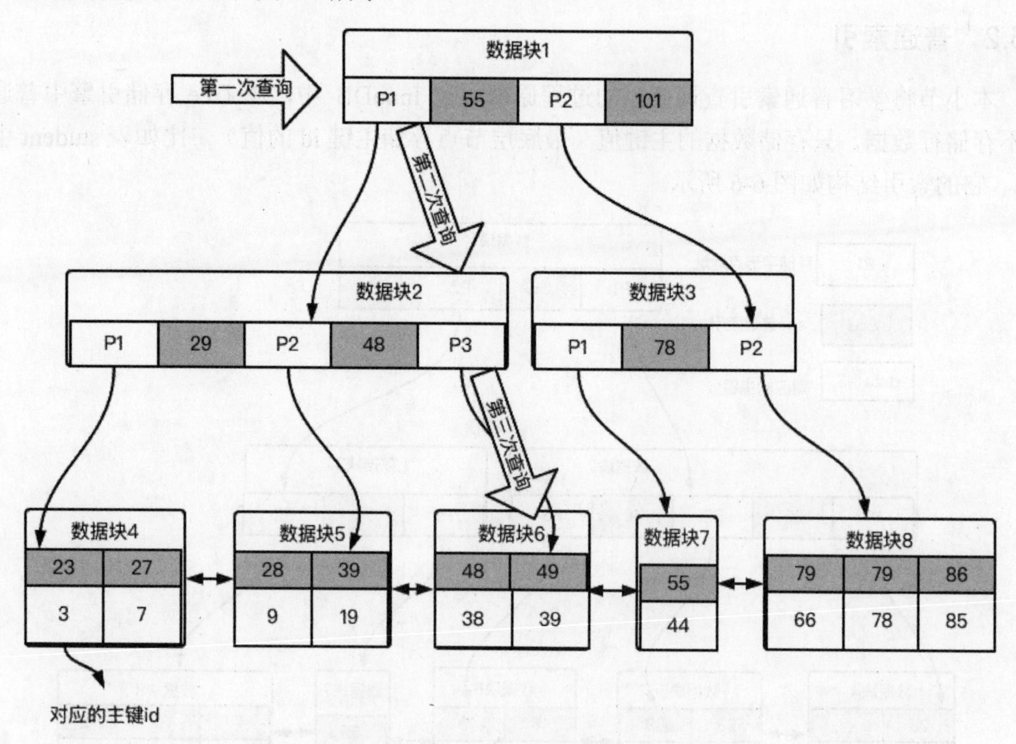

图 6-7　根据 age 索引查询主键 id

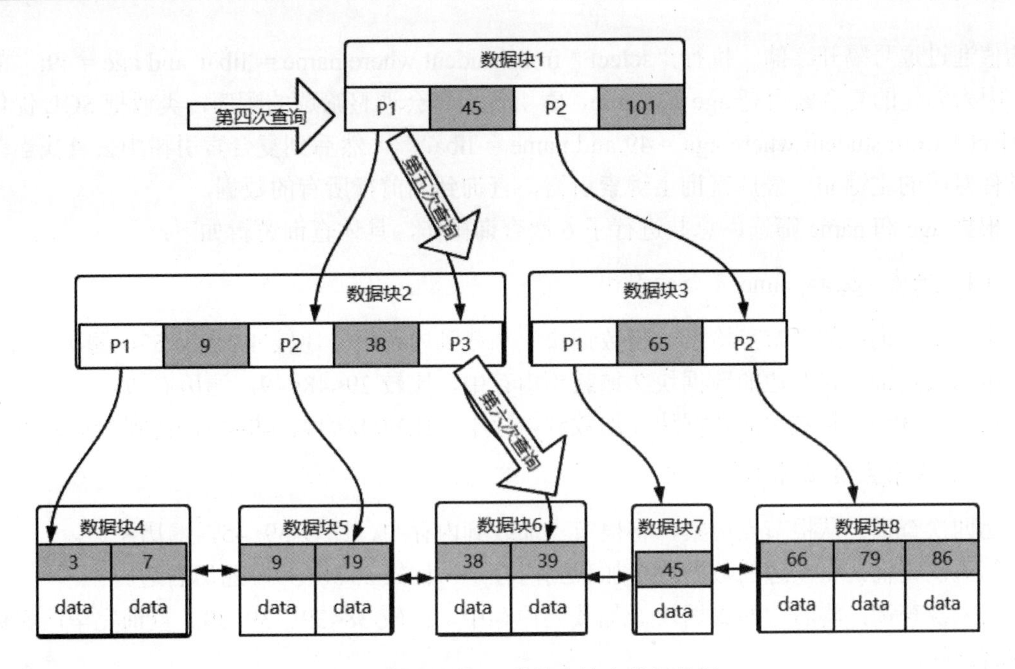

图 6-8 根据主键 id 的值查询当前行数据

6.5.3 复合索引

在查询时，如果经常通过几个字段去筛选，则可以把这几个字段结合在一起创建一个复合索引。比如创建学生表的 age 和 name 字段为一个复合索引，索引的结构如图 6-9 所示。

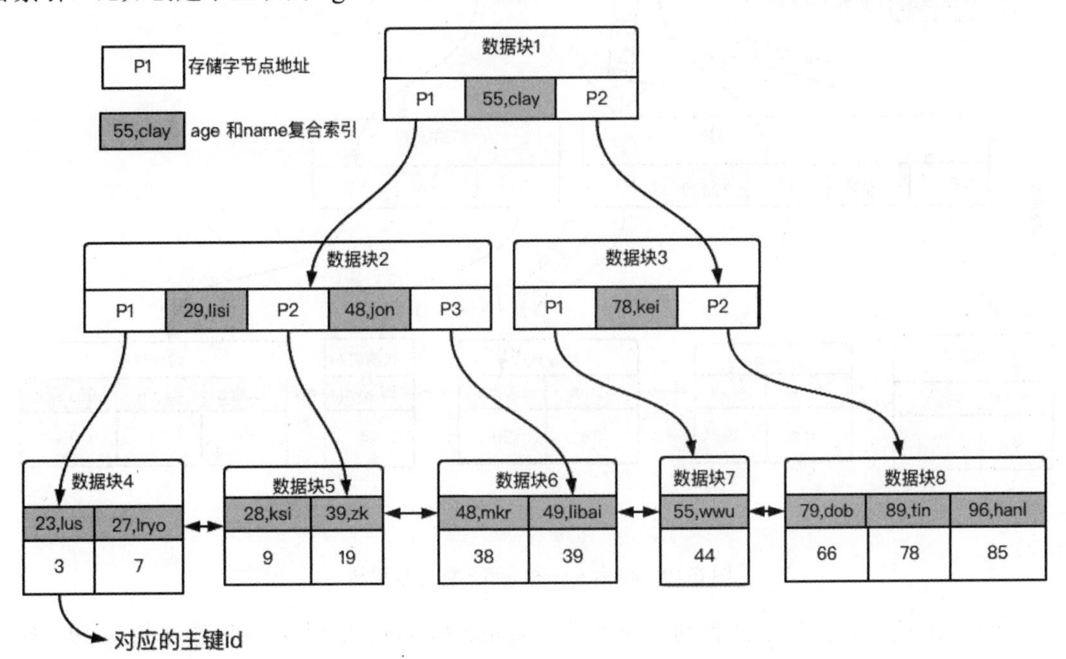

图 6-9 age 和 name 的复合索引结构图

由图 6-9 可以发现，复合索引和普通索引大部分一致，最底层叶子节点存储主键 id 的值。主要区别是，单个字段的普通索引节点中存储的是一个字段的值，而在复合索引中，节点把字段的值通过逗号隔开存储。执行“select * from student where name = 'libai' and age = 49;”的时候，因为创建的复合索引是 age 和 name，索引优化器会调整筛选的顺序，类似把 SQL 优化成“select * from student where age = 49 and name = 'libai'”，然后到复合索引树中去查找当前筛选条件对应的主键 id，最后查询主键索引树，查询到当前行所有的数据。

根据 age 和 name 筛选，总共进行了 6 次查询操作，具体查询逻辑如下：

（1）检索 age 和 name 复合索引树

第一次查询：从根节点检索，将数据块 1 加载到内存中，比较 49 小于 55，遍历左边。

第二次查询：将左边的数据块 2 加载到内存中，比较 29<48<49，遍历右边。

第三次查询：将右边的数据块 6 加载到内存中，比较 48<49、49=49，得到主键为 39。

（2）检索主键 id 索引树

第四次查询：从根节点检索，将根节点加载到内存中，比较 39<45，遍历左边。

第五次查询：将左边的数据块 2 加载到内存中，比较 9<38<39，遍历右边。

第六次查询：将右边的数据块 6 加载到内存中，比较 38<39、39=39。查询完毕，将数据返回客户端。

查询过程如图 6-10 和图 6-11 所示。

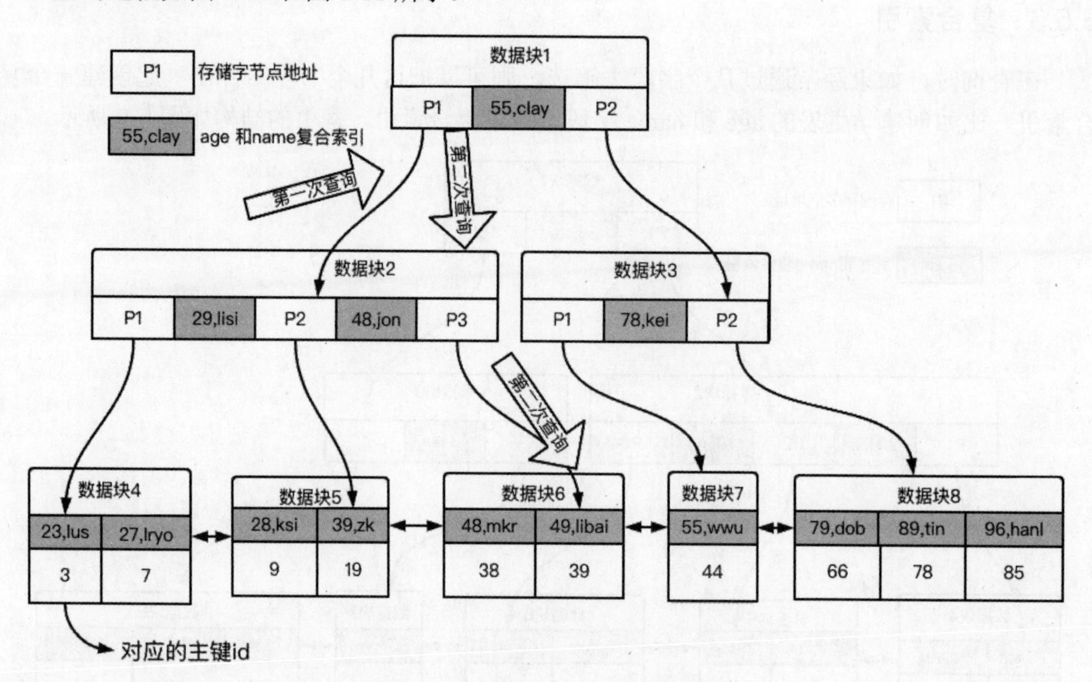

图 6-10　检索 age 和 name 复合索引树

如图 6-10 所示，经过 3 次查询，找到了当前 age 和 name 值对应的主键 id 值为 39。然后根据主键 39 查询主键索引树，查询当前行的所有数据，如图 6-11 所示。

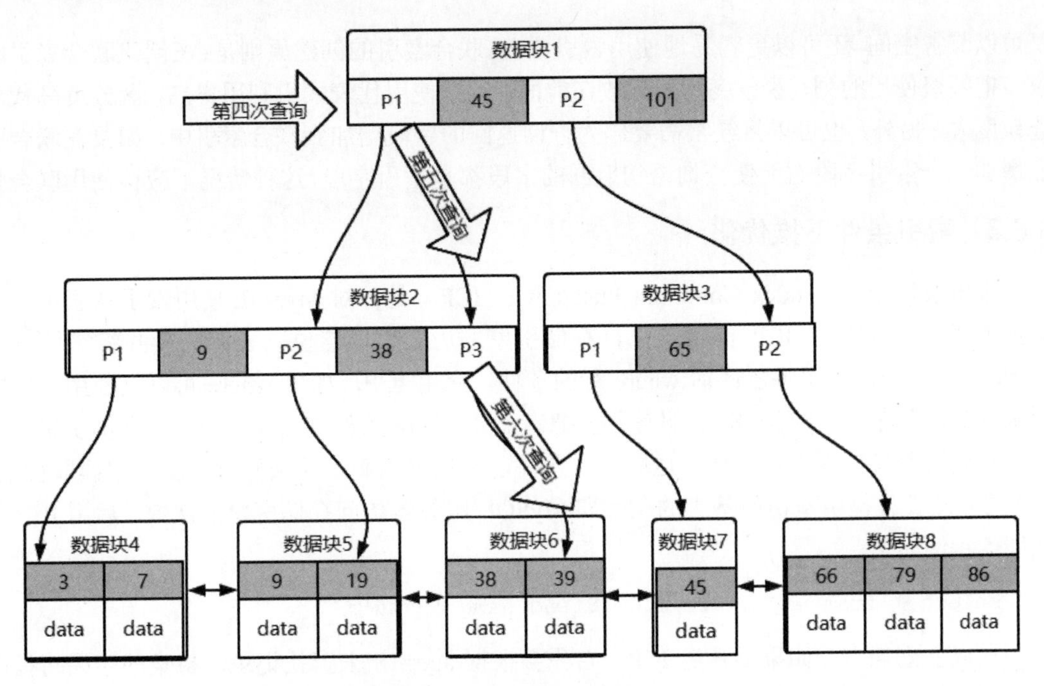

图 6-11 检索主键 id 索引树

6.6 索引的使用技巧与 SQL 优化实战

本节介绍提升索引的查询效率时需要注意的事项。

6.6.1 避免回表查询

查询数据时，因为每个索引是一棵树，而普通索引叶子节点存储的是主键 id，需要根据主键 id 才能查询到当前行的数据。所以使用普通索引查询时，首先要查询普通索引树来找到主键 id，然后带着主键 id 查询主键索引树，最后在主键索引树的叶子节点拿到数据，我们把这种查询方式叫作回表。如前面的描述，回表查询需要扫描两棵树进行查询，在性能上明显不如只扫描一棵树的查询。

例6.23 优化语句避免回表。

```
select * from student where name='wangwu';
```

如以上语句所示，假如name是普通索引，则先查询普通索引，然后查询主键id索引树，这就是回表。在业务允许的情况下，可以通过索引覆盖（查询的所有字段都是索引字段）的方式查询，把语句优化如下：

```
select id,name from student where name='wangwu';
```

因为索引叶子节点存储了主键 id，通过 name 的索引树即可获取 id 和 name，无须回表。

6.6.2 尽量使用联合索引

在建立索引时，尽量在多个单列索引上判断是否可以使用联合索引。联合索引的使用不仅可以节省空间，还可以更容易地使用索引覆盖。联合索引的创建原则是：在创建联合索引时，应该把频繁使用的列、区分度高的列放在前面，频繁使用代表索引利用率高，区分度高代表筛选粒度大。另外，也可以将经常需要作为查询返回的字段增加到联合索引中。如果在联合索引上增加一个索引字段而能使查询语句返回的字段都是索引字段，这种情况下应该使用联合索引。

6.6.3 索引条件下推优化

索引条件下推（Index Condition Pushdown，ICP）是针对 MySQL 使用索引从表中检索行数据的优化。在没有 ICP 的情况下，存储引擎遍历索引以定位基表中的行并将它们返回给 MySQL 服务器，该服务器评估 where 行的条件。启用 ICP，如果 where 可以仅使用索引中的列来评估部分条件，则 MySQL 服务器会把该部分 where 条件推送（下降）到存储引擎。接下来，存储引擎使用索引项评估推送的索引条件，并且仅当满足该条件时才从表中读取行数据。ICP 可以减少存储引擎访问基表的次数和 MySQL 服务器访问存储引擎的次数。启用 ICP 优化性能的示例如下：

```
select * from emp where age=18 and name='caly';
```

在以上语句中，如果不开启 ICP，首先会根据 age=18 来查找记录，检索的结果将指向聚簇索引，最后根据 name='caly'进行过滤，把最终结果返回给用户。开启 ICP 后，在根据 age=18 查找记录的同时会根据 name='caly'进行过滤，然后把检索的结果指向聚簇索引，最后返回给用户。ICP 减少了存储引擎访问表的次数，从而提升了性能。

ICP 开启方式如下：

```
# 关闭索引条件下推（默认开启）
set optimizer_switch = 'index_condition_pushdown=off';
# 开启索引条件下推
set optimizer_switch = 'index_condition_pushdown=on';
```

6.6.4 避免全表扫描

当 MySQL 使用全表扫描查询时，通过 explain 进行分析，如果 type=all，则表示是全表扫描。如果此表有索引并且索引字段在筛选条件中，则可以强制通过索引的方式执行检索，不过这种方式最好经过测试。语法如下：

```
select * from t1, t2 force index (index_for_column)
  where t1.col_name=t2.col_name;
```

6.6.5 负向查询不能使用索引

对于负向查询（!=，not in），因为不能命中索引，从而会进行全表扫描，效率最低，所以在业务中尽量避免进行负向查询。

例6.24 修改负向查询。

```
select name from emp where id not in (1,3,5);
```

应该修改为：

```
select name from emp where id in (2,4,6);
```

6.6.6　前导模糊查询不能使用索引

对于前导模糊查询，MySQL 在查询的时候不会使用索引进行查询，所以其查询效率较低。在业务允许的情况下，尽量避免使用前导模糊查询。

例 6.25　修改前导模糊查询。

```
select name from emp where name like '%zhangsan'
```

应该修改为：

```
select name from emp where name like 'zhangsan%'
```

6.6.7　在字段上计算不能命中索引

在查询过程中，如果对索引字段进行函数计算，则在查询过程中不会通过索引进行查询，查询性能较低，所以在业务允许的情况下，尽量避免对索引字段进行函数计算。

例 6.26　修改索引字段的函数计算。

```
select name from emp where from_unixtime(create_time) < curdate();
```

应该修改为：

```
select name from emp where create_time < from_unixtime(curdate());
```

6.6.8　查询条件类型不一致不能命中索引

在查询过程中，对字段进行筛选查询，如果字段自身的类型和筛选内容的类型不匹配，则会导致查询不会进行索引，其查询性能较低。所以在业务中需要避免出现此类情况。

例6.27　在查询条件中类型应该保持一致（emp中id字段的类型是int类型）。

```
select name from emp where id='12';
```

应该修改为：

```
select name from emp where id=12;
```

6.6.9　明确知道只返回一条记录可以使用 limit 进行限制

在查询过程中，如果明确知道查询的结果只有一条记录，则可以使用 limit 进行限制，这会在很大程度上提高查询的效率。

```
select name from emp where username='zhangsan' limit 1
```

6.6.10　limit 分页优化

在了解 limit 分页优化之前，我们先看如下的 SQL 语句：

```
select * from test1 order by id limit 99999,10;
```

该SQL虽然用到了id索引，但是从第一行起要定位到99999行，再向后扫描10行，等于在做全表扫描，其性能非常低下。优化后的SQL语句如下：

```
select * from test1 order by id where id>=100000 order by id limit 10;
```

该 SQL 语句利用 id 索引直接定位到第 100000 行，再向后扫描 10 行，相当于在一个范围内扫描，其性能提升不少。

6.6.11 使用表内连接进行 limit 分页优化

在了解使用表内连接进行 limit 分页优化之前，我们先看如下的 SQL 语句：

```
Select id,title,createdate from test1 order by createdate asc limit 100000,10;
```

优化后的SQL语句如下：

```
Select a.id, a.title,a.createdate from test1 a join (select id from test1 order by createdate asc limit 100000,1) b on a.id>=b.id limit 10;
```

优化的思路是：先取出 99999 行后面的一条记录的 id，再用表内连接的方法取出后面 10 条。

6.6.12 union all 优化（基于 MySQL 8.0+）

在 MySQL 5.7 中，union all 不再创建一张临时表，这样在执行大的联合查询时会减少 I/O 开销，从而提升查询速度。但对 union 语句和在最外层使用 order by 语句无效。如下 SQL 语句将不会产生临时表。

```
(select id from t1 order by id) union all (select id from t2 where k=1 order by id);
```

但是，如下SQL语句会产生临时表：

```
(select id from t1 order by id) union (select id from t2 where k=1 order by id);
(select id from t1 order by id) union all (select id from t2 where k=1 order by id) order by id desc;
```

6.6.13 or 优化（基于 MySQL 8.0+）

首先查看如下的 SQL 语句：

```
select * from city where category='A' or category='B'
```

如上SQL语句虽然在category字段上加了索引，但是索引使用的是范围类型，如果将索引使用类型优化成ref类型，则查询效率将有所提高。下面使用union all对语句进行优化（优化之后使用的是ref类型）。

```
(select * from city where category='A') union all (Select * from city where category='B' )
```

6.6.14 count(*)优化

首先查看如下 SQL 语句：

```
select count(*) from userinfo;
```

优化后的SQL语句如下：

```
Select count(*) from up_user where sid>=0;
```

这样优化后，可以不需要扫描全表而通过扫描索引就能查询出结果，当表数据量很大时，效率会明显提高。

6.6.15 on duplicate key update 优化

MySQL 有一种高效的主键冲突判断功能，即冲突时执行 update 逻辑，不冲突时执行 insert 逻辑，语法如下（这种操作必须基于主键或者唯一索引的操作）：

```
insert into test_relation(ownerid, contactid, isbuddy, ischatfriend,
isblacklist) values('001','cts001',1,0,0)
on duplicate key update isbuddy=1, ischatfriend=0
```

第 7 章

InnoDB 存储引擎揭秘和优化实战

本章主要内容：

- InnoDB 表的最佳实践
- InnoDB 和 ACID
- InnoDB MVCC 实现原理
- 各种锁原理解析
- InnoDB 的内存结构
- InnoDB 的优化配置和原理
- InnoDB 表的优化

本章将讲解 MySQL 中 InnoDB 存储引擎的核心内容。如果想要在工作中提升自己的业务能力，则 InnoDB 的内存结构和优化细节、数据库中各种锁的出现和原理都是必须要掌握的知识。本章从原理到具体的配置给出了大量示例，以方便读者理解。

InnoDB是一种兼顾高可靠性和高性能的通用存储引擎。在MySQL 8.0中，InnoDB是默认的MySQL存储引擎，除非用户配置了不同的存储引擎作为默认存储引擎。InnoDB存储引擎主要有下面几个优势：

1）DML操作遵循ACID（事务）模型，事务具有提交、回滚和崩溃恢复功能，以保护用户数据。

2）行级锁定和Oracle风格一致的读取方式提高了多用户并发性和性能。

3）InnoDB表根据主键优化查询。每个InnoDB表都有一个称为聚簇索引的主键索引，该索引数据用于最小化I/O查询。

4）为了维护数据的完整性，InnoDB支持外键约束。使用外键检查插入、更新和删除操作，以确保这些操作不会导致相关表数据之间的不一致。表7-1是对InnoDB存储引擎特征的说明。

表 7-1　InnoDB 存储引擎特征

特征	是否支持
B-Tree 索引	是
备份/时间点恢复	是
集群数据库支持	否
聚簇索引	是
压缩数据	是
数据缓存	是
加密数据	是（通过加密函数在服务器中的实现。在 MySQL 5.7 及更高版本中，支持静态数据加密）
外键支持	是
全文检索索引	是（MySQL 5.6 及更高版本支持全文索引）
地理空间数据类型支持	是
地理空间索引支持	是（MySQL 5.7 及更高版本支持地理空间索引）
哈希索引	否（InnoDB 在内部利用哈希索引来实现其自适应哈希索引功能）
索引缓存	是
MVCC	是
复制支持	是
存储限制	是（最大支持 64TB 存储）

InnoDB存储引擎有如下优点：

1）如果服务器由于硬件或软件问题而意外退出，无论当时数据库中发生了什么，我们都无须在重新启动数据库后执行任何特殊操作。InnoDB崩溃恢复功能会自动完成崩溃之前提交的所有更改，并撤销正在进行但未提交的更改，允许重新启动后从上次中断的地方继续。

2）InnoDB存储引擎维护自己的缓冲池，把经常使用的数据存放在内存中，用于主内存缓存表和索引数据的查询。在专用数据库的服务器上，多达80%的物理内存通常分配给缓冲池。

3）InnoDB存储引擎的表支持外键。

4）InnoDB存储引擎的校验机制可以检测到磁盘或内存中的数据损坏。

5）当为数据库的表设置主键列时，系统会自动优化主键列，在where子句、order by子句、group by子句和连接操作中提高主键的使用效率。

6）InnoDB存储引擎不仅允许对同一个表进行并发读写访问，它还缓存更改的数据以减少对磁盘的I/O操作。

7）当从表中重复访问相同的行数据时，自适应哈希索引会接管这些数据，以提高查询效率。

8）可以压缩表和索引数据，以及加密表数据。

9）支持在线 DDL 操作。

10）支持通过查询 information_schema 表来监控存储引擎的内部工作。

11）支持通过查询 performance_schema 表来监控存储引擎性能的详细信息。

12）将 InnoDB 表与来自其他 MySQL 存储引擎的表混合使用。

13）InnoDB 存储引擎提高了处理大量数据时的 CPU 效率。

14）InnoDB存储引擎即使在文件大小限制为2GB的操作系统上也可以操作大数据量的表。

7.1 InnoDB 存储引擎实践

下面将介绍使用InnoDB存储引擎时的推荐做法。

1）在查询时最好根据主键查询，如果没有主键，可以指定一个自增值作为主键。

2）在使用连接查询时，最好在连接列上定义外键，而且表中的连接列使用相同的数据类型声明，这样可以提高查询性能。外键还会将删除和更新操作传播到所有受影响的表中，并在父表中不存在相应id时阻止在子表中插入数据，从而保证数据的完整性。

3）关闭自动提交。每秒提交数百次会限制服务性能，可以执行“set autocommit=0;”进行关闭。

4）通过用start transaction和commit语句将相关的DML操作集分组到事务中。

5）不要使用lock tables语句。InnoDB存储引擎可以在不牺牲可靠性和高性能的情况下支持多个会话同时处理对同一个表的所有读取和写入。要获得对一行数据的独占写访问权限，可以使用select … for update语法锁定要更新的行。

6）启用innodb_file_per_table变量或使用通用表空间将表内的数据和索引放入单独的文件中。innodb_file_per_table 默认情况下为启用状态。

7）可以在InnoDB存储引擎不牺牲读写能力的情况下压缩表。

8）使用sql_mode=no_engine_substitution选项运行服务器，以防止启用用户不想使用的存储引擎创建表。

如果想要知道当前服务器的默认存储引擎，则可以使用下面的SQL语句来查看：

```
show engines;
```

查询结果如图 7-1 所示。

```
mysql> SHOW ENGINES;
+--------------------+---------+----------------------------------------------------------------+--------------+------+------------+
| Engine             | Support | Comment                                                        | Transactions | XA   | Savepoints |
+--------------------+---------+----------------------------------------------------------------+--------------+------+------------+
| InnoDB             | DEFAULT | Supports transactions, row-level locking, and foreign keys     | YES          | YES  | YES        |
| MRG_MYISAM         | YES     | Collection of identical MyISAM tables                          | NO           | NO   | NO         |
| MEMORY             | YES     | Hash based, stored in memory, useful for temporary tables      | NO           | NO   | NO         |
| BLACKHOLE          | YES     | /dev/null storage engine (anything you write to it disappears) | NO           | NO   | NO         |
| MyISAM             | YES     | MyISAM storage engine                                          | NO           | NO   | NO         |
| CSV                | YES     | CSV storage engine                                             | NO           | NO   | NO         |
| ARCHIVE            | YES     | Archive storage engine                                         | NO           | NO   | NO         |
| PERFORMANCE_SCHEMA | YES     | Performance Schema                                             | NO           | NO   | NO         |
| FEDERATED          | NO      | Federated MySQL storage engine                                 | NULL         | NULL | NULL       |
+--------------------+---------+----------------------------------------------------------------+--------------+------+------------+
9 rows in set (0.00 sec)
```

图 7-1 查看默认的存储引擎

7.2 InnoDB 和 ACID 模型

ACID（事务）模型是一组数据库设计原则，是业务数据和关键任务应用的可靠性保证。在 MySQL 中，InnoDB 存储引擎是严格遵守 ACID 模型的存储引擎，因此数据不会损坏，执行数据的结果不会因软件崩溃和硬件故障等异常情况而失真。当数据本身符合 ACID 的特性时，应用程序不需要重新发明一致性检查和崩溃恢复机制的轮子。如果有额外的软件保护措施、超可靠的硬件或可以容忍少量数据丢失的应用程序，则可以调整 MySQL 设置以获得更高的性能或吞吐量。下面我们将介绍 InnoDB 存储引擎的 ACID 模型。

MySQL 事务主要用于处理操作量大、复杂度高的数据。比如，在人员管理系统中删除一个人员，既要删除人员的基本资料，又要删除和该人员相关的信息，如信箱、文章等，如果其中有一项没有删除成功，则其他内容也不能被删除。这样，这些数据库操作语句就构成一个事务。

一般来说，事务必须满足 4 个条件（ACID）：原子性（Atomicity，或称为不可分割性）、一致性（Consistency）、隔离性（Isolation，又称为独立性）、持久性（Durability）。

- 原子性：一个事务中的所有操作可以全部完成或全部失败，但不会结束在中间某个环节。事务在执行过程中发生错误，会被回滚（Rollback）到事务开始前的状态，就像这个事务从来没有执行过一样。如图 7-2 所示，用户 A 给用户 B 转账 1000，A 账户减去 1000，B 账户加上 1000，这个操作是一个原子操作，是不可分割的。如果同时成功，则数据库中 A 减去 1000，B 账户加上 1000；如果同时失败，则操作回滚，数据库中的数据不变。

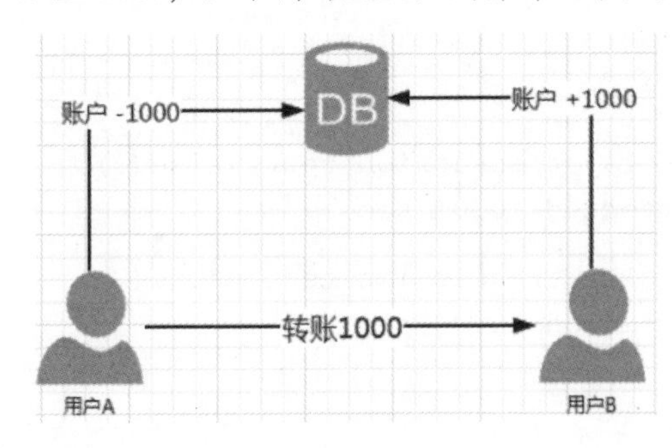

图 7-2　转账业务

- 一致性：在事务开始之前和事务结束以后，数据库的完整性不会被破坏。这表示写入的数据必须完全符合所有的预设规则，包含数据的精确度、串联性，以及后续数据库可以自发性地完成预定的工作。
- 隔离性：数据库允许多个并发事务同时对其数据进行读写和修改，隔离性可以防止多个事务并发执行时由于交叉执行而导致数据的不一致。事务隔离分为不同级别，包括未提交读（read uncommitted）、提交读（read committed）、可重复读（repeatable read）和串行化（serializable）。
- 持久性：事务处理结束后，对数据的修改就是永久的，即使系统故障也不会丢失。

在 MySQL 命令行的默认设置下，事务都是自动提交的，即执行 SQL 语句后就会马上执行 COMMIT 操作。因此，要显式地开启一个事务需要使用命令 begin 或 start transaction，或者执行命令 set autocommit=0 来禁用当前会话的自动提交。

7.2.1　MySQL 事务处理的两种方法

1. 用 begin、rollback、commit 实现

- begin：开始一个事务。

- rollback：事务回滚。
- commit：事务确认。

2. 直接用 set 来改变 MySQL 的自动提交模式

- set autocommit=0：禁止自动提交。
- set autocommit=1：开启自动提交。

例7.1 MySQL事务处理操作的示例SQL语句及其执行结果如下：

```
mysql> use clay;
Database changed
# 创建数据表
mysql> create table clay_transaction_test( id int(5)) engine=innodb;
Query OK, 0 rows affected (0.04 sec)
mysql> select * from clay_transaction_test;
Empty set (0.01 sec)
# 开始事务
mysql> begin;
Query OK, 0 rows affected (0.00 sec)

mysql> insert into clay_transaction_test value(1);
Query OK, 1 rows affected (0.01 sec)

mysql> insert into clay_transaction_test value(2);
Query OK, 1 rows affected (0.00 sec)
# 提交事务
mysql> commit;
Query OK, 0 rows affected (0.01 sec)
mysql>  select * from clay_transaction_test;
+------+
| id   |
+------+
| 1    |
| 2    |
+------+
2 rows in set (0.01 sec)
# 开始事务
mysql> begin;
Query OK, 0 rows affected (0.00 sec)

mysql>  insert into clay_transaction_test values(3);
Query OK, 1 rows affected (0.00 sec)
# 回滚
mysql> rollback;  Query OK, 0 rows affected (0.00 sec)
# 因为回滚，所以数据没有插入
mysql>   select * from clay_transaction_test;
+------+
| id   |
```

```
+-------+
| 1     |
| 2     |
+-------+
2 rows in set (0.01 sec)
```

7.2.2　InnoDB MVCC

InnoDB 是一个多版本并发控制的存储引擎。它保留与已更改数据行旧版本的信息以支持事务功能，例如并发和回滚，该信息以回滚段的数据结构存储在撤销表的空间中。InnoDB 使用回滚段中的信息来执行事务回滚所需的撤销操作。这些信息还用来构建数据行的早期版本以实现一致读取。在 InnoDB 内部，InnoDB 为存储在数据库中的每一行添加 3 个字段：

1）一个 6 字节的 DB_TRX_ID 字段，指示插入或更新行的最后一个事务的事务标识符。此外，删除在内部被视为更新，其中设置数据行中的特殊位以将其标记为已删除。

2）一个 7 字节的 DB_ROLL_PTR 字段，被称为回滚指针。回滚指针指向写入回滚段的撤销日志记录。如果该行被更新，撤销日志记录了该行更新前重建内容所需的所有信息。

3）一个 6 字节的 DB_ROW_ID 字段，存储一个行的 ID 值，该值随着新行插入而递增。如果 InnoDB 自动生成聚簇索引，则该索引包含行的 ID 值；否则该 DB_ROW_ID 列不会出现在任何索引中。

回滚段中的撤销日志分为插入撤销日志和更新撤销日志。

1）插入撤销日志仅在事务回滚时进行，并且可以在事务提交后立即丢弃。

2）更新撤销日志也用于一致性读取，但是只有在没有事务存在且为其 InnoDB 分配快照的情况下才能丢弃它们，在一致性读取中可能需要更新撤销日志中的信息来构建较早版本的数据库数据。

回滚段中的撤销日志记录的数据物理大小通常小于相应的插入或更新的行数据。用户可以依据此信息来计算回滚段中所需的空间。

在 InnoDB MVCC（Multi-Version Concurrency Control，多版本并发控制）方案中，当用户使用 SQL 语句删除某行时，不会立即从数据库中物理地删除该行。InnoDB 只有在删除撤销日志记录（delete 操作写入的撤销日志记录）时，才会物理地删除相应的行及其索引记录。这种删除操作称为清除，执行速度非常快，通常与执行删除操作的 SQL 语句花费的时间相同。

7.3　锁　机　制

数据是一种供许多用户共享访问的资源，如何保证数据库并发访问的一致性、有效性是所有数据库必须解决的一个问题，锁的冲突也是影响数据库并发访问性能的一个重要因素。从这个角度来说，锁对于数据库而言就显得尤为重要。接下来我们来了解各种锁的特征。

7.3.1　表级锁

表级锁是 MySQL 锁中粒度最大的一种锁，表示当前的操作对整张数据表加锁，资源开销比行级锁少，不会出现死锁的情况，但是发生锁冲突的概率很大。该锁的锁定机制最大的特点是实现逻辑非常简单，带来的系统负面影响最小，所以获取锁和释放锁的速度很快。由于表级锁一次会将整张数据表锁定，因此可以很好地避免困扰我们的死锁问题。InnoDB 支持表级锁，但是默认使用的是行级锁，而且只有在查询或者其他 SQL 语句通过索引操作时才会使用行级锁。

7.3.2 行级锁

行级锁是 MySQL 锁中粒度最小的一种锁，因为锁的粒度最小，所以发生资源争抢的概率也最小，并发性能最大，但是也会造成死锁，每次加锁和释放锁的开销也会变大。目前主要是 InnoDB 使用行级锁。

根据锁的使用方式又将锁分为共享锁（S 锁或者读锁）和排他锁（X 锁或者写锁）。

7.3.3 共享锁

共享锁的具体逻辑为：若事务 A 对数据对象 o 加上 S 锁，则事务 A 可以读数据对象 o，但不能修改，其他事务只能再对数据对象 o 加 S 锁，而不能加 X 锁，直到事务 A 释放数据对象 o 上的 S 锁。这样保证了其他事务可以读数据对象 o，但在事务 A 释放数据对象 o 上的 S 锁之前，不能对数据对象 o 进行任何修改。

共享锁的语法如下：

```
# 加共享锁
lock table tablename read;
# 释放锁
unlock table;
```

例7.2 给数据表创建共享锁的示例SQL语句及其执行结果如下：

```
# 在 session1 上执行， 给数据表创建读锁（创建一个连接就是一个会话）
mysql> lock table userinfo read;
Query OK, 0 rows affected (0.01 sec)
# 可以读取当前表的数据
mysql> select * from userinfo ;
+----+----------+------+
| id | name     | age  |
+----+----------+------+
|  1 | zhangsan |   27 |
|  2 | lisi     |   27 |
|  3 | dd       | NULL |
|  4 | dd       |    2 |
+----+----------+------+
4 rows in set (0.00 sec)
# 在 session1 上执行，因为给 userinfo 表加了读锁，所以不能读取其他表数据
mysql> select * from student_score;
ERROR 1100 (HY000): Table 'student_score' was not locked with LOCK TABLES
# 在 session1 上执行， 因为给表加的读锁，所以当前会话不能对表执行其他操作
```

```
mysql> update userinfo set age=age+1;
ERROR 1099 (HY000): Table 'userinfo' was locked with a READ lock and can't be
updated
# 在 session2 上执行，在 session1 没有释放锁之前，session2 可以进行读取 userinfo 表
mysql> select * from userinfo;
+----+----------+-------+
| id | name     | age   |
+----+----------+-------+
|  1 | zhangsan |   27  |
|  2 | lisi     |   27  |
|  3 | dd       | null  |
|  4 | dd       |    2  |
+----+----------+------+
4 rows in set (0.00 sec)
# 在 session2 上执行，在 session1 没有释放锁之前，session2 修改或删除表 userinfo 的任何
数据都会被阻塞
mysql> update  userinfo set age=1 where name='dd';
# 一直等待，直到 seesion1 释放锁
# 在 session1 上执行，释放锁，session1 在执行下面释放锁语句后，session2 才会提交上面的
修改语句
mysql> unlock tables;
```

7.3.4　排他锁

排他锁的具体逻辑为：若事务 A 对数据对象 o 加上 X 锁，事务 A 可以读数据对象 o，也可以修改数据对象 o，其他事务则不能再对数据对象 o 加任何锁，直到事务 A 释放数据对象 o 上的锁。这样保证了其他事务在事务 A 释放数据对象 o 上的锁之前不能再读取和修改数据对象 o。

排他锁的语法如下：

```
# 给表加排他锁
Lock table tablename write;
# 给行加排他锁
select ... for update;
# 释放表锁
unlock table;
```

例7.3　给表加排他锁的示例SQL语句及其执行结果如下：

```
# 在 session1 上执行，当前会话 session1 给表加写锁
mysql> lock table userinfo write;
Query OK, 0 rows affected (0.00 sec)
# 在 session1 上执行，当前会话可以修改此表数据
mysql> update userinfo set age=9;
Query OK, 4 rows affected (0.01 sec)
Rows matched: 4  Changed: 4  Warnings: 0
# 在 session1 上执行，当前会话可以查询此表
```

```
mysql> select * from userinfo;
+----+----------+------+
| id | name     | age  |
+----+----------+------+
|  1 | zhangsan |    9 |
|  2 | lisi     |    9 |
|  3 | dd       |    9 |
|  4 | dd       |    9 |
+----+----------+------+
4 rows in set (0.00 sec)
# 在 session1 上执行，在 session1 没有释放锁之前，session2 对 userinfo 表的任何数据进行操作（增、删、改、查）都将被阻塞
mysql> update  userinfo set age=1 where name='dd';
# 一直等待，直到 seesion1 释放锁
```

上面是锁表，接下来我们来看给行加锁的效果。

例 7.4　给行加排他锁的示例 SQL 语句及其执行结果如下：

```
# 修改提交模式，改为手动提交
mysql> set autocommit=0;
Query OK, 0 rows affected (0.00 sec)
# session1，当前会话给 id=1 的行加写锁
mysql>  select * from userinfo where id=1 for update;
+----+----------+------+
| id | name     | age  |
+----+----------+------+
|  1 | zhangsan |   10 |
+----+----------+------+
1 row in set (0.00 sec)
# session2，当前会话 2 可以查询当前表的数据
mysql> select * from userinfo;
+----+----------+------+
| id | name     | age  |
+----+----------+------+
|  1 | zhangsan |   11 |
|  2 | lisi     |   12 |
|  3 | dd       |   12 |
|  4 | dd       |   11 |
+----+----------+------+
4 rows in set (0.00 sec)
# session2，当前会话 2 可以操作其他行数据
mysql> update userinfo set age=12 where id=2;
Query OK, 0 rows affected (0.01 sec)
Rows matched: 1  Changed: 0  Warnings: 0
# session2，当前会话 2 修改数据涉及 id=1 的行，所以一直被阻塞
mysql> update userinfo set age=12 ;
```

一直被阻塞，直到sesssion1执行commit语句：

```
# session1，当前会话 1 提交数据，也就是释放锁
mysql> commit;
Query OK, 0 rows affected (0.00 sec)
```

7.3.5　意向锁

意向共享锁和意向排他锁总称为意向锁。意向锁的出现是为了使 InnoDB 支持多粒度锁，它是表级别的锁。两种锁的含义如下：

- 意向共享锁：事务想要获得表中某些记录的共享锁（读锁），需要在表上先加意向共享锁。
- 意向排他锁：事务想要获得表中某些记录的排他锁（写锁），需要在表上先加意向排他锁。

要给一个表加锁时，需要根据意向锁去判断表中有没有数据行被锁定，以确定是否能加成功。如果意向锁是行级锁，就得遍历表中所有数据行来判断。如果意向锁是表级锁，则直接判断一次就知道表中是否有数据行被锁定了。所以将意向锁设置成表级别的锁的性能比设置成行级锁的性能高得多。

当一个事务需要锁定某个资源时，如果该资源正被一个共享锁锁定，则事务可以再加一个共享锁，不过不能加排他锁；如果该资源正被一个排他锁锁定，则事务只能等待该锁释放资源之后才能获取锁定资源并添加自己的锁。意向锁的作用是当一个事务在需要获取资源的锁定时，如果该资源已经被排他锁锁定，则数据库会自动给该事务申请一个该表的意向锁，如果事务需要一个共享锁，就申请一个意向共享锁；如果需要的是某行（或者某些行）的排他锁，则申请一个意向排他锁。意向共享锁可以同时并存多个，但是意向排他锁只能存在一个。

业务操作流程如下：

有了意向锁之后，事务 A 在申请行级别的写锁之前，数据库会自动先给事务 A 申请表的意向排他锁。此时，若事务 B 去申请表的写锁就会失败，因为表上有意向排他锁之后，事务 B 申请表的写锁时会被阻塞，这样能够明显提高性能，快速判断出此表是否有被锁的数据。同样也不能获取到此表的表级别的锁。

7.3.6　乐观锁

乐观锁不是数据库自带的，需要我们自己在编写业务代码时去实现。乐观锁是指操作数据库时（更新操作）想法很乐观，认为这次的操作不会导致冲突，在操作数据时不进行任何其他的特殊处理（也就是不加锁），而在进行数据更新后再去判断是否发生了冲突。

操作流程如下：

在表中的数据进行更新操作时，先给数据表加一个版本（version）字段，每操作一次，将那条记录的版本号加 1，也就是先查询出那条记录，获取 version 字段。如果要对那条记录进行操作（更新），则先判断此刻的 version 值是否与刚刚查询出来的 version 值相等，如果相等，则说明其间没有其他程序对其进行操作，可以执行更新，同时将 version 字段的值加 1；如果更新时发现此刻的 version 值与刚刚获取的 version 值不相等，则说明其间已经有其他程序对其进行操作了，将不进行更新操作。

这样做的好处是避免了长事务中的数据库加锁和解锁的开销，大大提升了大并发量下系统整体的性能表现。

例 7.5 实现乐观锁业务的示例 SQL 语句及其执行结果如下：

```
# 首先获取修改之前的数据和版本号
select data as old_data, version as old_version from …;
# 进行修改，条件是当前数据的版本号和之前的旧版本号一致，表示没有人进行过修改
int updaterow= update set data = new_data, version = new_version where version
= old_version
// 表示修改成功，拿到了乐观锁
if (updated row > 0) {
// 乐观锁获取成功，操作完成
} else {
// 乐观锁获取失败，回滚并重试
}
```

7.3.7 悲观锁

悲观锁指的是对数据被外界（包括本系统当前的其他事务，以及来自外部系统的事务处理）修改持保守态度，因此在整个数据处理过程中，将数据处于锁定状态。悲观锁的实现往往依靠数据库提供的锁机制（只有数据库提供的锁机制才能真正保证数据访问的排他性，否则即使在本系统中实现了加锁机制，也无法保证外部系统不会修改数据）。

悲观锁就是悲观主义，其操作流程如下：

在事务 A 中操作数据 1 时，认为一定会有事务 B 来修改数据 1，所以在将数据 1 查询出来后直接加上排他锁（X 锁），防止别的事务来修改数据 1，直到提交后才释放排他锁。

例7.6 实现悲观锁的示例SQL语句及其执行结果如下：

```
# 关闭自动提交
set autocommit=0;
# 开始事务
start transaction;
# 查询当前商品信息，然后通过 for update 锁定数据，防止其他事务修改
select status  from goods where goodsid=1 for update;
# 根据商品信息生成订单
insert into orders (id,goodsid) values (null,1);
# 修改商品 status 为 2
update t_goods set status=2;
# 执行完毕，提交事务
commit;
```

提 示

乐观锁保证了数据处理时的安全性，但是更新有可能会失败，甚至是更新几次都失败。因此，如果写入居多，对吞吐量要求不高，可以使用悲观锁。但是悲观锁加锁造成开销增加、性能降低，还可能会出现死锁的情况。

7.3.8 间隙锁

间隙锁（Gap Lock）是 InnoDB 在提交时为了解决幻读问题而引入的锁机制（下面的所有示例没有特意强调都使用可重复读隔离级别），幻读问题的存在是因为新增或者更新操作时，

如果进行范围查询（加锁查询），就会出现数据不一致的问题。这时使用不同的行级锁已经没有办法满足要求了，需要对一定范围内的数据进行加锁，间隙锁就用于解决这类问题。在可重复读隔离级别下，数据库是通过行级锁和间隙锁共同组成的 next-key lock 来实现的。加锁规则具有以下特性：

- 加锁的基本单位是 next-key lock，使用前开后闭原则。
- 数据插入过程中访问的对象会增加锁。
- 索引上的等值查询：给唯一索引加锁时，next-key lock 升级为行级锁。
- 索引上的等值查询：向右遍历时，最后一个值不满足查询需求时，next-key lock 退化为间隙锁。
- 唯一索引上的范围查询会访问到不满足条件的第一个值为止。

例 7.7　间隙锁示例。

以表 7-2 所示的数据进行操作时，为了解决幻读问题，更新的时候不只是对上述 5 条数据增加行级锁，还要对中间的取值范围增加间隙锁，间隙锁的取值范围是(–∞,5](5,10](10,15](15,20](20,25](25,+∞)。

表 7-2　提供的数据

id（主键）	name	age
5	name1	18
10	name2	19
15	name3	20
20	name4	21
25	name5	22

示例SQL语句及其执行结果如下：

```
# 在 session1 上执行，操作会话 session1 开启事务
mysql> begin;
Query OK, 0 rows affected (0.00 sec)
# 在 session1 上执行，更新 id=11 的数据，获取行锁
mysql> select * from userinfo where id=11  for update;
Empty set (0.00 sec)

# 在 session2 上执行，操作开启事务
mysql> begin;
Query OK, 0 rows affected (0.00 sec)
# 在 session2 上执行，在 session2 会话新增主键为 12 的数据
mysql> insert into userinfo values(12,'hh',18);
...
# 一直处于阻塞状态
# 如果等待时间过长，session1 没有释放锁，会抛出如下异常
ERROR 1205 (HY000): Lock wait timeout exceeded; try restarting transaction
```

事务 session1 和事务 session2 同时操作时，事务 session1 会对数据库的数据表增加(10, 15]

这个区间锁，这时新增等于 12 的数据就会因为区间锁(10, 15]而被锁住无法执行。

需要特别注意的是，如果间隙锁操作不当就会出现死锁。

例7.8 间隙锁操作不当导致死锁，如表7-3所示。

表7-3 死锁示例

事务A	事务B
begin; select * from t where id = 9 for update;	
	begin; select * from t where id = 6 for update; insert into user value(7,7,7) 一直阻塞
insert into user value(7,7,7) 一直阻塞	

事务 A 获取到(5, 10]之间的间隙锁，不允许其他的 DDL 操作，在事务提交、间隙锁释放之前，事务 B 也获取到了间隙锁(5, 10]，这时两个事务因互不相让就处于死锁状态。

提 示

如果把事务的隔离级别降级为读提交（Read Committed，RC），间隙锁就会自动失效。

7.3.9 记录锁

记录锁强制锁定索引记录（作用于唯一索引）。如果执行“select * from userinfo where id=4 for update;”这条语句，就会在 id=4 的索引记录上加锁，以阻止其他事务插入、更新、删除 id=4 的这一行数据。也就是说，当一个会话执行这条语句之后，其他会话执行下面这几种语句都会处于阻塞状态：

```
select * from userinfo where id=1 for update;
delete from userinfo where id=4;
insert into userinfo values(4,'hh',18);
```

阻塞时间过长可能出抛出如下异常：

```
ERROR 1205 (HY000): Lock wait timeout exceeded; try restarting transaction
```

7.3.10 临键锁

临键锁作用于非唯一索引，是记录锁与间隙锁的组合。

例7.9 临键锁示例，数据如表7-4所示。

表7-4 提供的数据

id（主键）	Name	age
5	name1	18
10	name2	19
15	name3	20

（续）

id（主键）	Name	age
20	name4	21
25	name5	22

临键锁的封锁范围既包含索引记录，又包含索引之前的区间，即(-∞,5](5,10](10,15](15,20](20,25](25,+∞)。

在事务中执行如下语句：

```
Update userinfo set age=19 where id= 10;
Select * from userinfo where id=10 FOR update;
```

这两个语句都会锁定(5,10]、(10,15]这两个区间，即 InnoDB 会获取该记录行的临键锁，并同时获取该记录行下一个区间的间隙锁。

7.3.11　死锁

死锁是指两个或两个以上的事务在执行过程中因争抢锁资源而造成的互相等待的现象。死锁的操作流程如图 7-3 所示。

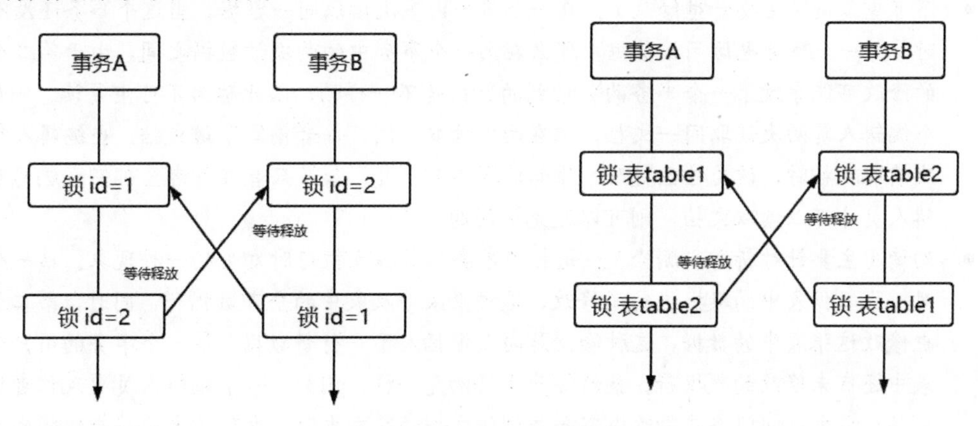

图 7-3　死锁的操作流程

图中的两种情况即为死锁产生的常规情景。事务 A 等着事务 B 释放锁，事务 B 等着事务 A 释放锁，就会出现两个事务相互等待且一直等待下去。

避免死锁的方法有两种：第一种是等待事务超时主动回滚；第二种是进行死锁检查，主动回滚某条事务，让别的事务能继续走下去。相关命令如下：

```
# 查看正在被锁的事务
select * from information_schema.innodb_trx;
# 通过如下命令杀死当前事务进程来释放锁
kill trx_id;
```

7.4　事务隔离级别

我们已经知道事务有隔离性，而事务的隔离性又分为 4 大隔离级别。

1）未提交读：事务 A 对数据进行修改，但未提交。此时开启事务 B，在事务 B 中能读到事务 A 中对数据库进行的未提交数据的修改。

2）提交读：事务 A 对数据进行修改，但未提交。此时开启事务 B，在事务 B 中不能读到事务 A 中对数据库的修改。在事务 B 还没有关闭时，事务 A 提交对数据库的修改，这时，我们在事务 B 中可以查到事务 A 对数据库的修改。不过这种提交读存在一个问题，即在同一个事务中对数据库查询两次，两次的结果不一样。

3）可重复读：在同一个事务内对于同一条 SQL 语句在不同时刻查询返回的结果一致，这被称为可重复读，可重复读是 InnoDB 的默认级别。在 SQL 标准中，该隔离级别消除了不可重复读，但是还存在幻读。

4）串行化：在开启事务 A 时会产生表级锁，此时别的事务会等待事务 A 结束后才会开启。一般数据库都不会采用串行化，因为无论进行什么操作都不会加锁，所以不具备可用性。

在进一步了解这几种级别之前，首先需要掌握下面几个概念：

- 脏读：是指一个事务正在访问数据，并且对数据进行了修改，而这种修改还没有提交到数据库中，这时另一个事务也访问这个数据，然后使用了这个数据。
- 不可重复读（主要针对修改）：在一个事务内多次读取同一数据，当这个事务还没有结束时，另一个事务也访问该数据，那么在第一个事务中的两次读数据之间，由于第二个事务的修改可能导致第一个事务两次读到的数据是不一样的，因此称为不可重复读。例如，一个编辑人员两次读取同一文档，但在两次读取之间，作者重写了该文档。当编辑人员第二次读取文档时，该文档已更改，原始读取不可重复。如果只有在作者全部完成编写后，编辑人员才可以读取文档，则可以避免该问题。
- 幻读（主要针对新增和删除）：是指当事务不是独立执行时发生的一种现象。第一个事务对一张数据表中的数据进行了修改，这种修改涉及表中的全部数据行。同时，第二个事务也修改这张表中的数据，这种修改是向表中插入了一行新数据。第一个事务的用户会发现表中还有未修改的数据行，就好像产生了幻觉一样。例如，一个编辑人员更改作者提交的文档，当生产部门将其更改内容合并到该文档的主副本时，发现作者已将未编辑的新材料添加到该文档中。如果在编辑人员和生产部门完成对原始文档的处理之前，任何人都不能将新材料添加到文档中，则可以避免该问题。

表7-5所示为不同的隔离级别可能会出现的问题。

表7-5　不同的隔离级别可能会出现的问题

隔离级别	脏读	不可重复读	幻读
未提交读	可能	可能	可能
提交读	不可能	可能	可能
可重复读	不可能	不可能	可能
串行化	不可能	不可能	不可能

不同的数据库采用的隔离级别也会不一样。MySQL 默认的存储引擎 InnoDB 采用的是可重复读。MySQL 采用了以乐观锁为基础的 MVCC 来解决幻读。

按照锁的理论知识来说，如果执行“update userinfo set age=18 where id = 1;”时肯定会给

id=1 这行数据添加一个 X 锁，当我们再执行“select * from userinfo where id = 1;”时肯定处于阻塞状态。但是为什么实际我们能够查询到数据呢？这是因为在 InnoDB 中给每行增加了 3 个隐藏字段来实现 MVCC，其中有一个是事务的版本号，每开启一个新事务，事务的版本号就会递增。在可重复读级别下，select 读取的创建版本号小于或等于当前事务版本号，并且删除版本号为空或大于当前事务版本号的记录，这样可以保证在读取之前记录是存在的。

当执行 insert 命令时，当前事务的版本号保存至行的创建版本号；当执行 update 命令修改一行数据时，以当前事务的版本号作为新行的创建版本号，同时将原记录行的删除版本号设置为当前事务版本号；当执行 delete 命令时，将当前事务的版本号保存至删除行的版本号。所以当 A 事务在操作时，在这期间其他事务对 A 事务相关的数据进行任何操作（增、删、改），MySQL 都会保证 A 事务在开始事务和提交事务期间查询的数据永远是一致的。

MySQL 就是通过以上原理解决了可重复读级别隔离的幻读问题。

例7.10 开启两个事务会话，验证可重复读级别隔离的幻读问题，示例SQL语句及其执行结果如下：

```
# session1 执行如下
# 开启手动提交
mysql> set autocommit =0;
Query OK, 0 rows affected (0.00 sec)
# 开启事务
mysql> begin;
Query OK, 0 rows affected (0.00 sec)
# 查询当前表数据
mysql> select * from userinfo;
+----+----------+------+
| id | name     | age  |
+----+----------+------+
|  1 | zhangsan |  18  |
|  2 | lisi     |  18 |
|  3 | dd       |  18 |
|  4 | dd       |  18 |
|  5 | aaa      |  18 |
+----+----------+------+
5 rows in set (0.00 sec)
# session2 执行如下
# 开启事务
mysql> begin;
Query OK, 0 rows affected (0.00 sec)
# 新增一条数据
mysql> insert into userinfo values(6,'cc',18);
Query OK, 1 row affected (0.00 sec)
# 删除一条数据
mysql> delete from userinfo where id=1;
Query OK, 1 row affected (0.00 sec)
# 修改一条数据
```

```
mysql> update userinfo set age=19 where id=2;
Query OK, 1 row affected (0.01 sec)
Rows matched: 1  Changed: 1  Warnings: 0
# 提交事务
mysql> commit;
Query OK, 0 rows affected (0.00 sec)

# 重新回到 session1 会话，再次查询当前 userinfo 表的数据
# 查询表数据
mysql> select * from userinfo;
+----+----------+------+
| id | name     | age  |
+----+----------+------+
|  1 | zhangsan |   18 |
|  2 | lisi     |   18 |
|  3 | dd       |   18 |
|  4 | dd       |   18 |
|  5 | aaa      |   18 |
+----+----------+------+
5 rows in set (0.00 sec)
```

由此可见，尽管在 session1 会话查询数据时，session2 会话进行了数据的修改、删除与新增，还是保证了 session1 会话两次查询操作的数据一致性，没有出现幻读和不可重复读的问题。

例7.11 再次开启两个事务会话，验证可重复读级别隔离的幻读问题，示例SQL语句及其执行结果如下：

```
# 在 session1 上执行，开启事务
mysql> begin;
# 在 session1 上执行，查询 id=2 的数据
mysql> select * from userinfo where id=2;
+----+------+------+
| id | name | age  |
+----+------+------+
|  2 | lisi |   18 |
+----+------+------+
1 row in set (0.00 sec)

# 在 session2 上执行，开启事务
mysql> begin;
# 在 session2 上执行，修改 id 等于 2 的数据，把此行数据的 age 字段值更改为 99
mysql> update userinfo set age=99 where id=2;
Query OK, 1 row affected (0.00 sec)
Rows matched: 1  Changed: 1  Warnings: 0
# 在 session2 上执行，提交事务
mysql> commit;
Query OK, 0 rows affected (0.00 sec)
```

```
# 在 session1 上执行，再次查询 id=2 的数据
mysql> select * from userinfo where id=2;
+----+------+------+
| id | name | age  |
+----+------+------+
|  2 | lisi |   18 |
+----+------+------+
1 row in set (0.00 sec)
```

如上所示，尽管在 session1 处理事务的过程中，session2 对 id 等于 2 的数据执行了修改操作，但是 session1 两次查询数据的结果是一致的。

7.5　InnoDB 内存结构解析和优化实战

本节将学习 InnoDB 架构图中的内存结构模型。InnoDB 架构图如图 7-4 所示。

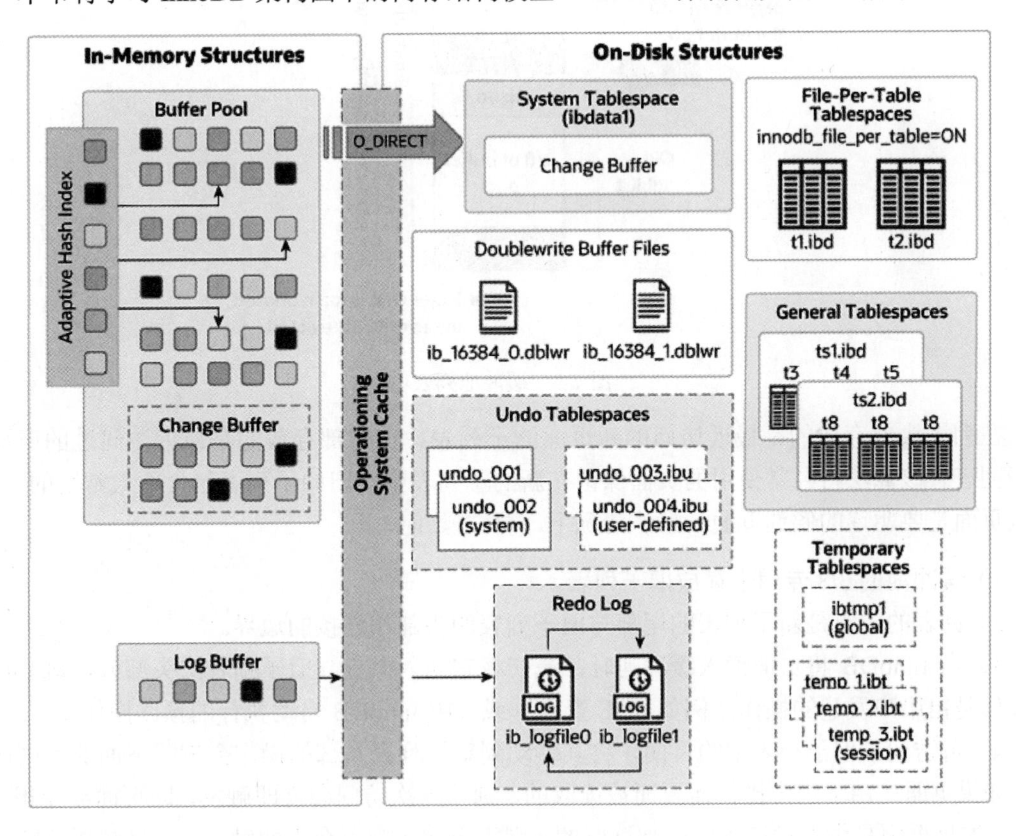

图 7-4　InnoDB 架构图

7.5.1　缓冲池原理和优化

缓冲池是主内存中的一个区域，在 InnoDB 访问缓存表和索引数据时使用。缓冲池中存储的是用户经常使用的数据，从而可以加快处理速度。在专用服务器上，多达 80%的物理内存分配给缓冲池。为了提高大量读取操作的效率，缓冲池被划分为多个页面。为了提高缓存管理

的效率，缓冲池是以页面链表的方式来实现的，对于很少使用的数据，利用最近最少使用算法（Least Recently Used，LRU）的变体从缓存中删除。下面我们来了解 LRU 算法。

缓冲池使用 LRU 算法的变体来管理页面的列表。当需要向缓冲池添加新页面时，最近最少使用的页面会被逐出，并将新页面添加到列表中间。列表中点插入策略的基础是将列表视为两个子列表(算法实现的核心思想是如果数据最近被访问过,那么将来被访问的概率也更高)。

缓冲池列表如图 7-5 所示。

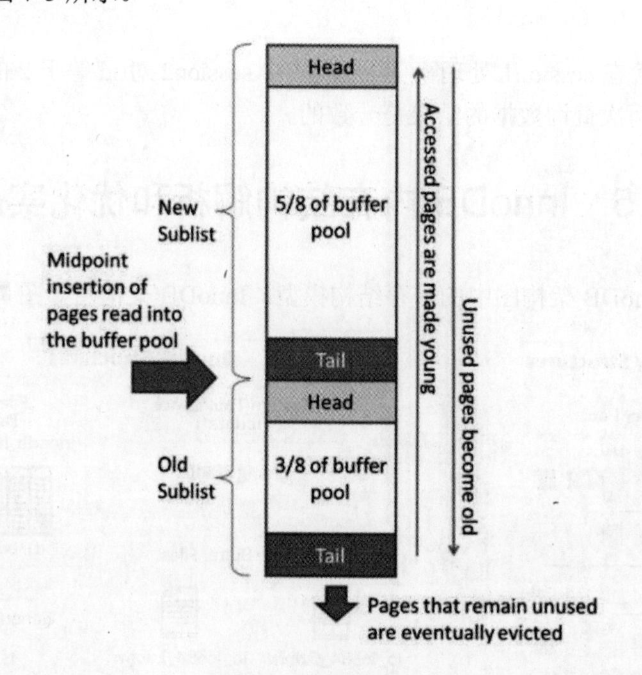

图 7-5　缓冲池列表

在列表头部存放的是最近访问的新页面的子列表，在尾部存放的是最近访问过的旧页面的子列表。该算法将经常使用的页面保留在新的子列表中。旧的子列表包含不太常用的页面，这些页面是要驱逐的候选页面。默认情况下，算法操作如下：

1）缓冲池的 3/8 专用于存放旧子列表。

2）列表的中点是新子列表的尾部与旧子列表的头部相连接的边界。

3）当 InnoDB 将页面读入缓冲池时，最初将它插入中点（旧子列表的头部），这些读取的操作是由用户发起的操作（例如 SQL 查询）或者由 InnoDB 自动执行的预读操作。

4）若访问了旧子列表中的页面，将其移动到新子列表头部的操作会按照下面的不同而触发：如果页面是由于用户操作需要而被读取的，则第一次访问会立即触发，即页面会变得“年轻”；如果页面是由于预读操作而被读取的，则第一次访问不会立即触发，并且在页面被逐出之前也根本不会触发。

5）随着数据库的运行，缓冲池中未被访问的页面会通过向列表尾部移动来“老化”，新子列表中的页面随着其他页面的更新而老化，旧子列表中的页面也会随着新页面不断插入中点而老化。最终，一个未使用的页面到达旧子列表的尾部而被驱逐。

默认情况下，查询读取的页面会立即移动到新的子列表中，而这些数据在缓冲池中会保持很长一段时间。比如，进行 mysqldump（数据备份）操作或全表查询等操作时，这些操作会将大量数据存储到缓冲池并驱逐等量的旧数据，即使这些新进入的数据之后不再使用。但是，如果被驱逐的数据中存在我们经常查询的数据，进行数据备份或全表查询等操作造成的大批量数据被驱逐时必对查询性能造成严重影响。

如果要利用缓冲池提高性能，我们需要从下面几个方面进行学习。

1. 调整缓冲池

（1）设置缓冲池的大小

理想情况下，可以将缓冲池的大小（innodb_buffer_pool_size）设置为尽可能大的值，从而为服务器上的其他进程留出足够的内存来运行，而不会产生过多的分页。缓冲池越大，InnoDB 就越像内存数据库，从磁盘读取一次数据，然后在后续读取期间从内存访问数据。

innodb_buffer_pool_size 必须始终等于或者是 innodb_buffer_pool_chunk_size（定义 InnoDB 缓冲池大小调整操作的块大小）*innodb_buffer_pool_instances（InnoDB 缓冲池划分为的区域数）的倍数。如果配置 innodb_buffer_pool_size 不等于或不是 innodb_buffer_pool_chunk_size*innodb_buffer_pool_instance 的倍数，那么缓冲池大小将自动调整为等于 innodb_buffer_pool_chunk_size*innodb_buffer_pool_instances 的值或 innodb_buffer_pool_chunk_size*innodb_buffer_pool_instances 的倍数。

例7.12　设置缓冲池的值。

innodb_buffer_pool_size 设置为 8GB，并且 innodb_buffer_pool_instances 设置为 16。innodb_buffer_pool_chunk_size 设置为 128MB（默认值）。innodb_buffer_pool_size 设置为 8GB，是一个有效值，因为其是 innodb_buffer_pool_instances（16）* innodb_buffer_pool_chunk_size（128MB）=2048MB（即 2GB）的倍数。

```
# 配置缓冲池大小（执行完需要重启数据库服务）
shell> mysqld --innodb-buffer-pool-size=8G --innodb-buffer-pool-instances=16
# 查询当前使用的线程池大小
mysql> select @@innodb_buffer_pool_size/1024/1024/1024;
+------------------------------------------+
| @@innodb_buffer_pool_size/1024/1024/1024 |
+------------------------------------------+
|                           8.000000000000 |
+------------------------------------------+
```

（2）配置缓冲池块大小

如果还想配置 InnoDB 缓冲池块大小，则可以使用下面两种方式操作：

- 使用 mysqld 命令修改，单位是字节：

```
shell> mysqld --innodb-buffer-pool-chunk-size=134217728
```

- 修改配置文件 my.cnf:

```
[mysqld]
innodb_buffer_pool_chunk_size=134217728
```

(3)查询线程池相关的默认参数值

可以根据下面的语句查询线程池相关的默认参数值。

```
# 查询 innodb_buffer_pool_size 当前的数值
mysql> select @@innodb_buffer_pool_size;
+---------------------------+
| @@innodb_buffer_pool_size |
+---------------------------+
|                2147483648 |
+---------------------------+
# 查询 innodb_buffer_pool_instances 当前的数值
mysql> select @@innodb_buffer_pool_instances;
+--------------------------------+
| @@innodb_buffer_pool_instances |
+--------------------------------+
|                              4 |
+--------------------------------+
# Chunk size was set to 1GB (1073741824 bytes) on startup but was
# truncated to innodb_buffer_pool_size / innodb_buffer_pool_instances

# 查询 select @@innodb_buffer_pool_chunk_size 当前的数值
mysql> select @@innodb_buffer_pool_chunk_size;
+---------------------------------+
| @@innodb_buffer_pool_chunk_size |
+---------------------------------+
|                       536870912 |
+---------------------------------+
```

(4)在无须重新启动服务器的情况下调整缓冲池

如果想在无须重新启动服务器的情况下调整缓冲池，则可以使用下面的命令：

```
mysql> set GLOBAL innodb_buffer_pool_size=402653184;
```

在调整时，可以使用Innodb_buffer_pool_resize_status监控在线缓冲池的大小调整进度。

```
mysql> show STATUS where Variable_name='InnoDB_buffer_pool_resize_status';
```

2. 配置多个缓冲池

在具有足够内存的64位操作系统中，可以将缓冲池拆分为多个部分，以最大限度地减少并发操作之间对内存的争用。

对于缓冲池在数GB范围内的操作系统而言，将缓冲池划分为单独的实例，可以通过减少不同线程读取和写入缓存页面时的争用来提高并发性。在使用innodb_buffer_pool_instances变量配置多个缓冲池实例时，用户也可以调整innodb_buffer_pool_size的值。

当InnoDB缓冲池很大时，可以通过从内存中检索数据来满足更多的数据请求操作。在此期间可能会遇到多个线程试图同时访问缓冲池（内存争用）的问题，对于出现的这种问题，用户可以启用多个缓冲池实例以减少内存争用。使用哈希函数将存储在缓冲池中或从缓冲池中读取的每个页面随机分配给其中一个缓冲池实例，每个缓冲池实例管理自己的空闲列表、刷新列表、LRU 算法以及连接到缓冲池的所有其他数据结构。在 MySQL 8.0 之前，每个缓冲池实例都由自己的缓冲池互斥锁保护。在 MySQL 8.0 及更高版本中，缓冲池实例互斥锁被多个列表和哈希保护互斥锁所取代，以减少争用。

要启用多个缓冲池实例，可以将 innodb_buffer_pool_instances 设置为大于 1（默认值）且小于 64（最大值）的值。此变量仅在用户设置 innodb_buffer_pool_size 为 1GB 或更大时生效。用户指定的总大小在所有缓冲池之间分配。为了获得最佳效率，需要指定 innodb_buffer_pool_instances 和 innodb_buffer_pool_size 的组合，使得每个缓冲池实例至少为 1GB。

例7.13 配置16个实例的线程池，示例SQL语句如下：

```
shell> mysqld  --innodb-buffer-pool-instances=16
```

和前面的配置一样，要保证 innodb_buffer_pool_size 的值是 innodb_buffer_pool_chunk_size*innodb_buffer_pool_instances 的倍数。所以在配置前，可以根据前面提供的脚本来查看每个配置的大小，以方便配置出合理的数值范围。

3. 合理利用缓冲池

不使用严格的 LRU 算法，将不再访问的少数数据存储在缓冲池中，其目标是确保经常访问的“热”页面保留在缓冲池中，新读取的块被插入 LRU 列表的中间。默认情况下，所有新读取的页面都插入 3/8 到 LRU 列表尾部的位置。当第一次在缓冲池中访问页面时，这些页面被移到列表的前面（最近使用的一端）。因此，从未访问过的页面永远不会进入 LRU 列表的前部，并且比使用严格的 LRU 方法更快地“老化”。这种安排将 LRU 列表分成两部分，其中插入点下游的页面被认为是“旧的”，是容易被驱逐的数据。

我们可以控制 LRU 列表中的插入点，并选择 InnoDB 是否对通过表扫描或索引扫描带入缓冲池的块采用相同的优化算法。配置参数 innodb_old_blocks_pct 控制 LRU 列表中“旧”块的百分比，innodb_old_blocks_pct 的默认值是 37，对应 3/8 原固定比率，取值范围是 5（缓冲池中的新页面很快老化）～95（只有 5%的缓冲池保留给热页面，使算法接近熟悉的 LRU 策略）。

使缓冲池不被预读搅动的优化可以避免由于表扫描或索引扫描而导致的类似问题。在这些扫描中，数据页通常会被快速连续访问几次，并且再也不会被触及。配置参数 innodb_old_blocks_time 指定第一次访问页面后的时间窗口（单位为毫秒），在此期间它可以被访问而不会被移到 LRU 列表的前面（最近使用的末尾）。innodb_old_blocks_time 的默认值是 1000，增加此值会使越来越多的块更快地在缓冲池中老化。

配置操作如下：

```
# 查询 global.innodb_old_blocks_pct 参数值
select @@global.innodb_old_blocks_pct;
# 设置 global.innodb_old_blocks_pct 值
set @@global.innodb_old_blocks_pct=37;
# 查询 innodb_old_blocks_time 值(单位是毫秒)
select @@global.innodb_old_blocks_time;
# 设置 innodb_old_blocks_time 值
set @@global.innodb_old_blocks_time=1000;
```

当然，也可以直接在 my.cnf 配置文件中修改配置。

下面是针对不同业务采用的比较合理的配置策略。

1）如果在业务中做了大量的全表扫描，就可以将 innodb_old_blocks_pct 减小，增大 innodb_old_blocks_time 的时间，不让这些无用的查询数据进入旧区域，尽量不让缓存在新区域的有用数据被立即刷掉（即遭到驱逐）。

2）如果在业务中没有做大量的全表扫描，就可以将 innodb_old_blocks_pct 增大，减小 innodb_old_blocks_time 的时间，让有用的查询数据尽量缓存在缓冲池中，以减小磁盘 I/O，提高查询性能。

4. 缓冲池预读

在业务查询中，如果将可能会查询的页面数据异步预存到缓冲池中，这将会很大程度地提高查询性能。而 InnoDB 存储引擎提供了这种预读策略。在 InnoDB 中使用两种预读算法来提高 I/O 性能，分别说明如下：

（1）线性预读

根据缓冲池中按顺序访问的页面来预测可能很快需要读取哪些页面。用户可以在 InnoDB 中配置 innodb_read_ahead_threshold 参数来调整触发异步读取请求所需的顺序页面访问次数，以此来控制何时执行预读操作。配置参数 innodb_read_ahead_threshold 可以控制 InnoDB 中检查顺序页面访问模式的敏感程度。如果从一个区间中顺序读取的页数大于或等于 innodb_read_ahead_threshold 的值，则 InnoDB 启动整个后续区间的异步预读操作。innodb_read_ahead_threshold 可以设置为 0～64 的任何值，默认值为 56，值越大，访问模式检查越严格。例如，如果将该值设置为 48，则 InnoDB 仅在当前范围内的 48 个页面已被顺序访问时触发线性预读请求；如果将该值设置为 8，即使顺序访问区中的页数少至 8，也会触发异步预读。

（2）随机预读

无论这些页面的数据是否顺序读取，都会根据缓冲池中已有的页面来预测何时可能很快需要请求的页面。如果在缓冲池中找到来自相同范围的 13 个连续页面，则 InnoDB 异步发出请求以预读该范围的剩余页面。要启用此功能，可以把 innodb_random_read_ahead 变量设置为 No。

设置操作如下：

```
# 查询 innodb_read_ahead_threshold 参数值
select @@ innodb_read_ahead_threshold;
# 设置 innodb_read_ahead_threshold 值，也可以直接修改配置文件 my.cnf
set @@global.innodb_read_ahead_threshold=56;
# 查询 innodb_random_read_ahead 参数值(默认是 0，即 No)
select  @@innodb_random_read_ahead;
# 设置 innodb_random_read_ahead 参数值
set @@global.innodb_random_read_ahead=1;
```

5. 优化配置缓冲池刷新

配置缓冲池刷新可以控制何时执行后台刷新以及是否根据工作负载动态调整刷新速率。

InnoDB 在后台会执行一些任务，比如从缓冲池中刷新脏页。脏页是那些已被修改但尚未写入磁盘上的数据文件的页。

（1）innodb_page_cleaners 变量

在 MySQL 8.0 中，缓冲池刷新由页面清理线程执行。页面清理线程的数量由 innodb_page_cleaners 变量控制，该变量的默认值为 4。但是，如果页面清理线程的数量超过缓冲池实例的数量，那么 innodb_page_cleaners 会自动设置为与 innodb_buffer_pool_instances（线程池数量）相同的值。

当脏页的百分比达到 innodb_max_dirty_pages_pct_lwm 变量定义的低百分比时，将启动缓冲池刷新。默认的低百分比是缓冲池页面的 10%，设置为 0 表示禁用低百分比预刷脏页功能。

innodb_max_dirty_pages_pct_lwm 阈值的目的是控制缓冲池中脏页的百分比，并防止脏页数量达到 innodb_max_dirty_pages_pct 变量定义的阈值，innodb_max_dirty_pages_pct_lwm 变量的默认值为 90。如果缓冲池中的脏页百分比达到 innodb_max_dirty_pages_pct 阈值，则启动刷新缓冲池。配置 innodb_max_dirty_pages_pct_lwm 时，该值应始终小于 innodb_max_dirty_pages_pct 值。如果配置 innodb_max_dirty_pages_pct_lwm 值大于 innodb_max_dirty_pages_pct 值，则会强制修改 innodb_max_dirty_pages_pct_lwm 等于 innodb_max_dirty_pages_pct。

设置操作如下：

```
# 查询 innodb_max_dirty_pages_pct_lwm 参数值
select  @@innodb_max_dirty_pages_pct_lwm;
# 设置 innodb_max_dirty_pages_pct_lwm 参数值
set @@global.innodb_max_dirty_pages_pct_lwm=10;
# 查询 innodb_max_dirty_pages_pct 参数值
select  @@innodb_max_dirty_pages_pct;
# 设置 innodb_max_dirty_pages_pct 参数值
set @@global.innodb_max_dirty_pages_pct=10;
```

（2）其他调整缓冲池刷新行为的变量

① innodb_flush_neighbors 变量

该变量定义从缓冲池中刷新页面是否会在同一范围内刷新其他脏页。默认设置为 0，表示禁用 innodb_flush_neighbors，相同范围内的脏页不会被刷新，对于 SSD 设备而言，建议使用此设置。将值设置为 1，表示会刷新相同范围内的连续脏页。将值设置为 2，表示以相同的范围刷新脏页。当数据表的数据存储在传统 HDD 存储设备上时，与在不同时间刷新单个页面相比，在一次操作中刷新相邻页面会减少 I/O 开销（主要用于磁盘查找操作），因此设置 innodb_flush_neighbors 的值为 2。

② innodb_lru_scan_depth 变量

该变量控制 LRU 列表中可用页的数量，页面清理器线程扫描查找要刷新的脏页。这是由页面清理器线程每秒执行一次的后台操作。如果在工作负载下有空闲 I/O 容量，则可以考虑增加该值。相反，如果写入密集型工作负载使 I/O 容量饱和，则减小该值，尤其是在缓冲池较大的情况下。

提　示

innodb_flush_neighbors 和 innodb_lru_scan_depth 变量主要用于写入密集型的工作负载。对于大量 DML 活动，如果刷新不够积极，刷新可能会落后，或者刷新太积极，磁盘写入可能会使 I/O 容量饱和。理想的设置取决于工作负载、数据访问模式和存储配置（例如，数据存储在 HDD 还是 SSD 设备上）。

设置操作如下：

```
# 查询 innodb_flush_neighbors 参数值
select @@innodb_flush_neighbors;
# 设置 innodb_flush_neighbors 参数值
set @@global.innodb_flush_neighbors=0;
# 查询 innodb_lru_scan_depth 参数值
select @@innodb_lru_scan_depth;
# 设置 innodb_lru_scan_depth 参数值
set @@global.innodb_lru_scan_depth=1024;
```

6. 缓冲池预热

为了减少重新启动服务器后的预热时间，InnoDB 在服务器关闭时为每个缓冲池保存一些最近使用的数据页面，并在服务器启动时恢复这些页面。存储的最近使用页面将由 innodb_buffer_pool_dump_pct 变量定义。

重新启动繁忙的服务器后，通常会有一个吞吐量增加的预热期，因为缓冲池中的磁盘页面被加载回内存。我们可以通过预加载缓冲池中的磁盘页面来缩短预热时间。此外，页面的加载在后台进行，不会延迟数据库的启动。除了在关闭时保存缓冲池状态并在启动时恢复它之外，还可以在服务器运行时随时保存和恢复缓冲池状态。例如，可以在稳定的工作负载下达到稳定的吞吐量后保存缓冲池状态。

（1）配置缓冲池页面转储的百分比

在从缓冲池转储页面之前，可以通过设置 innodb_buffer_pool_dump_pct 变量来配置要转储的最近使用的缓冲池页面的百分比。如果计划在服务器运行时转储缓冲池页面，则可以动态配置该变量，示例 SQL 语句如下：

```
set global innodb_buffer_pool_dump_pct=40;
```

如果计划在服务器关闭时转储缓冲池页面，则可以在配置文件my.cnf中进行设置（默认值是25，表示转储最近常用的25%的页面），配置操作如下：

```
[mysqld]
innodb_buffer_pool_dump_pct=40
```

（2）在关机时保存缓冲池状态并在启动时恢复它

如果要在服务器关闭时保存缓冲池的状态，则需要在关闭服务器之前执行以下 SQL 语句（默认情况下启用）：

```
set global innodb_buffer_pool_dump_at_shutdown=ON;
```

如果要在服务器启动时恢复缓冲池状态，则需要在启动服务器时执行以下SQL语句（默认情况下启用）：

```
mysqld --innodb-buffer-pool-load-at-startup=ON;
```

（3）在线保存和恢复缓冲池状态

如果要在 MySQL 服务器运行时保存缓冲池的状态，则执行以下 SQL 语句：

```
set global innodb_buffer_pool_dump_now=on;
```

如果要在MySQL运行时恢复缓冲池状态，则执行以下SQL语句：

```
set global innodb_buffer_pool_load_now=on;
```

（4）显示缓冲池转储进度

如果要在将缓冲池状态保存到磁盘时显示进度，则执行以下 SQL 语句：

```
show status like 'innodb_buffer_pool_dump_status';
```

如果操作尚未开始，则返回 not started。如果操作已经完成，则打印完成时间。如果操作正在进行，则提供状态信息（例如 Dumping buffer pool 2/7 等）。

（5）显示缓冲池加载进度

如果要在加载缓冲池时显示进度，则执行以下 SQL 语句：

```
show status like 'innodb_buffer_pool_load_status';
```

如果操作尚未开始，则返回 not started。如果操作已经完成，则打印完成时间（例如 Finished at 110505 12:23:24）。如果操作正在进行，则提供状态信息（例如已加载 123/22301 页）。

（6）中止缓冲池加载操作

如果要中止缓冲池加载操作，则执行以下 SQL 语句：

```
set global innodb_buffer_pool_load_abort=on;
```

如果想要了解缓冲池的加载进度，则可以使用性能模式监控缓冲池加载进度，具体操作如下：

步骤01 启用 stage/innodb/buffer pool load 仪器：

```
mysql> update performance_schema.setup_instruments set enabled = 'yes'
    ->        where name like 'stage/innodb/buffer%';
Query OK, 0 rows affected (0.00 sec)
Rows matched: 1  Changed: 0  Warnings: 0
```

步骤02 启用活动事件 events_stages_current、events_stages_history 和 events_stages_history_long：

```
mysql> update performance_schema.setup_consumers set enabled = 'yes'
    ->        where name like '%stages%';
Query OK, 3 rows affected (0.00 sec)
Rows matched: 3  Changed: 3  Warnings: 0
```

步骤03 通过启用 innodb_buffer_pool_dump_now 变量转储当前缓冲池状态：

```
mysql> set global innodb_buffer_pool_dump_now=on;
Query OK, 0 rows affected (0.00 sec)
```

步骤04 检查缓冲池转储状态以确保操作已完成：

```
mysql> show status like 'innodb_buffer_pool_dump_status'\G;
*************************** 1. row ***************************
Variable_name: Innodb_buffer_pool_dump_status
        Value: Buffer pool(s) dump completed at 210608 23:45:31
```

```
1 row in set (0.00 sec)
```

步骤05 通过启用 innodb_buffer_pool_load_now 变量加载缓冲池：

```
mysql>  set GLOBAL innodb_buffer_pool_load_now=ON;
Query OK, 0 rows affected (0.00 sec)
```

步骤06 查询 performance_schema.events_stages_current 表来检查缓冲池加载操作的当前状态。WORK_COMPLETED 列显示加载的缓冲池页面数，WORK_ESTIMATED 列表示剩余工作的估计值（以页为单位）。

```
mysql> select event_name, work_completed, work_estimated
    ->        from performance_schema.events_stages_current;
Empty set (0.00 sec)
```

7. InnoDB 相关监控指标

InnoDB 可以使用 show engine innodb status 输出有关缓冲池操作的指标，操作如下：

```
mysql> show engine innodb status\G
*************************** 1. row ***************************
  Type: InnoDB
  Name:
Status:
=====================================
2021-06-09 00:04:59 139918629566208 INNODB MONITOR OUTPUT
...
# 缓冲池相关的指标
BUFFER POOL AND MEMORY
----------------------
Total large memory allocated 137035776
Dictionary memory allocated 464915
Buffer pool size   8192
Free buffers       7128
Database pages     1060
Old database pages 411
Modified db pages  0
Pending reads      0
Pending writes: LRU 0, flush list 0, single page 0
Pages made young 2, not young 0
0.00 youngs/s, 0.00 non-youngs/s
Pages read 883, created 177, written 610
0.00 reads/s, 0.00 creates/s, 0.00 writes/s
No buffer pool page gets since the last printout
Pages read ahead 0.00/s, evicted without access 0.00/s, Random read ahead 0.00/s
LRU len: 1060, unzip_LRU len: 0
I/O sum[0]:cur[0], unzip sum[0]:cur[0]
--------------
ROW OPERATIONS
```

```
--------------
0 queries inside InnoDB, 0 queries in queue
0 read views open inside InnoDB
Process ID=1, Main thread ID=139918270789376 , state=sleeping
Number of rows inserted 9, updated 2, deleted 2, read 75
0.00 inserts/s, 0.00 updates/s, 0.00 deletes/s, 0.00 reads/s
Number of system rows inserted 84, updated 364, deleted 19, read 5248
0.00 inserts/s, 0.00 updates/s, 0.00 deletes/s, 0.00 reads/s
----------------------------
END OF INNODB MONITOR OUTPUT
============================

1 row in set (0.00 sec)
```

表 7-6 所示是相关指标的说明。

表 7-6 相关指标的说明

指标名称	备注	说明
Total memory allocated	分配的总内存	为缓冲池分配的总内存（以字节为单位）
Dictionary memory allocated	分配的字典内存	为 InnoDB 数据字典分配的总内存（以字节为单位）
Buffer pool size	缓冲池大小	分配给缓冲池的总页面大小
Free buffers	空闲缓冲区	缓冲池空闲列表的总大小（以页为单位）
Database pages	数据库页面	缓冲池 LRU 列表的总大小（以页为单位）
Old database pages	旧的数据库页面	缓冲池旧 LRU 子列表的总大小（以页为单位）
Modified db pages	修改的数据库页面	当前在缓冲池中修改的页面数
Pending reads	等待读入的页面	等待读入缓冲池的缓冲池页面数
Pending writes LRU	等待写入的旧脏页数	等待从 LRU 列表写入缓冲池的旧脏页数
Pending writes flush list	等待刷新的缓冲池页面数	检查点期间要刷新的缓冲池页面数
Pending writes single page	等待写入的单页	等待写入缓冲池的单页面
Pages made young	年轻页面总数	缓冲池 LRU 列表中年轻的页面总数
Pages made not young	老年页面总数	缓冲池 LRU 列表中未变年轻的页面总数（保留在“旧”子列表中但未变年轻的页面）
youngs/s	年轻页面的平均访问次数	年轻页面每秒平均的访问次数
non-youngs/s	老年页面的平均访问次数	老年页面每秒平均的访问次数
Pages read	读取的页面	从缓冲池读取的总页面数
Pages created	创建的页面	在缓冲池中创建的总页面数
Pages written	写入的页面数	写入缓冲池的总页面数
reads/s	读取/秒	每秒从缓冲池页面执行读取的平均次数
creates/s	创建/秒	每秒在缓冲池页面执行创建的平均次数
writes/s	写入/秒	每秒在缓冲池页面执行写入的平均次数

（续）

指标名称	备注	说明
Buffer pool hit rate	缓冲池命中率	从缓冲池读取的页面与从磁盘存储读取的缓冲池页面命中率
Pages read ahead	预读页面	预读操作每秒的平均值
Pages evicted without access	未被访问而被驱逐的页面数	未被访问而从缓冲池被驱逐的页面的每秒平均值
Random read ahead	随机预读	随机预读操作的每秒平均值

表7-6中有两个指标需要特别注意：

1）youngs/s 指标仅适用于年轻页面，它基于页面访问次数。对给定页面的多次访问都被计算在内。如果 youngs/s 在没有发生大扫描时是非常低的值，则考虑减少延迟时间或增加用于旧子列表的缓冲池的百分比。增加百分比会使旧的子列表变大，因此该子列表中的页面移动到尾部需要更长的时间，这增加了再次访问这些页面并使其变年轻的可能性。

2）non-youngs/s 指标仅适用于旧页面，它基于页面访问次数。对给定页面的多次访问都被计算在内。如果 non-youngs/s 在执行大型表扫描时没有看到更高的值，则增加延迟值。

7.5.2 变更缓冲区原理与优化

1. 变更缓冲区的原理

变更缓冲区是一种特殊的数据结构，当辅助索引页不在缓冲池中时，它会缓存这些页的更改数据。缓存的更改可能由插入、更新或删除操作导致，将在以后页面通过其他读取操作加载到缓冲池时合并这些更改数据。

当我们进行插入、更新、删除操作时，可能会导致修改二级索引。如果受影响的索引页不在缓冲池中或者二级索引页不在缓冲池中，则可以利用变更缓冲区对二级索引的修改进行缓存，这样可以避免昂贵的随机访问 I/O 操作：插入、更新、删除。这些操作可能需要立即从磁盘中读取受影响的索引页。当页面被其他读取操作读取到缓冲池中时，变更缓冲区可以稍后分批进行，从而提高性能。

要变更缓冲区，可以修改 innodb_change_buffering，innodb_change_bufferingde 的参数说明如下：

- all：默认值，缓存插入、删除和清除操作。
- none：不缓存任何操作
- inserts：缓存插入操作。
- deletes：缓存删除标记操作。
- changes：缓存插入和删除标记操作。
- purges：缓存在后台发生的物理删除操作。

变更缓冲区的操作如下：

```
# 修改 innodb_change_buffering 参数值
mysql>  set global innodb_change_buffering=all;
Query OK, 0 rows affected (0.00 sec)
```

```
# 查询 innodb_change_buffering 参数
mysql> select @@innodb_change_buffering;
+---------------------------+
| @@innodb_change_buffering |
+---------------------------+
| all                       |
+---------------------------+
1 row in set (0.00 sec)
```

当然，也可以修改配置文件 my.cnf 中的相关配置。

2. 变更缓冲区的优化

innodb_change_buffer_max_size 变量允许将更改缓冲区的最大容量配置为缓冲池总容量的百分比。默认情况下，innodb_change_buffer_max_size 设置为 25，最大值也可以设置为 50。

在具有大量插入、更新和删除活动的 MySQL 服务器上，建议增大 innodb_change_buffer_max_size。如果在 MySQL 服务器上用于存储静态数据，或者更改缓冲区消耗了与缓冲池共享的太多内存空间，从而导致页面比期望的更快地退出缓冲池，在这种情况下建议减小 innodb_change_ buffer_max_size 值。innodb_change_buffer_max_size 变量的设置是动态的，它允许修改设置而无须重新启动服务器。

变更缓冲区的操作如下：

```
# 查询当前的变更缓冲区大小（即容量）
mysql> select @@innodb_change_buffer_max_size;
+---------------------------------+
| @@innodb_change_buffer_max_size |
+---------------------------------+
|                              25 |
+---------------------------------+
1 row in set (0.00 sec)
# 修改变更缓冲区
mysql>  set global innodb_change_buffer_max_size=30;
Query OK, 0 rows affected (0.00 sec)
mysql> select @@innodb_change_buffer_max_size;
+---------------------------------+
| @@innodb_change_buffer_max_size |
+---------------------------------+
|                              30 |
+---------------------------------+
1 row in set (0.00 sec)
```

3. 变更缓冲区的注意事项

变更缓冲区需要注意如下事项：

1）变更缓冲区仅支持二级索引，不支持聚簇索引、全文索引和空间索引。全文索引有其自己的缓存机制。

2）如果索引包含降序索引列或主键包含降序索引列，则辅助索引不支持更改缓冲。

3）在页面可用之前，将页面读入缓冲池时，有关缓冲的变更会在读取完成后合并。

4）变更缓冲区合并作为后台任务执行。

5）变更缓冲区是持久性的，可以在系统崩溃后恢复。重新启动后，更改缓冲区合并操作将作为正常操作的一部分进行恢复。

6）变更的页面将采用与刷新占用缓冲池其他页面相同的刷新机制进行刷新。

7.5.3 自适应哈希索引原理与配置

自适应哈希索引能够使 InnoDB 在具有适当的工作负载和足够的缓冲池内存的系统上执行操作，更像是内存中的数据库操作，且不会牺牲事务功能或可靠性。通过 innodb_adaptive_hash_index 变量启用自适应哈希索引。

自适应哈希索引是根据观察到的搜索模式，使用索引键的前缀构建哈希索引的。前缀既可以是任意长度，也可能只有 B_Tree 中的某些值出现在哈希索引中。哈希索引是针对经常访问的索引页面按需构建的。如果一个数据表几乎完全适合存储在内存，那么哈希索引通过启用任何元素的直接查找来加速查询，将索引值转换为某种指针。InnoDB 具有监视索引搜索的机制，如果 InnoDB 注意到查询可以从构建哈希索引中受益，将会自动构建哈希索引。

哈希索引的操作如下：

```
# 设置 innodb_adaptive_hash_index (1 表示开启)
mysql> set global innodb_adaptive_hash_index=1;
Query OK, 0 rows affected (0.00 sec)
# 查询 innodb_adaptive_hash_index 变量的值
mysql> select @@innodb_adaptive_hash_index;
+------------------------------+
| @@innodb_adaptive_hash_index |
+------------------------------+
|                            1 |
+------------------------------+
1 row in set (0.00 sec)
```

7.5.4 日志缓冲区

日志缓冲区是保存要写入磁盘上日志文件的数据的内存区域。日志缓冲区大小由 innodb_log_buffer_size 变量定义，默认大小为 16MB。日志缓冲区的内容会定期刷新到磁盘。大型日志缓冲区使大型事务能够运行，而无须在事务提交之前将重做日志数据写入磁盘。因此，如果有更新、插入或删除许多行的事务，则增加日志缓冲区的大小以节省磁盘 I/O。innodb_flush_log_at_trx_commit 变量控制日志缓冲区的内容如何写入和刷新到磁盘。innodb_flush_log_at_timeout 变量控制日志刷新频率。

设置日志缓冲区的操作如下：

```
# 查询 select@@innodb_log_buffer_size 变量的值
mysql> select @@innodb_log_buffer_size;
+--------------------------+
| @@innodb_log_buffer_size |
+--------------------------+
```

```
|                  16777216 |
+---------------------------+
1 row in set (0.00 sec)

# select @@innodb_log_buffer_size 变量值是只读的，所以要在配置文件 my.cnf 中修改配置
mysql> set global innodb_log_buffer_size=16777216;
ERROR 1238 (HY000): Variable 'innodb_log_buffer_size' is a read only variable

# 查看 innodb_flush_log_at_trx_commit 变量的值
mysql> select @@innodb_flush_log_at_trx_commit;
+----------------------------------+
| @@innodb_flush_log_at_trx_commit |
+----------------------------------+
|                                1 |
+----------------------------------+
1 row in set (0.00 sec)
# 修改 innodb_flush_log_at_trx_commit 变量的值
mysql> set GLOBAL innodb_flush_log_at_trx_commit=1;
Query OK, 0 rows affected (0.00 sec)
```

7.6 InnoDB 表实战调优

InnoDB 是 MySQL 客户在可靠性和并发性很重要的生产数据库中使用的存储引擎。本节介绍如何优化 InnoDB 表的数据库操作。

7.6.1 优化 InnoDB 表的存储

在使用 MySQL 时，可能会发现尽管一张表删除了许多数据，但是这张表的数据文件和索引文件却没有变小，这是因为 MySQL 在删除数据（特别是有 text 和 blob 列的表）时会留下许多数据碎片，这些碎片会占据数据的存储空间，所以数据文件和索引文件的大小没有改变。这些碎片在以后插入数据时可能会被再度利用起来，当然也有可能一直存在。这些碎片不仅额外增加了存储代价，同时也因为数据碎片化降低了表的扫描效率。

如果已经删除了表的一大部分数据，或者已经对含有可变长度行的表（含有 varchar、blob 或 text 列的表）进行了很多更改，结果发现数据文件尺寸并没有减小，这是由于在执行删除操作后在数据文件中留下碎片所致的。可以使用 optimize table 来重新利用未使用的空间，并整理数据文件的碎片。

optimize table 操作会复制数据表的部分数据并且重建索引。重建索引改进了索引内的数据，并且减少了表空间和磁盘上的碎片，至于能够整理出多少碎片，会根据每个表中的数据而异。如果表很大或者正在重建的索引不适合缓冲池，则此操作可能会很慢。另外，向表中添加大量数据后，第一次运行 optimize table 操作通常比以后运行慢得多。

optimize table 只对 MyISAM、BDB 和 InnoDB 存储引擎的数据表起作用。

下面是相关的操作命令：

- 如果是 MyISAM 存储引擎，则执行如下 SQL 语句：

```
optimize table  tablename;
```

- 如果是 InnoDB 存储引擎，则执行如下 SQL 语句：

```
alter table tablename engine='innodb';
```

不可以在 InnoDB 的表上执行语句 optimize table tablename。

例7.14 在InnoDB的表上执行语句optimize table tablename会报错，示例SQL语句及其执行结果如下：

```
mysql> optimize table  userinfo \G;
*************************** 1. row ***************************
   Table: demo.userinfo
      Op: optimize
Msg_type: note
Msg_text: Table does not support optimize, doing recreate + analyze instead
*************************** 2. row ***************************
   Table: demo.userinfo
      Op: optimize
Msg_type: status
Msg_text: OK
2 rows in set (0.01 sec)
```

如上所示，直接在 InnoDB 的表中执行会报错。

如果想要查询具体释放了多少存储空间，可以执行下面的命令：

```
show table status from demo like 'userinfo' \G;
```

例7.15 查询demo数据库中有关userinfo表当前的存储情况，示例SQL语句及其执行结果如下：

```
mysql> show table status from demo like 'userinfo' \G;
*************************** 1. row ***************************
           Name: userinfo
         Engine: InnoDB
        Version: 10
     Row_format: Dynamic
           Rows: 2
 Avg_row_length: 8192
    Data_length: 16384
Max_data_length: 0
   Index_length: 0
      Data_free: 0
 Auto_increment: 3
    Create_time: 2021-06-12 01:07:15
    Update_time: NULL
     Check_time: NULL
      Collation: utf8mb4_0900_ai_ci
       Checksum: NULL
 Create_options:
        Comment:
1 row in set (0.00 sec)
```

从上面的结果可以看出当前数据表占用的具体空间（Data_free），可以在优化表前后执行此语句来计算优化的空间。

7.6.2　InnoDB 事务处理优化

要优化 InnoDB 事务处理，请在事务功能的性能开销和服务器的工作负载之间找到理想的平衡点。比如，一个应用每秒提交上千次或者一个应用 2～3 小时提交一次，都会遇到性能问题。

默认情况下，MySQL 开启自动提交（set autocommit=1），当我们进行操作时，每操作一条语句都默认提交一次。如果在短时间内进行多次提交，则会非常消耗性能。在允许的情况下，可以将几个相关的数据更改操作封装到单个事务中，这样就能很明显地提高性能。具体操作方式有两种：

1）关闭自动提交（set autocommit=0），完成多次操作之后，再执行commit进行批量提交。

2）开启事务，执行start transaction语句，多次操作完成之后，再执行commit进行批量提交。

7.6.3　InnoDB 只读事务优化

InnoDB 可以避免为已知只读的事务设置事务 ID 相关的开销，只有可能执行写操作或锁定读取的事务才需要事务 ID。因为只读事务不存在数据的修改与删除，所以数据库会对只读事务进行一些优化，比如不启动回滚段、不记录回滚日志。

只读事务操作规则如下：

1）如果一次执行单条查询语句，则没有必要启用事务支持，数据库默认支持 SQL 执行期间的读一致性（set autocommit=1），除非是有了 select * from table for update 等语句。

2）如果一次执行多条查询语句，比如统计查询、报表查询，在这种场景下，多条查询 SQL 必须保证整体的读一致性，否则在前一条 SQL 语句查询之后与后一条 SQL 语句查询之前，数据被其他用户修改了，则这次整体的统计查询将会出现读数据不一致的状态，此时应该启用只读事务支持。具体操作如下：

```
start transaction read only;
 ---操作语句
commit;
```

7.6.4　优化 InnoDB 重做日志

1. MySQL 中一条 SQL 语句的执行过程详解

想要优化重做日志（Redo Log），首先要了解执行一条 SQL 语句时，InnoDB 存储引擎到底做了什么？如图 7-6 所示，这是执行一条修改语句，InnoDB 存储引擎和 MySQL 服务各自参与处理的业务流程图。

下面将详细介绍相关的名词和整个执行流程。

- 缓冲池（Buffer Pool）：是 MySQL 一个非常重要的组件，因为针对数据库的增、删、改操作都是在缓冲池中完成的。
- 回滚日志：记录的是数据操作前的状态，用于在需要时回滚至被修改前的数据。
- 重做日志：记录的是数据被操作后的状态（重做日志是 InnoDB 存储引擎特有的）。

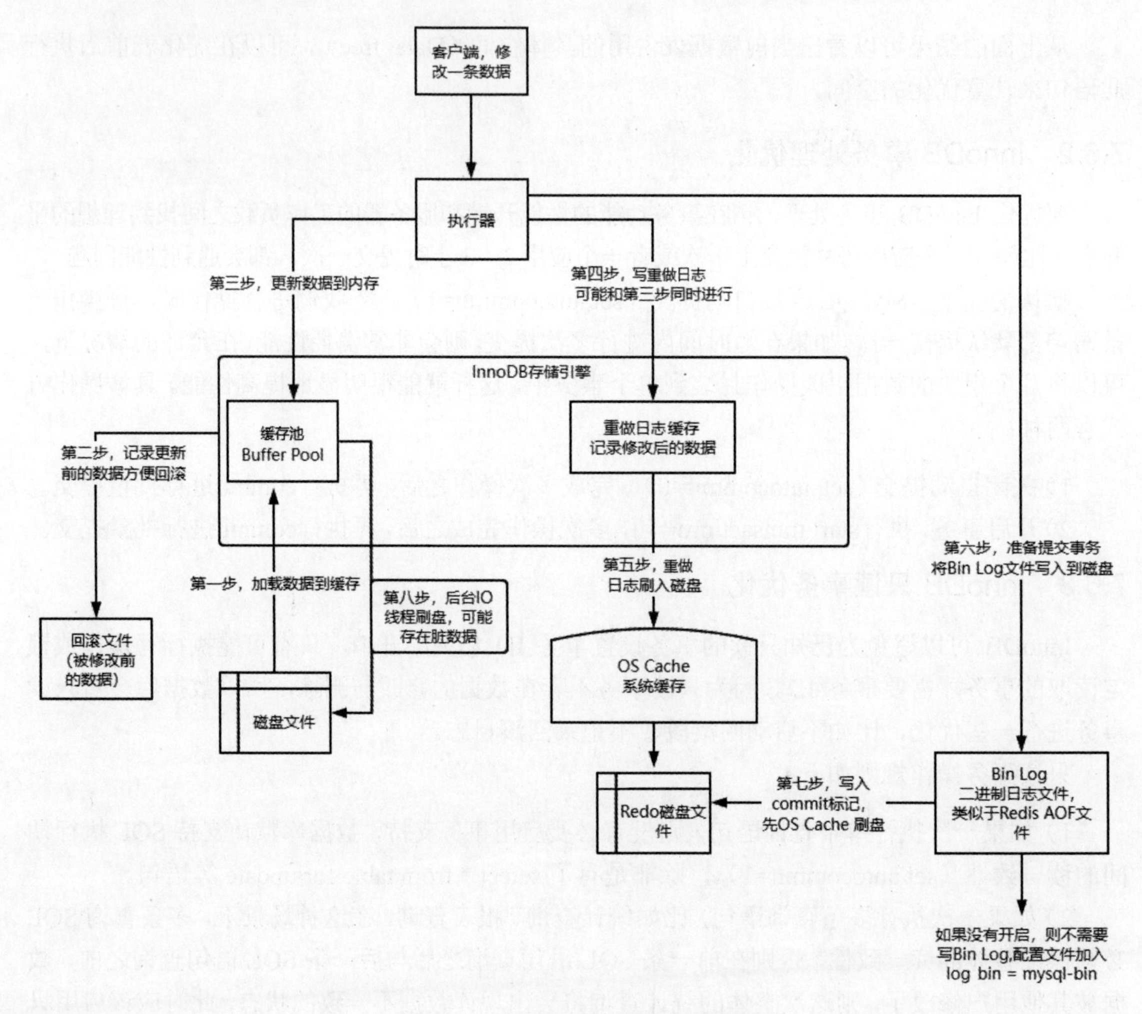

图 7-6　一条修改语句的执行流程图

- 二进制日志：记录了整个操作（属于 MySQL 服务自身的日志）。
- 日志缓冲区：其中未刷到磁盘的日志称为脏日志。

整个执行流程如下：

1）客户端发送语句到 MySQL 数据库，将根据 MySQL 的执行计划来查询数据：先从缓冲池中查询数据，如果没有，就会去数据库中查询，如果查询到了，就将其放到缓冲池中（第一步）。

2）数据被缓存到缓冲池的同时，会写入回滚日志文件（第二步）。

3）更新操作会在缓冲池中完成，将更新后的数据添加到重做日志缓冲区中以后就可以提交事务了（第三步），而提交的同时会做以下 3 件事：

① 将重做日志缓冲区中的数据刷入重做日志文件中（第四步和第五步）。

② 将本次操作记录写入二进制日志文件中（第六步）。

③ 将二进制日志文件名和更新内容在二进制日志文件中所在的位置都记录到重做日志文件中，同时在重做日志最后添加 commit 标记。如果在 my.cnf 中没有开启二进制日志，则直接对重做日志添加 commit 标记（第七步）。

对于将重做日志缓冲区的数据写入 Redo 磁盘文件中的策略，可以通过 innodb_flush_log_at_trx_commit 参数来设置（需要在 my.cnf 中配置）。

innodb_flush_log_at_trx_commit 不同参数的含义说明如下：

- 0：事务提交时不会将日志缓冲区中的日志立即写入系统缓存，而是每秒写入一次系统缓存并调用同步函数 fsync()写入磁盘文件中。也就是说，设置为 0 时是每秒刷新写入磁盘中的，当系统崩溃时会丢失一秒钟的数据。
- 1：事务每次提交都会将日志缓冲区中的日志写入系统缓存并调用同步函数 fsync()刷新到磁盘文件中。即使系统崩溃，这种方式也不会丢失任何数据，但是因为每次提交都写入磁盘，所以 IO 性能较差。
- 2：每次提交都仅写入系统缓存，然后每秒调用同步函数 fsync()将系统缓存中的日志写入磁盘文件中，这种方式性能最高。

2. 重做日志优化

了解上面的整个流程之后，可以考虑使用以下准则来优化重做日志：

1）当 InnoDB 重做日志缓冲池满了或者达到一定的阈值时，必须在检查点将缓冲池的修改内容写入磁盘。重做日志文件的大小和数量可以使用 innodb_log_file_size 和 innodb_log_files_in_group（默认为 2）参数来调节，将这两个参数相乘即可得到总的可用重做日志空间。尽管技术上并不关心是通过 innodb_log_file_size 还是 innodb_log_files_in_group 来调整重做日志空间的，不过多数情况下还是通过 innodb_log_file_size 来调节的，可以在 my.cnf 配置文件中进行配置。配置完成后重启数据库服务即可。

配置格式如下：

```
[mysqld]
innodb_log_file_size=50331648
```

也可以使用下面的SQL语句查询默认值：

```
mysql> show global variables like '%innodb_log%';
+------------------------------------+----------+
| Variable_name                      | Value    |
+------------------------------------+----------+
| innodb_log_buffer_size             | 16777216 |
| innodb_log_checksums               | ON       |
| innodb_log_compressed_pages        | ON       |
| innodb_log_file_size               | 50331648 |
| innodb_log_files_in_group          | 2        |
| innodb_log_group_home_dir          | ./       |
| innodb_log_spin_cpu_abs_lwm        | 80       |
| innodb_log_spin_cpu_pct_hwm        | 50       |
| innodb_log_wait_for_flush_spin_hwm | 400      |
| innodb_log_write_ahead_size        | 8192     |
| innodb_log_writer_threads          | ON       |
+------------------------------------+----------+
11 rows in set (0.00 sec)
```

由此可见，innodb_log_files_in_group 的默认值是 2，innodb_log_file_size 的默认值是 50331648（字节）。

2）考虑增加日志缓冲区的大小。大日志缓冲区使大型事务能够运行，而无须在事务提交之前将日志写入磁盘。因此，如果有大量更新、插入或删除多行的事务，则增大日志缓冲区可以节省磁盘 I/O。日志缓冲区大小使用 innodb_log_buffer_size 变量进行配置，具体操作如下：

```
# 直接动态操作（MySQL 8.0 中可以动态配置）
set global innodb_log_buffer_size=16777216;
# 可在 my.cnf 进行配置，配置完成后重启数据库服务即可。配置格式如下
[mysqld]
global innodb_log_buffer_size=16777216
# 配置完成后，可以使用下面的语句在数据库中查询验证
show global variables like '%innodb_log%';
```

3）配置相关 innodb_log_write_ahead_size 变量以避免“读写”，此变量定义重做日志的预写块大小。配置 innodb_log_write_ahead_size 为匹配操作系统块（OS Block）或文件系统缓存块大小。当重做日志块由于预写块大小与操作系统块或文件系统缓存块大小不匹配而未完全缓存到操作系统或文件系统时，就会发生写时读取。

为了处理重做日志块大小和操作系统块间操作数据块大小协调一致的问题，在 InnoDB 中以 512 字节一个块的方式对齐写入重做文件（ib_logfileN），而操作系统一般以 4096 字节为一个块单位读写。如果即将写入的日志块不在操作系统缓冲区缓存，就需要将对应的 4096 字节的块读入内存，修改其中的 512 字节，然后把该块写回磁盘。引入 write-ahead 是将当前写入重做文件的偏移量整除 innodb_log_write_ahead_size 参数值，不能整除时用 0 补全，使得需要写入的内容刚好是块的倍数，然后直接覆盖写入即可，将不再需要 read-modify-write 的过程，从而提升效率。因此，设置 innodb_log_write_ahead_size 的值最好是 4096 的倍数。

具体配置如下：

```
# 直接动态操作
set global innodb_log_write_ahead_size=8192;
# 可以在 my.cnf 中进行配置，配置完成后重启数据库服务即可。配置格式如下
[mysqld]
innodb_log_write_ahead_size=8192
# 配置完成后，可以使用下面的语句在数据库中查询验证
> show global variables like 'innodb_log%';
+-------------------------------+-----------+
| Variable_name                 | Value     |
+-------------------------------+-----------+
| innodb_log_buffer_size        | 16777216  |  # 重做日志缓冲区大小，默认 16MB
| innodb_log_checksums          | ON        |  # 校验
| innodb_log_compressed_pages   | ON        |  # 是否启用压缩
| innodb_log_file_size          | 50331648  |  # 日志文件大小
| innodb_log_files_in_group     | 2         |  # 日志文件数量，默认 2 个日志文件
| innodb_log_group_home_dir     | ./        |  # 日志文件目录，默认 datadri
| innodb_log_write_ahead_size   | 8192      |  # 表示重做日志前的块大小
+-------------------------------+-----------+
```

4）MySQL 8.0.11 引入了专用的日志写入线程，用于将重做日志记录从日志缓冲区写入系统缓冲区，并将系统缓冲区刷新到重做日志文件。以前，单独的用户线程负责这些任务，从 MySQL 8.0.22 开始，可以使用 innodb_log_writer_threads 变量启用或禁用专用日志写入线程。专用日志写入线程可以提升高并发系统的性能，但对于低并发系统，则没有必要启用专用日志写入线程，禁用专用日志写入线程可以提供更好的性能。

配置方式如下：

```
# 直接动态操作(ON：启用，OFF：禁用)
set global innodb_log_writer_threads=ON;
# 可在 my.cnf 中进行配置，配置完成后重启数据库服务即可。配置格式如下：
[mysqld]
innodb_log_writer_threads=ON
# 配置完成后可以使用下面的语句在数据库中查询验证
show global variables like 'innodb_log%';
```

5）对于以上配置的优化，用户线程不再自己去刷新重做日志，而是等待后台线程去刷新。需要注意的是，用户线程使用自旋延迟等待后台线程刷新，所以如果想要提高用户线程的性能，可以动态调整自旋延迟的高水位值和低水位值。自旋是一种通过不间断地测试来查看一个资源是否变为可用状态的等待操作，用于仅需要等待很短的时间来等待所需资源的应用场景。优化器使用自旋延迟的方式等待重做日志的刷新，因为自旋延迟有利于减少延迟。在低并发时，减少延迟可能并没有太大效果。在高并发时，希望在自旋延迟上避免消耗处理能力，以便它可以用于其他工作，可以设置以下变量进行优化，这些变量值定义了使用自旋延迟的边界：

- innodb_log_wait_for_flush_spin_hwm：表示最大平均日志刷新时间，超过该时间，用户线程在等待刷新重做日志时不再自旋，可以处理其他任务。默认值为 400 微秒。
- innodb_log_spin_cpu_abs_lwm：表示在等待刷新重做日志时用户线程不再自旋的最小 CPU 使用量。该值表示 CPU 内核使用量的总和。例如，默认值 80 是单个 CPU 内核的 80％使用率。在具有多核处理器的系统上，当值为 150 时表示一个 CPU 内核的 100%使用率加上另一个 CPU 内核的 50%使用率。
- innodb_log_spin_cpu_pct_hwm：表示在等待刷新重做日志时用户线程不再自旋的最大 CPU 使用量。该值表示所有 CPU 内核的总处理能力的百分比，默认值为 50％。
- nnodb_log_spin_cpu_pct_hwm：表示配置变量和处理器方面的相关性。例如，如果服务器有 16 个 CPU 内核，但 mysqld 进程仅固定使用 8 个 CPU 内核，那么其他 8 个 CPU 内核将被忽略。

配置方式如下：

```
# 直接动态操作
set global  innodb_log_wait_for_flush_spin_hwm=400;
set global  innodb_log_spin_cpu_abs_lwm=80;
set global  innodb_log_spin_cpu_pct_hwm=50;
# 可以在 my.cnf 中进行配置，配置完成后重启数据库服务即可。配置格式如下
[mysqld]
innodb_log_wait_for_flush_spin_hwm=400;
innodb_log_spin_cpu_abs_lwm=80;
innodb_log_spin_cpu_pct_hwm=50;
```

```
# 配置完成后，可以使用下面的语句在数据库中查询验证
show global variables like 'innodb_log%';
```

7.6.5 InnoDB 磁盘 I/O 优化

如果已经遵循数据库设计和调优技术的最佳实践准则，但由于大量磁盘 I/O 操作导致数据库系统运行仍然很慢，就要考虑对这些磁盘 I/O 进行优化。如果利用 UNIX Top 工具或 Windows 任务管理器查看到承担数据库系统工作负载的 CPU 的使用率低于 70%，则可能是工作负载受限于磁盘，就需要进行如下优化：

（1）增加缓冲池大小

当数据表的数据缓存在 InnoDB 缓冲池中时，它可以被重复查询访问，而不需要任何磁盘 I/O。使用 innodb_buffer_pool_size 变量指定缓冲池的大小。此内存区域非常重要，通常建议将 innodb_buffer_pool_size 配置为系统内存的 50%～75%。

（2）调整刷盘机制

刷盘机制就是图 7-5 中第三步和第四步的业务，即把数据更新到内存及写重做日志。

默认情况下，innodb_flush_log_at_trx_commit=1 表示每次提交数据都会将日志缓冲区中的日志写入系统缓存并调用同步函数 fsync()刷新到磁盘中。这种方式即使系统崩溃也不会丢失任何数据，但是由于每次提交都要写入磁盘，I/O 性能较差。另外，在此操作中，都是把数据全部写入系统缓存之后再去调用同步函数进行刷新（系统缓存数据写入磁盘）。如果数据量特别大，就会导致大量磁盘操作一次性完成，性能特别低。如果想要在写系统缓存的同时进行刷新来提高效率，则需要强制从系统缓存中进行较小的、定期的数据刷新，可以使用 innodb_fsync_threshold 变量来定义一个阈值（以字节为单位）。当达到阈值时，系统缓存的内容将刷新到磁盘。innodb_fsync_threshold 变量的默认值为 0，表示仅在文件完全写入缓存后才将数据刷新到磁盘。

配置方式如下：

```
# 直接动态操作
set innodb_fsync_threshold=4;
# 可在 my.cnf 中进行配置，配置完成后重启数据库服务即可。配置格式如下
[mysqld]
innodb_fsync_threshold=4;
# 配置完成后，可以使用下面的语句在数据库中查询验证
show global variables like 'innodb_fsyn%';
```

7.6.6 配置 InnoDB 线程并发数量

InnoDB 的线程处理来自用户事务的请求，事务在提交或回滚之前可能会发出许多请求。在具有多核处理器的操作系统和服务器上，上下文切换是高效的，大多数工作负载运行良好，对并发线程数没有任何限制。在有助于最小化线程之间上下文切换的情况下，InnoDB 可以使用多种技术来限制操作系统并发执行的线程数量（也就是限制在任何时间处理的请求数量）。

当 InnoDB 收到来自用户会话的新请求时，如果并发执行的线程数超过了预先定义的线程数限制，则新请求会在再次尝试之前休眠一小段时间。休眠后无法重新调度的请求将被放入先进先出队列并最终被处理。等待锁的线程不计入并发执行的线程数，而等待的线程数量最大值是变量 innodb_concurrency_tickets 的值（默认值为 5000），如果请求进来之后，线程数量超过这个值，则无须休眠重试，直接返回错误。

变量 innodb_thread_concurrency 用来限制并发线程的数量，一旦正在执行的线程数达到此限制，其他线程会休眠一段时间再次尝试，休眠时间由变量 innodb_thread_sleep_delay（微秒）设置。当然，也可以直接配置变量 innodb_adaptive_max_sleep_delay 来改变运行线程数量的最大值。当前线程调度会自动向上或向下调整变量 innodb_thread_sleep_delay 的值，这种动态调整有助于线程调度机制在系统负载较轻和接近满负荷时平稳运行。

变量 innodb_thread_concurrency 的默认值是 0，表示默认情况下并行执行的线程的数量没有上限，建议设置不超过 32。

InnoDB 仅当并发线程数有限制时才导致线程休眠。当线程数没有限制时，所有线程都通过平等竞争被调度执行。也就是说，如果变量 innodb_thread_concurrency 的值是 0，则忽略变量 innodb_thread_sleep_delay 的值。当线程数有限制时（innodb_thread_concurrencyi>0），InnoDB 允许同一时间有多个请求，但是会对同时处理的线程数量进行限制，从而减少上下文切换的开销。配置线程并发数量的操作如下：

```
# 可在 my.cnf 中进行配置，配置完成后重启数据库服务即可。配置格式如下
[mysqld]
innodb_thread_concurrency=0;
innodb_thread_sleep_delay=1000;
innodb_concurrency_tickets =1000;
# 配置完成后，可以使用下面的语句在数据库中查询验证
select @@innodb_thread_concurrency;
select @@innodb_thread_sleep_delay;
select @@innodb_concurrency_tickets;
```

7.6.7　配置 InnoDB 的 I/O 读写后台线程数量

InnoDB 使用后台线程来服务各种类型的 I/O 请求，可以使用 innodb_read_io_threads（读线程数量）与 innodb_write_io_threads（写线程数量）参数配置 I/O 读写后台线程的数量。这些参数分别表示用于读取和写入请求的后台线程数。它们在所有支持的平台上都将有效。

配置这些参数的目的是使 InnoDB 在高端系统上更具可扩展性。每个后台线程最多可以处理 256 个待处理的 I/O 请求。后台 I/O 的主要来源是预读请求。InnoDB 尝试以大多数后台线程平等共享工作的方式平衡传入请求的负载。InnoDB 还尝试将来自同一范围的读取请求分配给同一线程，以增加合并请求的机会。

innodb_read_io_threads 和 innodb_write_io_threads 参数不能动态更改值，可以在 MySQL 选项文件 my.cnf 或 my.ini 中进行配置。这两个参数的默认值为 4，并且允许的值范围为 1～64。配置操作如下：

```
[mysqld]
innodb_write_io_threads=4;
innodb_read_io_threads=4;
```

7.6.8　InnoDB 的并行读线程数量

长久以来，MySQL 低版本没有提供并行查询，MySQL 在 8.0.14 版本开始有了自己的并行查询，但使用面非常窄，只适用于并行聚集索引的 count(*)，并且只是在没有 where 条件下的查询。因此，要运行并行查询需要满足如下条件：

1）无锁查询。

2）聚集索引。

3）不是 insert…select。

例7.16 同时开启6个线程来读取数据，示例SQL语句如下：

```
mysql> set local innodb_parallel_read_threads=6;
Query OK, 0 rows affected (0.00 sec)
mysql> select count(*) from test;
+-----------+
| count(*)  |
+-----------+
| 1888  |
+-----------+
1 row in set (2.98 sec)
```

在实际业务中，并行查询线程的具体数量取决于服务器的资源和数据量的大小。

7.6.9 InnoDB 的 I/O 容量

InnoDB 主线程和其他线程在后台执行的各种任务，大部分都是与 I/O 相关的，如从缓冲池刷新脏页，或从变更缓冲池更改相应的二级索引。InnoDB 尝试以不会对服务器的正常工作产生不利影响的方式执行这些任务，并尝试可用的 I/O 带宽并调整其活动以使用可用的容量。innodb_io_capacity 变量定义了可用于整体 I/O 的容量，建议把该变量的值设置为系统每秒大约可执行的 I/O 操作的次数（Input/Output Operations Per Second，IOPS）。

innodb_io_capacity 变量的默认值为 200，通常大约 100 的值适用于消费级存储设备，例如高达 7200 RPM 的硬盘驱动器。更快的硬盘驱动器、RAID 配置和固态驱动器可以配置更高的值。通常，可以根据用于 InnoDB I/O 的驱动器数量来增加该值。例如，可以在使用多个磁盘或 SSD 的系统上增加该值。对于低端 SSD 来说，默认值 200 就足够了。

如果刷新任务落后，则 InnoDB 可以采用比 innodb_io_capacity 变量定义更高的每秒 I/O 操作速率来更积极地刷新。innodb_io_capacity_max 变量定义了 InnoDB 在这种情况下由后台任务执行的最大 IOPS。

需要注意的是，如果在启动时设置了 innodb_io_capacity，但未设置 innodb_io_capacity_max，则 innodb_io_capacity_max 默认为 innodb_io_capacity 或 2000 的两倍，以较大者为准。在配置时，一般情况下，把 innodb_io_capacity_max 设置为 innodb_io_capacity 的两倍。innodb_io_capacity_max 的默认值是 2000，适用于使用固态驱动器或多个常规磁盘驱动器的工作负载。对于单个普通磁盘驱动器，建议设置在 200～400。配置方式如下：

```
# 直接动态操作，不需要重启服务
set global  innodb_io_capacity=200;
set global  innodb_io_capacity_max=2000;
# 配置完成后，可以使用下面的语句在数据库中查询验证
select @@innodb_io_capacity;
select @@innodb_io_capacity_max;
```

第 8 章 MySQL 基准测试数据的备份与还原

本章主要内容：

- 基准测试的意义
- 基准测试的使用
- 数据导出和备份
- 数据还原

本章将讲解 MySQL 数据库的基准测试，让用户在使用数据库时了解当前服务的性能到底如何，对于优化 MySQL 服务提供指标。本章通过详细的使用说明让读者实操起来更加容易。

8.1 基准测试

对数据库进行基准测试，以便掌握数据库的性能情况是非常有必要的。本节将介绍 MySQL 基准测试的基本概念，以及使用 Sysbench 对 MySQL 进行基准测试的详细方法。

基准测试可以理解为针对系统的一种压力测试。基准测试不关心业务逻辑，更加简单、直接，易于测试，数据可以由工具生成，不要求真实；而压力测试一般考虑业务逻辑，要求真实的数据。

对于大多数 Web 应用，整个系统的瓶颈在于数据库，原因很简单：Web 应用中的其他因素（例如网络带宽、负载均衡节点、应用服务器（包括 CPU、内存、硬盘灯、连接数等）、缓存）都很容易通过增加机器水平的扩展来实现性能的提高。而对于 MySQL，由于数据一致性的要求，无法通过增加机器来分散向数据库写数据带来的压力，虽然可以通过读写分离、分库、分表来减轻压力，但是与系统其他组件的水平扩展相比，数据库仍然受到了太多的限制。

对数据库进行基准测试的作用是分析在当前配置（硬件配置、操作系统配置、数据库配置等）下，其数据库的性能表现，从而找出 MySQL 的性能阈值，并根据实际系统的要求调整配置。基准测试的指标有如下几个：

- 每秒查询数（Query Per Second，QPS）：是对一个特定的查询服务器在规定时间内处理查询数量的衡量标准，对应 fetches/sec，即每秒的响应请求数。
- 每秒处理的事务数（Transaction Per Second，TPS）：是指系统在单位时间内处理事务的数量。对于非并发的应用系统而言，TPS 与响应时间呈反比关系，实际上此时 TPS 就是响应时间的倒数。前面已经讲过，对于单用户的系统，响应时间（或者系统响应时间和应用延迟时间）可以很好地度量系统的性能，但对于并发系统而言，通常需要用 TPS 作为性能指标。
- 响应时间：包括平均响应时间、最小响应时间、最大响应时间、时间百分比等，其中时间百分比参考意义较大，如前 90%的请求的最大响应时间。
- 并发量：同时处理的查询请求的数量，即可以同时承载的正常业务功能的请求数量。

在对 MySQL 进行基准测试时，一般使用专门的工具，例如 MySQLslap、Sysbench 等。其中，Sysbench 比 MySQLslap 更通用、更强大。下面介绍使用 Sysbench 进行基准测试的方法。

8.1.1 Sysbench 介绍

Sysbench 是一个开源的、模块化的、跨平台的多线程性能测试工具，可以用来进行 CPU、内存、磁盘 I/O、线程、数据库的性能测试。目前支持的数据库有 MySQL、Oracle 和 PostgreSQL。它主要包括以下几种测试：

- CPU 性能。
- 磁盘 I/O 性能。
- 调度程序性能。
- 内存分配及传输速度。
- 数据库性能基准测试。

Sysbench的基本语法如下：

```
sysbench [options]... [testname] [command]
```

下面说明实际使用中常用的参数和命令。

（1）command参数

command 参数是 Sysbench 要执行的命令，包括 prepare、run 和 cleanup。顾名思义，prepare 是为测试提前准备数据，run 是执行正式的测试，cleanup 是在测试完成后对数据库进行清理。

（2）config-file参数

config-file 参数用于指定要进行测试的文件，语法如下：

```
sysbench --config-file=config oltp_point_select
```

（3）options参数

- mysql-host：MySQL 服务器的主机名，默认为 localhost。
- mysql-port：MySQL 服务器的端口，默认为 3306。
- mysql-user：用户名。
- mysql-password：密码。

（4）MySQL执行参数

- oltp-test-mode：执行模式，包含查询、修改、删除等。
- oltp-tables-count：测试的数据表的数量。
- oltp-table-size：测试的数据表的大小。
- threads：客户端的并发连接数。

8.1.2 Sysbench 测试实操

在测试之前，需要注意下面几点：

1）最好不要在 MySQL 服务器运行的机器上进行测试，一方面，可能无法体现网络传输速率的影响；另一方面，Sysbench 的运行会影响 MySQL 服务器的性能。

2）可以逐步增加客户端的并发连接数，观察在连接数不同的情况下，MySQL 服务器的表现，如分别设置并发连接数为 8、16、24、32 等。

3）如果连续进行多次测试，注意确保之前测试的数据已经被清理干净。

为了方便学习和演示，我们使用自定义镜像文件运行 Sysbench 来进行基准测试。

测试步骤如下：

步骤 01 制作 Docker 自定义镜像。创建 Dockerfile 文件，SQL 语句如下：

```
# 创建目录
mkdir /home/sysbench -p
# 创建文件 Dockerfile，输入下面的命令
 vi Dockerfile
# 输入 i 键，把下面的内容复制到此文件
FROM ubuntu:20.04
RUN apt update && apt install -y sysbench \
     && apt clean \
     && rm -rf /var/lib/apt/lists/* \
```

步骤 02 生成并运行自定义镜像，SQL 语句如下：

```
# 进入文件目录
cd  /home/sysbench
# 生成一个名为 sysbench 的镜像
docker build -t sysbench .
# 运行镜像
docker run -i -t -d --name sysbenchtest -v /tmp/log/:/log/ sysbench
```

步骤 03 数据库准备工作。需要在进行基准测试的数据库系统中创建一个数据库 sbtest，SQL 语句如下：

```
create database sbtest
```

步骤 04 导入测试数据，SQL 语句如下：

```
# 进入 Sysbench 容器
docker exec -it sysbenchtest  /bin/bash
```

```
# 导入数据
sysbench  --db-driver=mysql --mysql-host=192.168.1.211
--mysql-port=3306--mysql-user=root --mysql-password=123456 --config-file=config
oltp_point_select --tables=32 --table-size=100000 prepare
```

在导入数据时，要确保连接的数据库地址、用户名和密码正确。在以上命令中，--tables=32表示创建32个测试数据表，table_size=100000表示在每个数据表中插入10万行数据，prepare表示这是准备数据的过程。

步骤05 进行性能测试，SQL 语句和测试结果如下：

① point select测试命令如下：

```
 sysbench --db-driver=mysql --mysql-host=192.168.1.211 --mysql-port=3306
--mysql-user=root --mysql-password=123456 --threads=4 --config-file=config
oltp_point_select --tables=32 --table-size=100000 run
```

测试结果如下：

```
root@4232c79473d0:/#  sysbench --db-driver=mysql --mysql-host=192.168.1.211
--mysql-port=3306 --mysql-user=root --mysql-password=123456 --threads=4
--config-file=config oltp_point_select --tables=32 --table-size=100000 run
config: No such file or directory
sysbench 1.0.18 (using system LuaJIT 2.1.0-beta3)
Running the test with following options:
Number of threads: 4
Initializing random number generator from current time
Initializing worker threads...
Threads started!
SQL statistics:
    queries performed:
        read:               70982          # 执行读操作数量
        write:              0              # 执行写操作数量
        other:              0              # 执行其他操作数量
        total:              70982          # 执行操作总数量
    transactions:           70982  (7095.36 per sec.)   # 执行事务的平均速率
    queries:                70982  (7095.36 per sec.)   # 平均每秒能执行多少次查询
    ignored errors:         0      (0.00 per sec.)
    reconnects:             0      (0.00 per sec.)

General statistics:
    total time:                          10.0027s     # 总时间
    total number of events:                  70982    # 总请求数量(读、写、其他)

Latency (ms):
         min:                                    0.15
         avg:                                    0.56
         max:                                   15.49
         95th percentile:                              0.92  # 采样计算的平均延迟
         sum:                                39955.41
```

```
Threads fairness:
    events (avg/stddev):           17745.5000/101.23  # 采样计算的平均延迟
    Execution time (avg/stddev):   9.9889/0.00
```

② update index测试命令如下：

```
sysbench --db-driver=mysql --mysql-host=192.168.1.211 --mysql-port=3306
--mysql-user=root --mysql-password=123456 --threads=4  --config-file=config
oltp_update_index --tables=32 --table-size=100000 run
```

测试结果如下：

```
root@4232c79473d0:/#  sysbench --db-driver=mysql --mysql-host=192.168.1.211
--mysql-port=3306 --mysql-user=root --mysql-password=123456 --threads=4
--config-file=config oltp_update_index --tables=32 --table-size=100000 run
config: No such file or directory
sysbench 1.0.18 (using system LuaJIT 2.1.0-beta3)
Running the test with following options:
Number of threads: 4
Initializing random number generator from current time
Initializing worker threads...
Threads started!
SQL statistics:
    queries performed:
        read:              0                            # 执行读操作数量
        write:             6801                         # 执行写操作数量
        other:             0                            # 执行其他操作数量
        total:             6801                         # 执行操作总数量
    transactions:          6801   (709.36 per sec.)     # 执行事务的平均速率
    queries:               6801   (709.36 per sec.)     # 平均每秒能执行多少次查询
    ignored errors:        0      (0.00 per sec.)
    reconnects:            0      (0.00 per sec.)

General statistics:
    total time:                      10.0054s           # 总时间
    total number of events:             6801            # 总请求数量(读、写、其他)

Latency (ms):
        min:                                1.75
        avg:                                5.88
        max:                               47.65
        95th percentile:                   22.04        # 采样计算的平均延迟
        sum:                             39991.30

Threads fairness:
    events (avg/stddev):           1700.2500/7.89       # 采样计算的平均延迟
    execution time (avg/stddev):   9.9978/0.00
```

③ read-only测试命令如下：

```
sysbench --db-driver=mysql --mysql-host=192.168.1.211 --mysql-port=3306
```

```
--mysql-user=root --mysql-password=123456 --threads=4  --config-file=config
oltp_read_only  --tables=32 --table-size=100000 run
```

测试结果如下：

```
root@4232c79473d0:/#  sysbench --db-driver=mysql --mysql-host=192.168.1.211
--mysql-port=3306 --mysql-user=root --mysql-password=123456 --threads=4
--config-file=config oltp_read_only --tables=32 --table-size=100000 run
config: No such file or directory
sysbench 1.0.18 (using system LuaJIT 2.1.0-beta3)
Running the test with following options:
Number of threads: 4
Initializing random number generator from current time
Initializing worker threads...
Threads started!
SQL statistics:
    queries performed:
        read:                48902       # 执行读操作数量
        write:               0           # 执行写操作数量
        other:               6986        # 执行其他操作数量
        total:               55888       # 执行操作总数量
    transactions:            3493   (348.85 per sec.)    # 执行事务的平均速率
    queries:                 55888   (5581.36 per sec.)  # 平均每秒能执行多少次查询
    ignored errors:          0       (0.00 per sec.)
    reconnects:              0       (0.00 per sec.)

General statistics:
    total time:                          10.0118s        # 总时间
    total number of events:              3493            # 总请求数量(读、写、其他)

Latency (ms):
        min:                              5.15
        avg:                              11.56
        max:                              35.49
        95th percentile:                  14.92          # 采样计算的平均延迟
        sum:                              39955.41

Threads fairness:
    events (avg/stddev):          17745.5000/101.23      # 采样计算的平均延迟
    execution time (avg/stddev):  9.9889/0.00
```

以上是3种不同模式的简单测试。在实际测试中，我们需要注意下面几点：

1）在开始测试之前，首先应该明确是针对整个系统的基准测试，还是针对 MySQL 的基准测试，或者二者都需要。

2）基准测试的每一种模式都要进行多次。

3）测试必须模拟多线程的情况，单线程不但无法模拟真实的效率，而且无法模拟阻塞甚至死锁的情况。

8.2 备　　份

数据备份是企业数据管理中极其重要的一项工作。关于数据备份、恢复有很多应用场景及相应的方法，本节主要介绍使用 mysqldump 备份数据的方法。

mysqldump 是 MySQL 用于转存数据库的实用程序。它主要产生一个 SQL 脚本，其中包含从头重新创建数据库所必需的命令 create table insert 等。

1. 备份数据

使用 mysqldump 导出数据需要使用--tab 选项来指定导出文件存储的目录，该目录必须有写操作权限。

例 8.1　将数据表 userinfo 导出到/tmp 目录中。

步骤 01　修改 MySQL 配置文件，让其支持导入和导出，SQL 语句如下：

```
[mysqld]
secure_file_priv=
```

步骤 02　配置后重启 MySQL 服务。

步骤 03　执行如下语句备份 demo 数据库下的 student 数据表：

```
mysqldump -uroot -p123456 --no-create-info --tab=/tmp demo userinfo
```

步骤 04　到/tmp 目录下查看，目录下会多出一个 userinfo.sql 文件，文件内容如下：

```
-- MySQL dump 8.23
--
-- Host: localhost    Database: demo
---------------------------------------------------------
-- Server version      3.23.58
--
-- Table structure for table `runoob_tbl`
--
create table userinfo(
   id int(10) NOT null auto_increment primary key,
   name varchar(20),
    age int(2)
 );
--
-- Dumping data for table `userinfo`
--
 insert into userinfo (name,age)values ('zhangsan',26);
 insert into userinfo(name,age)values ('lisi',26);
```

2. 备份数据库

使用mysqldump备份数据库的语法如下：

```
mysqldump -h 服务器 -u 用户名 -p 密码 数据库名 > 备份文件.sql
```

- 单库备份

```
mysqldump -uroot -p123456 db1 > db1.sql
mysqldump -uroot -p123456 db1 table1 table2 > db1-table1-table2.sql
```

- 多库备份

```
mysqldump -uroot -p123456 --databases db1 db2 mysql db3 > db1_db2_mysql_db3.sql
```

- 备份所有库

```
mysqldump -uroot -p123456 --all-databases > all.sql
```

8.3 还　　原

有数据备份就有数据还原，在 MySQL 中可以使用多种方式对备份的数据进行还原。

8.3.1 利用 source 命令导入数据库

若要使用 source 命令导入数据库，就需要先登录数据库终端。

执行 source 命令导入数据库的操作如下：

```
# 创建数据库
create database demo;
# 使用已创建的数据库
 use demo;
# 设置编码
set names utf8;
# 导入备份数据库，目录就是备份后的文件目录
mysql> source /home/data/userinfo.sql
```

8.3.2 利用 load data 导入数据

MySQL 提供了 load data infile 语句来插入数据。

例 8.2 从当前目录中读取文件 userinfo.txt，将该文件中的数据插入当前数据库的 userinfo 数据表中，示例 SQL 语句如下：

```
Load data local infile /data/userinfo.txt' into table userinfo;
```

8.3.3 利用 mysqlimport 导入数据

mysqlimport 客户端提供了 load data infileql 语句的一个命令行接口。mysqlimport 的大多数选项直接对应 load data infile 子句。

例 8.3 从文件 userinfo.txt 中将数据导入 userinfo 数据表中，示例 SQL 语句如下：

```
mysqlimport -uroot -p123456 --local mytbl dump.txt
```

第9章 MySQL高性能架构的读写分离

本章主要内容：

- 读写分离的价值和意义
- MySQL 主从复制原理
- MySQL 主从复制环境搭建

本章将讲解读写分离的作用和意义，然后利用 MySQL 主从复制实现读写分离，最后利用 Docker 环境快速搭建 MySQL 主从复制架构，让初学者能很便捷地搭建一套自己的主从复制架构。

9.1 读写分离

随着应用业务的数据不断增多，程序应用的响应速度会不断下降，在检测过程中不难发现大多数的请求都是查询操作。此时，我们可以将数据库扩展成主从复制模式，将读操作和写操作分离开来，多台数据库分摊请求，从而减少单库的访问压力，进而使应用得到优化。

读写分离的基本原理是让主数据库处理对数据的增、改、删操作，进而让从数据库处理查询操作。数据库复制用来把事务性操作导致的变更同步到集群的从数据库中。由于数据库的操作比较耗时，因此让主服务器处理写操作以及实时性要求比较高的读操作，而让从服务器处理读操作。读写分离能提高性能的原因在于主从服务器负责各自的读和写，极大地缓解了锁的争用，其架构图如图 9-1 所示。

此架构有一个主库与两个从库：主库负责写数据，从库复制读数据。随着业务发展，如果还想增加从节点来提升读性能，那么可以随时进行扩展。

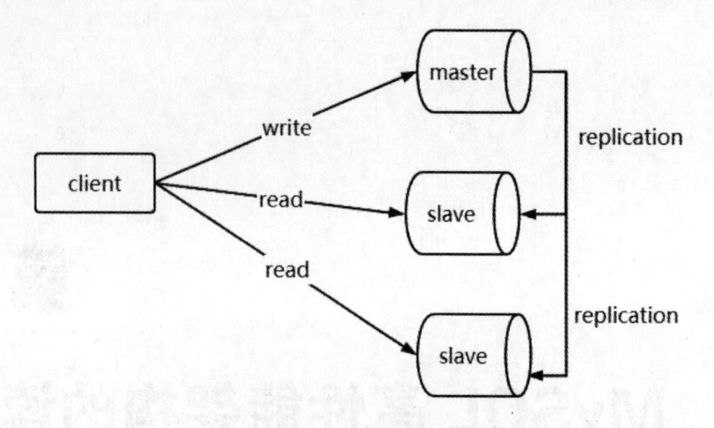

图 9-1 读写分离架构图

9.2 MySQL 主从复制

如果需要使用 MySQL 服务器提供读写分离支持，则需要 MySQL 的一主多从架构。在一主多从的数据库体系中，多个从服务器采用异步的方式更新主数据库的变化，业务服务器执行写或者相关修改数据库的操作是在主服务器上进行的，读操作是在各从服务器上进行的。MySQL 主从复制实现原理如图 9-2 所示。

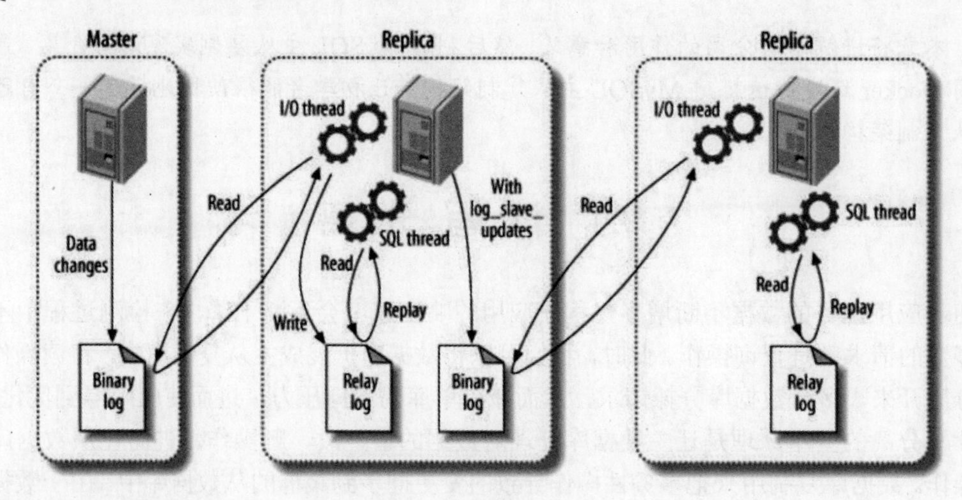

图 9-2 MySQL 主从复制实现原理

这是典型的MySQL一主二从的架构图，其中主要涉及 3 个线程：binlog线程、I/O线程和SQL线程。每个线程说明如下：

- binlog 线程：负责将主服务器上的数据更改写入二进制日志中。
- I/O 线程：负责从主服务器上读取二进制日志，并写入从服务器的中继日志中。
- SQL 线程：负责读取中继日志并重放其中的 SQL 语句。

MySQL 服务之间数据复制的基础是二进制日志文件。一个 MySQL 数据库一旦启用二进制日志后，其作为主服务器，它的数据库中所有操作都会以“事件”的方式记录在二进制日志中，其他数据库作为从服务器，通过一个 I/O 线程与主服务器保持通信，并监控主服务器的二进制日志文件的变化。如果发现主服务器的二进制日志文件发生变化，则会把变化复制到自己的中继日志中，然后从服务器的一个 SQL 线程把相关的“事件”触发操作在自己的数据库中执行，以此实现从数据库和主数据库的一致性，也就实现了主从复制。

9.3　MySQL 主从复制架构的搭建

本节主要讲述整个 MySQL 主从复制架构的搭建过程。

MySQL 主从复制配置如下：

✪ 对于主服务器

1）开启二进制日志。
2）修改配置文件配置唯一的 server-id。
3）获得主节点二进制日志文件名及位置。
4）创建一个用于从节点和主节点通信的用户账户。

✪ 对于从服务器

1）配置唯一的 server-id。
2）使用主节点分配的用户账户读取主节点二进制日志。
3）启用从节点服务。

为了方便讲解，这里使用Docker在一台服务器上启动主从两个节点。如果需要两台服务器，原理相同，可以在两台服务器上分别执行如下命令：

```
# 启动主节点 ip:47.95.2.2 挂载 3306 端口
docker run -p 3306:3306 --name mysql-master -e MYSQL_ROOT_PASSWORD=123456 -d
mysql:8.0

# 启动从节点 ip:47.95.2.2 挂载 3307 端口
docker run -p 3307:3306 --name mysql-slave -e MYSQL_ROOT_PASSWORD=123456  -d
mysql:8.0
```

9.3.1　配置主节点

配置主节点的操作流程如下：

步骤 01　执行如下命令进入主节点容器内部，使用容器 ID 或者名称均可：

```
docker exec -it mysql-master /bin/bash
# 登录 MySQL
mysql -uroot -p123456
# 切换目录
cd /etc/mysql
# 安装 vim
apt-get update
```

```
apt-get install vim
# 修改配置
vim my.cnf
```

步骤02 新增下面的内容：

```
[mysqld]
## 同一个局域网内注意要唯一
server-id=100
## 开启二进制日志功能
log-bin=master-bin
binlog-format=ROW                # 二进制日志格式有 3 种，即 row、statement、mixed
# binlog-do-db=数据库名          # 同步的数据库名称，如果不配置，则表示同步所有的库
```

步骤03 重新启动：

```
service mysql restart
docker restart mysql-master
```

步骤04 创建数据库同步账户，其用户名为从节点，密码为 123456：

```
docker exec -it mysql-master /bin/bash
mysql -uroot -p123456
create user 'slave'@'%' identified by '123456';
grant replicaiton slave, replication client on *.* to 'slave'@'%';
```

9.3.2 配置从节点

配置从节点的操作流程如下：

步骤01 执行如下命令进入从节点容器内部：

```
# 进入从节点容器
docker exec -it mysql-slave /bin/bash
# 登录 MySQL
mysql -uroot -p123456
# 切换目录
cd /etc/mysql
# 安装 vim
apt-get update
apt-get install vim
# 修改配置
vim my.cnf
```

步骤02 新增下面的内容：

```
[mysqld]
## 设置 server_id，注意要唯一
server-id=101
## 开启二进制日志功能，以备从节点作为其他从节点的主节点时使用
log-bin=mysql-slave-bin
## relay_log 配置中继日志
```

```
relay_log=mysql-relay-bin
read_only=1  ## 设置为只读，该项如果不设置，则表示从节点可读可写
```

步骤03　重新启动数据库服务：

```
service mysql restart
docker restart mysql-slave
```

9.3.3　主从复制

进行主从复制的操作流程如下：

步骤01　进入主节点：

```
# 进入主节点
docker exec -it mysql-master /bin/bash
mysql -uroot -p123456
```

步骤02　进入主节点库的 MySQL 客户端，输入 show master status 查看主节点的状态，其结构如图 9-3 所示。

```
mysql> show master status
    -> ;
+-------------------+----------+--------------+------------------+-------------------+
| File              | Position | Binlog_Do_DB | Binlog_Ignore_DB | Executed_Gtid_Set |
+-------------------+----------+--------------+------------------+-------------------+
| master-bin.000001 |      617 |              |                  |                   |
+-------------------+----------+--------------+------------------+-------------------+
1 row in set (0.00 sec)
```

图 9-3　主节点的日志偏移量的信息查询

需要记住当前 File 的值和 Position 的值，设置主从同步时需要使用。

步骤03　查询主节点的 IP 地址。

进入从节点库的 MySQL 客户端，执行如下命令：

```
# 进入从节点
docker exec -it mysql-slave /bin/bash
# 登录 MySQL
mysql -uroot -p123456
# 设置同步，需要注意连接主节点的 IP 地址和端口号，以及日志文件名称和日志偏移量
change master to master_host='47.95.2.2', master_user='slave',
master_password='123456', master_port=3301, master_log_file='master-bin.000001',
master_log_pos=617, master_connect_retry=30;
```

步骤04　使用“start slave;”开启主从复制过程，然后再次执行 show slave status \G 语句查询主从同步状态，结果如图 9-4 所示。

```
# 验证
start slave;
show slave status \G
```

```
*************************** 1. row ***************************
               Slave_IO_State: Waiting for master to send event
                  Master_Host: 47.95.2.2
                  Master_User: admin
                  Master_Port: 3306
                Connect_Retry: 60
              Master_Log_File: master-bin.000001
          Read_Master_Log_Pos: 749
               Relay_Log_File: Clay-relay-bin.000002
                Relay_Log_Pos: 916
        Relay_Master_Log_File: master-bin.000001
             Slave_IO_Running: Yes
            Slave_SQL_Running: Yes
              Replicate_Do_DB:
          Replicate_Ignore_DB:
           Replicate_Do_Table:
       Replicate_Ignore_Table:
      Replicate_Wild_Do_Table:
  Replicate_Wild_Ignore_Table:
                   Last_Errno: 0
                   Last_Error:
                 Skip_Counter: 0
          Exec_Master_Log_Pos: 749
              Relay_Log_Space: 1122
              Until_Condition: None
               Until_Log_File:
                Until_Log_Pos: 0
           Master_SSL_Allowed: No
           Master_SSL_CA_File:
           Master_SSL_CA_Path:
              Master_SSL_Cert:
            Master_SSL_Cipher:
               Master_SSL_Key:
```

看到都为Yes代表主从同步配置成功

图 9-4　主从架构的验证

Slave_IO_Running 和 Slave_SQL_Running 是查看主从服务器是否运行的关键字段，默认为NO，表示没有进行主从复制。如果 Slave_IO_Running 和 Slave_SQL_Running 的值都是 Yes，则说明搭建成功。

附录

常用函数速查表

```
# 附录中会使用到的表结构和数据
mysql> create table userinfo (
    -> id int,
    -> name varchar (100),
    -> age int
    -> );
Query OK, 0 rows affected (0.03 sec)
mysql> insert into userinfo values(1,'zhangsan',18);
Query OK, 1 row affected (0.00 sec)
mysql> insert into userinfo values(2,'zhangsan2',19);
Query OK, 1 row affected (0.01 sec)
mysql> insert into userinfo values(3,'zhangsan3',20);
Query OK, 1 row affected (0.01 sec)
```

A.1 MySQL 字符串函数

A.1.1 ASCII(s)：返回字符串的 ASCII 码

返回字符串 s 的第一个字符的 ASCII 码。

示例：返回name字段第一个字母的ASCII码。

```
mysql> select ascii(name)  from  userinfo;
+--------------------+
| ascii(name)        |
+--------------------+
|    108             |
+--------------------+
1rows in set (0.01 sec)
```

A.1.2 char_length(s)：返回字符串长度

返回字符串 s 的长度。

示例：返回字符串"clay"的字符数。

```
mysql> select char_length("clay") as lengthofstring;
+----------------+
| lengthofstring |
+----------------+
|      4         |
+----------------+
 1rows in set (0.01 sec)
```

A.1.3 character_length(s)：返回字符串长度

返回字符串 s 的长度。

示例：返回字符串"clay"的字符数。

```
mysql> select character_length("clay") as lengthofstring;
+----------------+
| lengthofstring |
+----------------+
|              4 |
+----------------+
1 row in set (0.00 sec)
```

A.1.4 concat(s1,s2,…,sn)：字符串合并

将 s1、s2 等多个字符串合并为一个字符串。

示例：合并多个字符串。

```
mysql> select concat("sql", "nosql", "newsql ", "end") as concatenatedstring;
+--------------------+
| concatenatedstring |
+--------------------+
| sql nosqlnewsql end |
+--------------------+
1 row in set (0.00 sec)
```

A.1.5 concat_WS(x, s1,s2,…,sn)：字符串合并

将 s1、s2 等多个字符串合并为一个字符串。与 concat(s1,s2,…)函数不同的是，每个字符串之间要加上 x，x 可以是分隔符。

示例：合并多个字符串，并添加分隔符。

```
mysql> select concat_ws("-", "sql", "nosql", "newsql")as concatenatedstring;
+--------------------+
| concatenatedstring |
+--------------------+
| sql-nosql-newsql   |
+--------------------+
```

```
1 row in set (0.00 sec)
```

A.1.6 field(s,s1,s2,…)：返回字符串出现的位置

返回第一个字符串 s 在字符串列表(s1,s2,…)中的位置。

示例：返回字符串"c"在列表中的位置。

```
mysql> select field("c", "a", "b", "c", "d");
+--------------------------------+
| field("c", "a", "b", "c", "d") |
+--------------------------------+
|                              3 |
+--------------------------------+
1 row in set (0.00 sec)
```

A.1.7 find_in_set(s1,s2)：返回字符串的匹配位置

返回在字符串 s2 中与 s1 匹配的字符串的位置。

示例：返回字符串"c"在指定字符串中的位置。

```
mysql> select find_in_set("c", "a,b,c,d");
+-----------------------------+
| find_in_set("c", "a,b,c,d") |
+-----------------------------+
|                           3 |
+-----------------------------+
1 row in set (0.00 sec)
```

A.1.8 format(x,n)：数字格式化

可以将数字 x 进行格式化“#,###.##”，将 x 保留到小数点后 n 位，最后一位四舍五入。

示例：格式化数字为“#,###.##”形式。

```
mysql> select format(6500700.52341, 2);
+--------------------------+
| format(6500700.52341, 2) |
+--------------------------+
| 6,500,700.52             |
+--------------------------+
1 row in set (0.00 sec)
```

A.1.9 insert(s1,x,len,s2)：替换字符串

用字符串 s2 替换 s1 中 x 位置开始长度为 len 的字符串。

示例：从字符串第一个位置开始的4个字符替换为"clay"。

```
mysql> select insert("this is aaaaaaaaa", 1, 4, "clay");
+-------------------------------------------+
```

```
| insert("this is aaaaaaaaa", 1, 4, "clay") |
+-------------------------------------------+
| clay is aaaaaaaaa                         |
+-------------------------------------------+
1 row in set (0.00 sec)
```

A.1.10 locate(s1,s)：获取字符串出现的位置

从字符串 s 中获取 s1 的开始位置。

示例：获取"clay"在字符串"this is clay"中的位置。

```
mysql> select locate("clay","this is clay");
+-------------------------------+
| locate("clay","this is clay") |
+-------------------------------+
|                             9 |
+-------------------------------+
1 row in set (0.00 sec)
```

A.1.11 lcase(s)：把字符串中的所有字母转换为小写字母

将字符串 s 中的所有字母转换为小写字母。

示例：将字符串"CLAY"中的所有字母转换为小写字母。

```
mysql> select lcase("clay");
+---------------+
| lcase("clay") |
+---------------+
| clay          |
+---------------+
1 row in set (0.00 sec)
```

A.1.12 left(s,n)：返回字符串的前 n 个字符

返回字符串 s 的前 n 个字符。

示例：返回字符串"clay"的前2个字符。

```
mysql> select left("clay",2);
+----------------+
| left("clay",2) |
+----------------+
| cl             |
+----------------+
1 row in set (0.00 sec)
```

A.1.13 lower(s)：把字符串中的所有字母转换为小写字母

将字符串 s 中的所有字母转换为小写字母。

示例：将字符串"CLAY"中的所有字母转换为小写字母。

```
mysql> select lower("CLAY");
+---------------+
| LOWER("CLAY") |
+---------------+
| clay          |
+---------------+
1 row in set (0.00 sec)
```

A.1.14　lpad(s1,len,s2)：字符串填充

在字符串 s1 的开始处填充字符串 s2，使字符串的长度达到 len。

示例：将字符串"ABC"填充到字符串"abc"的开始处，使字符串的长度达到8。

```
mysql> select lpad("abc",8,"ABC");
+---------------------+
| LPAD("abc",8,"ABC") |
+---------------------+
| ABCABabc            |
+---------------------+
1 row in set (0.00 sec)
```

A.1.15　ltrim(s)：去掉字符串开始处的空格

去掉字符串 s 开始处的空格。

示例：去掉字符串"　　this is clay"开始处的空格。

```
mysql> select ltrim("    this is clay") as trimmedstring;
+------------------+
| trimmedstring    |
+------------------+
| this is clay     |
+------------------+
1 row in set (0.00 sec)
```

A.1.16　mid(s,n,len)：从字符串的指定位置截取子字符串

从字符串 s 的 n 位置截取长度为 len 的子字符串。

示例：从字符串"this is clay"中的第1个位置开始截取长度为4的子字符串。

```
mysql> select mid("this is clay", 1, 4);
+--------------------------+
| mid("this is clay", 1, 4) |
+--------------------------+
| this                     |
+--------------------------+
1 row in set (0.00 sec)
```

A.1.17 replace(s,s1,s2)：字符串替换

用字符串 s2 替换字符串 s 中的字符串 s1。

示例：将字符串"abcd"中的字符串"a"替换为字符串"x"。

```
mysql> select replace("abcd","a","x");
+-------------------------+
| replace("abcd","a","x") |
+-------------------------+
| xbcd                    |
+-------------------------+
1 row in set (0.00 sec
```

A.1.18 reverse(s)：字符串反转

将字符串 s 的顺序反过来。

示例：将字符串"clay"的顺序反过来。

```
mysql> select reverse("clay");
+-----------------+
| reverse("clay") |
+-----------------+
| yalc            |
+-----------------+
1 row in set (0.00 sec)
```

A.1.19 right(s,n)：返回字符串后 n 个字符

返回字符串 s 的后 n 个字符。

示例：返回字符串"clay"的后3个字符。

```
mysql> select right("clay",3);
+-----------------+
| right("clay",3) |
+-----------------+
| lay             |
+-----------------+
1 row in set (0.00 sec)
```

A.1.20 rpad(s1,len,s2)：在字符串中填充相应字符串

在字符串 s1 的结尾处添加字符串 s2，使字符串的长度达到 len。

示例：将字符串"abc"填充到"clay"字符串的结尾处，使字符串的长度达到8。

```
mysql> select rpad("abc",8,"clay") ;
+----------------------+
| rpad("abc",8,"clay") |
+----------------------+
```

```
| abcclayc              |
+-----------------------+
1 row in set (0.00 sec)
```

A.1.21　position(s1 in s)：获取子字符串在字符串中出现的位置

从字符串 s 中获取子字符串 s1 出现的位置。

示例：返回字符串"abc"中子字符串"a"的位置。

```
mysql> select position("a" in "abc");
+------------------------+
| position("a" in "abc") |
+------------------------+
|                      1 |
+------------------------+
1 row in set (0.00 sec)
```

A.1.22　repeat(s,n)：字符串重复拼接

将字符串 s 重复 n 次。

示例：将字符串"clay"重复两次。

```
mysql> select repeat("clay",2);
+------------------+
| repeat("clay",2) |
+------------------+
| clayclay         |
+------------------+
1 row in set (0.00 sec)
```

A.1.23　substring_index(s, s2, number)：返回字符串中第 n 个出现的子字符串

返回在字符串 s 中的第 number 个出现的分隔符 s2 之后的子字符串。如果 number 是正数，则返回从左边数第 number 个出现的分隔符 s2 之后的字符串；如果 number 是负数，则返回从右边数第 number 个分隔符 s2 之后的字符串。

示例1：返回字符串“babacdd”中第1个出现的分隔符'a'之后的子字符串。

```
mysql> select substring_index("babacdd",'a',1);
+----------------------------------+
| substring_index("babacdd",'a',1) |
+----------------------------------+
| b                                |
+----------------------------------+
1 row in set (0.00 sec)
```

示例2：返回字符串"babacdd"从右边数第1个出现的分隔符'a'之后的子字符串。

```
mysql> select substring_index("babacdd",'a',-1);
+-----------------------------------+
```

```
| substring_index("babacdd",'a',-1) |
+-----------------------------------+
| cdd                               |
+-----------------------------------+
1 row in set (0.00 sec)
```

A.1.24 trim(s)：去掉字符串开始和结尾处的空格

去掉字符串 s 开始和结尾处的空格。

示例：去掉字符串"   clay   "首尾的空格。

```
mysql> select trim("   clay   ") ;
+---------------------+
| trim("   clay   ")  |
+---------------------+
| clay                |
+---------------------+
1 row in set (0.00 sec)
```

A.1.25 ucase(s)：把字符串中的所有字母转换为大写字母

把字符串中的所有字母转换为大写字母。

示例：把字符串"clay"中的所有字母转换为大写字母。

```
mysql> select ucase("clay");
+---------------+
| ucase("clay") |
+---------------+
| CLAY          |
+---------------+
1 row in set (0.00 sec)
```

A.1.26 rtrim(s)：去掉字符串结尾处的空格

去掉字符串 s 结尾处的空格。

示例：去掉字符串"clay   "结尾处的空格。

```
mysql> select rtrim("clay    ") ;
+--------------------+
| rtrim("clay    ")  |
+--------------------+
| clay               |
+--------------------+
1 row in set (0.00 sec)
```

A.1.27 strcmp(s1,s2)：比较字符串的大小

比较字符串 s1 和 s2，如果 s1 与 s2 相等，则返回 0；如果 s1>s2，则返回 1；如果 s1<s2，则返回–1。

示例：比较字符串"abc"和 "bcd"的大小。

```
mysql> select strcmp("abc", "bcd");
+----------------------+
| strcmp("abc", "bcd") |
+----------------------+
|                   -1 |
+----------------------+
1 row in set (0.00 sec)
```

A.1.28 substr(s, start, length)：从字符串中截取子字符串

从字符串 s 的 start 位置截取长度为 length 的子字符串。

示例：从字符串"THIS IS CLAY"中的第3个位置截取长度为2的子字符串。

```
mysql> select substr("this is clay", 3, 2);
+------------------------------+
| substr("this is clay", 3, 2) |
+------------------------------+
| IS                           |
+------------------------------+
1 row in set (0.00 sec)
```

A.1.29 substring(s, start, length)：从字符串中截取子字符串

从字符串 s 的 start 位置截取长度为 length 的子字符串。

示例：从字符串"THIS IS CLAY"中的第1个位置截取长度为3的子字符串。

```
mysql> select substring("this is clay", 1, 3) ;
+---------------------------------+
| substring("this is clay", 1, 3) |
+---------------------------------+
| thi                             |
+---------------------------------+
1 row in set (0.01 sec)
```

A.1.30 md5(s)：字符串加密

对字符串 s 进行加密。

示例：对字符串"PASSWORD"进行MD5加密。

```
mysql> select md5("password");
+----------------------------------+
| md5("password")                  |
+----------------------------------+
| 319f4d26e3c536b5dd871bb2c52e3178 |
+----------------------------------+
1 row in set (0.00 sec)
```

A.1.31 inet_aton (ip)：把 IP 地址转换为数字

把 IP 地址转换为数字。

示例：把IP地址"192.168.1.201"转换为数字。

```
mysql> select inet_aton("192.168.1.201");
+----------------------------+
| inet_aton("192.168.1.201") |
+----------------------------+
|                 3232235977 |
+----------------------------+
1 row in set (0.00 sec)
```

A.1.32 inet_ntoa(s)：把数字转换为 IP 地址

把数字 s 转换为 IP 地址。

示例：把3232235977转换为IP地址。

```
mysql> select inet_ntoa(3232235977);
+-----------------------+
| inet_ntoa(3232235977) |
+-----------------------+
| 192.168.1.201         |
+-----------------------+
1 row in set (0.00 sec)
```

A.2 MySQL 数字函数

A.2.1 abs(x)：求绝对值

返回 x 的绝对值。

示例：返回-6的绝对值。

```
mysql> select abs(-6);
+---------+
| abs(-6) |
+---------+
|       6 |
+---------+
1 row in set (0.00 sec)
```

A.2.2 sign(x)：返回数字符号

返回 x 的符号，x 是负数、0、正数时，分别返回-1、0 和 1。

示例：返回-5的符号。

```
mysql> select sign(-5);
+----------+
| sign(-5) |
+----------+
|       -1 |
+----------+
1 row in set (0.00 sec)
mysql> select sign(5);
+---------+
| sign(5) |
+---------+
|       1 |
+---------+
1 row in set (0.00 sec)
```

A.2.3　acos(x)：求反余弦值

求 x 的反余弦值。

示例：求弧度0.15的反余弦值。

```
mysql> select acos(0.15);
+--------------------+
| acos(0.15)         |
+--------------------+
| 1.4202280540182106 |
+--------------------+
1 row in set (0.00 sec)
```

A.2.4　asin(x)：求反正弦值

求 x 的反正弦值。

示例：求弧度0.15的反正弦值。

```
mysql> select asin(0.15);
+---------------------+
| asin(0.15)          |
+---------------------+
| 0.15056827277668602 |
+---------------------+
1 row in set (0.00 sec)
```

A.2.5　atan (x)：求反正切值

求 x 的反正切值。

示例：求弧度1.5的反正切值。

```
mysql> select atan(1.5);
+--------------------+
```

```
| atan(1.5)          |
+--------------------+
| 0.982793723247329 |
+--------------------+
1 row in set (0.00 sec)
```

A.2.6 sin(x)：求正弦值

求 x 的正弦值。

示例：求弧度0.5的正弦值。

```
mysql> select sin(0.5);
+--------------------+
| sin(0.5)           |
+--------------------+
| 0.479425538604203 |
+--------------------+
1 row in set (0.00 sec)
```

A.2.7 cos(x)：求余弦值

求 x 的余弦值。

示例：求弧度2的余弦值。

```
mysql> select cos(2);
+---------------------+
| cos(2)              |
+---------------------+
| -0.4161468365471424 |
+---------------------+
1 row in set (0.00 sec)
```

A.2.8 cot(x)：求余切值

求 x 的余切值。

示例：求弧度2的余切值。

```
mysql> select cot(2);
+----------------------+
| cot(2)               |
+----------------------+
| -0.45765755436028577 |
+----------------------+
1 row in set (0.00 sec)
```

A.2.9 tan(x)：求正切值

求 x 的正切值。

示例：求弧度2.5的正切值。

```
mysql> select tan(2.5);
+--------------------+
| tan(2.5)           |
+--------------------+
| -0.7470222972386603 |
+--------------------+
1 row in set (0.00 sec)
```

A.2.10 degrees(x)：将弧度转换为角度

将弧度 x 转换为角度。

示例：将弧度3.14转换为角度。

```
mysql> select degrees(3.14);
+-------------------+
| degrees(3.14)     |
+-------------------+
| 179.9087476710785 |
+-------------------+
1 row in set (0.00 sec)
```

A.2.11 radians(x)：将角度转换为弧度

将角度 x 转换为弧度。

示例：将角度180º 转换为弧度。

```
mysql> select radians(180);
+-------------------+
| radians(180)      |
+-------------------+
| 3.141592653589793 |
+-------------------+
1 row in set (0.00 sec)
```

A.2.12 exp(x)：返回 e 的 x 次方

返回 e 的 x 次方。

示例：计算e的4次方。

```
mysql> select exp(4);
+-------------------+
| exp(4)            |
+-------------------+
| 54.598150033144236 |
+-------------------+
1 row in set (0.00 sec)
```

A.2.13 ceil(x)：返回不小于 x 的最小整数

返回不小于 x 的最小整数。

示例：返回大于或等于2.5的最小整数。

```
mysql> select ceil(2.5)。
+-----------+
| ceil(2.5) |
+-----------+
|         3 |
+-----------+
1 row in set (0.00 sec)
```

A.2.14 ceiling(x)：返回不小于 x 的最小整数

返回不小于 x 的最小整数。

示例：返回大于或等于2.5的最小整数。

```
mysql> select ceiling(2.5);
+--------------+
| ceiling(2.5) |
+--------------+
|            3 |
+--------------+
1 row in set (0.00 sec)
```

A.2.15 floor(x)：返回不大于 x 的最大整数

返回小于或等于 x 的最大整数。

示例：小于或等于1.5的最大整数。

```
mysql> select floor(1.5);
+------------+
| floor(1.5) |
+------------+
|          1 |
+------------+
1 row in set (0.00 sec)
```

A.2.16 round(x)：返回最接近 x 的整数

返回最接近 x 的整数。

示例1：返回最接近12.23的整数。

```
mysql> select round(12.23) ;
+--------------+
| round(12.23) |
+--------------+
```

```
|           12 |
+--------------+
1 row in set (0.00 sec)
```

示例2：返回最接近12.93的整数。

```
mysql> select round(12.93) ;
+--------------+
| round(12.93) |
+--------------+
|           13 |
+--------------+
1 row in set (0.00 sec)
```

A.2.17 greatest(expr1,expr2, …)：返回列表中的最大值

返回列表中的最大值。

示例：返回列表(13, 16, 38, 18, 25)的最大值。

```
mysql> select greatest(13, 16, 38, 18, 25);
+------------------------------+
| greatest(13, 16, 34, 18, 25) |
+------------------------------+
|                           38 |
+------------------------------+
1 row in set (0.00 sec)
```

A.2.18 least(expr1, expr2, expr3, …)：返回列表中的最小值

返回列表中的最小值。

示例：返回列表(13, 16, 38, 18, 25)中的最小值。

```
mysql> select least(13, 16, 38, 18, 25);
+---------------------------+
| least(13, 16, 38, 18, 25) |
+---------------------------+
|                        13 |
+---------------------------+
1 row in set (0.00 sec)
```

A.2.19 ln(x)：求自然对数

返回 x 的自然对数。

示例：返回以e为底4的自然对数值。

```
mysql> select ln(4);
+--------------------+
| ln(4)              |
+--------------------+
```

```
| 1.3862943611198906 |
+--------------------+
1 row in set (0.00 sec)
```

A.2.20 log(x)或 log(base, x)：求对数

返回 x 的自然对数（以 e 为底的对数），如果带有 base 参数，则返回以 base 为底的对数。

示例1：返回以e为底1.3862943611198906的对数值。

```
mysql> select log(1.3862943611198906);
+-------------------------+
| log(1.3862943611198906) |
+-------------------------+
|     0.32663425997828094 |
+-------------------------+
1 row in set (0.00 sec)
```

示例2：返回以5为底2的对数值。

```
mysql> select log(2,5) ;
+-------------------+
| log(2,5)          |
+-------------------+
| 2.321928094887362 |
+-------------------+
1 row in set (0.00 sec)
```

A.2.21 log10(x)：求以 10 为底的对数

返回以 10 为底的对数。

示例：返回以10为底1000的对数值。

```
mysql> select log10(1000);
+-------------+
| log10(1000) |
+-------------+
|           3 |
+-------------+
1 row in set (0.00 sec)
```

A.2.22 log2(x)：求以 2 为底的对数

返回以 2 为底的对数。

示例：返回以2为底8的对数值。

```
mysql> select log2(8);
+---------+
| log2(8) |
+---------+
```

```
|         3 |
+----------+
1 row in set (0.00 sec)
```

A.2.23 max(expression)：求最大值

返回字段 expression 中的最大值。

示例：返回数据表userinfo中字段age的最大值。

```
mysql> select age from userinfo;
+------+
| age  |
+------+
|   18 |
|   19 |
|   20 |
+------+
3 rows in set (0.00 sec)
mysql> select max(age) from userinfo;
+----------+
| max(age) |
+----------+
|       20 |
+----------+
1 row in set (0.00 sec)
```

A.2.24 min(expression)：求最小值

返回字段 expression 中的最小值。

示例：返回数据表userinfo中字段age的最小值。

```
mysql> select age from userinfo;
+------+
| age  |
+------+
|   18 |
|   19 |
|   20 |
+------+
3 rows in set (0.00 sec)
mysql> select min(age)  from userinfo;
+----------+
| min(age) |
+----------+
|       18 |
+----------+
1 row in set (0.00 sec)
```

A.2.25 sum(expression)：求总和

返回指定字段的总和。

示例：计算数据表userinfo中字段age的总和。

```
mysql> select age from userinfo;
+------+
| age  |
+------+
|  18 |
|  19 |
|  20 |
+------+
3 rows in set (0.00 sec)
mysql> select sum(age) from userinfo;
+----------+
| sum(age) |
+----------+
|       57 |
+----------+
1 row in set (0.00 sec)
```

A.2.26 avg(expression)：求平均值

返回指定字段的平均值。

示例：返回数据表userinfo中age字段的平均值。

```
mysql> select age from userinfo;
+------+
| age  |
+------+
|  18 |
|  19 |
|  20 |
+------+
3 rows in set (0.00 sec)
mysql> select avg(age) from userinfo;
+----------+
| avg(age) |
+----------+
| 19 |
+----------+
1 row in set (0.00 sec)
```

A.2.27 count(expression)：求总记录数

返回查询记录的总数，expression 参数是一个字段或者“*”。

示例：返回数据表userinfo中总共有多少条记录。

```
mysql> select count(*) from userinfo;
+----------+
| count(*) |
+----------+
|        3 |
+----------+
1 row in set (0.00 sec)
mysql> select count(*) from userinfo where age>19;
+----------+
| count(*) |
+----------+
|        0 |
+----------+
1 row in set (0.00 sec)
```

A.2.28 mod(x,y)：求余数

返回 x 除以 y 的余数。

示例：返回6除以4的余数。

```
mysql> select mod(6,4);
+----------+
| mod(6,4) |
+----------+
|        2 |
+----------+
1 row in set (0.00 sec)
```

A.2.29 pow(x,y)：求 x 的 y 次方

返回 x 的 y 次方。

示例：返回3的3次方。

```
mysql> select pow(3,3);
+----------+
| pow(3,3) |
+----------+
|      27  |
+----------+
1 row in set (0.00 sec)
```

A.2.30 sqrt(x)：求平方根

返回 x 的平方根。

示例：求25的平方根。

```
mysql> select sqrt(25);
+----------+
| sqrt(25) |
```

```
+-----------+
|     5     |
+-----------+
1 row in set (0.00 sec)
```

A.2.31 rand()：求随机数

返回 0～1 的随机数。

示例：返回0～1的随机数。

```
mysql> select rand();
+--------------------+
| rand()             |
+--------------------+
| 0.9472021376222391 |
+--------------------+
1 row in set (0.00 sec)
mysql> select rand();
+--------------------+
| rand()             |
+--------------------+
| 0.6028625579577522 |
+--------------------+
1 row in set (0.00 sec)
```

A.2.32 truncate(x,y)：返回保留到小数点后 n 位的值

返回数值 x 保留到小数点后 y 位的值（与 round 函数最大的区别是不会进行四舍五入）。

示例：求1.8578保留到小数点后2位的值。

```
mysql> select truncate(1.8578,2);
+--------------------+
| truncate(1.8578,2) |
+--------------------+
|               1.85 |
+--------------------+
1 row in set (0.00 sec)
```

A.3 MySQL 日期函数

A.3.1 adddate(d,n)：返回指定日期加上指定天数后的日期

计算起始日期 d 加上 n 天后的日期。

示例：计算在2021-06-06的基础上加上60天后的日期。

```
mysql> select adddate("2017-06-15", 60);
+--------------------------+
```

```
| adddate("2017-06-15", 60) |
+---------------------------+
| 2017-08-14                |
+---------------------------+
1 row in set (0.00 sec)
```

A.3.2　addtime(t,n)：返回指定时间加上指定时间后的时间

返回时间 t 加上时间 n 后的时间（是一个时间表达式）。

示例1：返回2021-06-06 23:23:10加8秒的时间。

```
mysql> select addtime("2021-06-06 23:23:10", 8);
+-----------------------------------+
| addtime("2021-06-06 23:23:10", 8) |
+-----------------------------------+
| 2021-06-06 23:23:18               |
+-----------------------------------+
1 row in set (0.00 sec)
```

示例2：返回2021-06-06 23:23:10加1小时10分钟5秒的时间。

```
mysql> select addtime("2021-06-06 23:23:10", "1:10:5");
+------------------------------------------+
| addtime("2021-06-06 23:23:10", "1:10:5") |
+------------------------------------------+
| 2021-06-07 00:33:15                      |
+------------------------------------------+
1 row in set (0.00 sec)
```

A.3.3　curdate()：返回当前日期

返回当前日期。

示例：返回当前日期。

```
mysql> select curdate();
+------------+
| curdate()  |
+------------+
| 2021-06-06 |
+------------+
1 row in set (0.00 sec)
```

A.3.4　current_date()：返回当前日期

返回当前日期。

示例：返回当前日期。

```
mysql> select current_date();
+----------------+
| current_date() |
```

```
+-----------------+
| 2021-06-06      |
+-----------------+
1 row in set (0.00 sec)
```

A.3.5 current_time()：返回当前时间

返回当前时间。

示例：返回当前时间。

```
mysql> select current_time();
+-----------------+
| current_time()  |
+-----------------+
| 15:27:25        |
+-----------------+
1 row in set (0.00 sec)
```

A.3.6 current_timestamp()：返回当前日期和时间

返回当前日期和时间。

示例：返回当前日期和时间。

```
mysql> select current_timestamp();
+----------------------+
| current_timestamp()  |
+----------------------+
| 2021-06-06 15:36:47  |
+----------------------+
1 row in set (0.00 sec)
```

A.3.7 curtime()：返回当前时间

返回当前时间。

示例：返回当前时间。

```
mysql> select curtime();
+------------+
| curtime()  |
+------------+
| 15:38:59   |
+------------+
1 row in set (0.00 sec)
```

A.3.8 date(t)：从指定日期时间中提取日期值

从指定日期时间中提取日期值。

示例：从2021-06-16 23:11:11中提取日期值。

```
mysql> select date("2021-06-16 23:11:11");
+-----------------------------+
| date("2021-06-16 23:11:11") |
+-----------------------------+
| 2021-06-16                  |
+-----------------------------+
1 row in set (0.00 sec)
```

A.3.9 datediff(d1,d2)：返回两个日期相隔的天数

计算日期 d1 和 d2 之间相隔的天数。

示例：计算日期2021-08-08和2021-06-06之间相隔的天数。

```
mysql> select datediff("2021-08-08","2021-06-06");
+-------------------------------------+
| datediff("2021-08-08","2021-06-06") |
+-------------------------------------+
|                                  63 |
+-------------------------------------+
1 row in set (0.00 sec)
```

A.3.10 date_add(d, interval expr type)：给指定日期加上一个时间段后的日期

计算起始日期 d 加上一个时间段后的日期。

示例1：计算起始日期2021-11-11 11:11:11加1天后的日期。

```
mysql> select adddate("2021-11-11 11:11:11",1);
+----------------------------------+
| adddate("2021-11-11 11:11:11",1) |
+----------------------------------+
| 2021-11-12 11:11:11              |
+----------------------------------+
1 row in set (0.00 sec)
```

示例2：计算起始日期2021-11-11 11:11:11加6分钟后的日期。

```
mysql> select adddate("2021-11-11 11:11:11", interval 6 minute);
+---------------------------------------------------+
| adddate("2021-11-11 11:11:11", interval 6 minute) |
+---------------------------------------------------+
| 2021-11-11 11:17:11                               |
+---------------------------------------------------+
1 row in set (0.00 sec)
```

A.3.11 date_format(d,f)：根据表达式显示日期

按表达式 f 的要求显示日期 d。

示例：按表达式%Y-%m-%d %r的要求显示日期2021-11-11 11:11:11。

```
mysql> select date_format("2021-11-11 11:11:11","%y-%m-%d %r");
+--------------------------------------------------+
| date_format("2021-11-11 11:11:11","%y-%m-%d %r") |
+--------------------------------------------------+
| 2021-11-11 11:11:11 AM                           |
+--------------------------------------------------+
1 row in set (0.00 sec)
```

A.3.12 date_sub(date, interval expr type)：从当前日期减去指定的时间间隔

从当前日期减去指定的时间间隔。

示例：从当前日期减去2天。

```
mysql> select date_sub(now(),interval 2 day) ;
+--------------------------------+
| date_sub(now(),interval 2 day) |
+--------------------------------+
| 2021-06-04 15:55:09            |
+--------------------------------+
1 row in set (0.00 sec)
```

A.3.13 day(d)：返回日期值中的日值

返回日期值 d 中的日值。

示例：返回日期值2021-06-07中的日值。

```
mysql> select day("2021-06-07");
+-------------------+
| day("2021-06-07") |
+-------------------+
|                 7 |
+-------------------+
1 row in set (0.00 sec)
```

A.3.14 dayname(d)：返回指定日期是星期几

返回日期 d 是星期几。

示例：返回日期2021-06-06是星期几。

```
mysql> select dayname("2021-06-06");
+-----------------------+
| dayname("2021-06-06") |
+-----------------------+
| Sunday                |
+-----------------------+
1 row in set (0.00 sec)
```

A.3.15　dayofmonth(d)：返回指定日期是本月的第几天

计算日期 d 是本月的第几天。

示例：计算日期2021-06-06是本月的第几天。

```
mysql> select dayofmonth("2021-06-06");
+--------------------------+
| dayofmonth("2021-06-06") |
+--------------------------+
|                        6 |
+--------------------------+
1 row in set (0.00 sec)
```

A.3.16　dayofweek(d)：返回指定日期是所在星期的第几天

返回日期 d 是所在星期的第几天（注意：一周的第一天为星期日，源于西方文化）。

示例：返回日期2021-06-06是所在星期的第几天。

```
mysql> select dayofweek("2021-06-06");
+-------------------------+
| dayofweek("2021-06-06") |
+-------------------------+
|                       1 |
+-------------------------+
1 row in set (0.00 sec)
```

A.3.17　dayofyear(d)：返回指定日期是本年的第几天

计算日期 d 是本年的第几天。

示例：计算日期2021-06-06是本年的第几天。

```
mysql> select dayofyear("2021-06-06");
+-------------------------+
| dayofyear("2021-06-06") |
+-------------------------+
|                     157 |
+-------------------------+
1 row in set (0.00 sec)
```

A.3.18　extract (type from d)：根据对应格式返回日期

从日期 d 中获取指定的值，type 指定返回的值。
type 可以取值为表 A-1 中的任一类型。

表 A-1　取值类型

取值	说明
hour	小时
minute	分

（续）

取值	说明
second	秒
microsecond	毫秒
year	年
month	月
day	日
week	周
quarter	季
year_month	年和月
day_hour	日和小时
day_minute	日和分钟
day_ second	日和秒
hour_minute	小时和分
hour_second	小时和秒
minute_second	分钟和秒

示例1：获取2021-06-06 23:11:11日期中的分钟部分。

```
mysql> select extract(minute from '2021-06-06 23:11:11');
+--------------------------------------------+
| extract(minute from "2021-06-06 23:11:11") |
+--------------------------------------------+
|                                         11 |
+--------------------------------------------+
1 row in set (0.00 sec)
```

示例2：获取2021-06-06 23:11:11日期是当月的第几天。

```
mysql> select extract(day from '2021-06-06 23:11:11');
+-----------------------------------------+
| extract(day from "2021-06-06 23:11:11") |
+-----------------------------------------+
|                                       6 |
+-----------------------------------------+
1 row in set (0.00 sec)
```

示例3：获取2021-06-06 23:11:11日期是当年的第几周。

```
mysql> select extract(week from "2021-06-06 23:11:11");
+------------------------------------------+
| extract(week from "2021-06-06 23:11:11") |
+------------------------------------------+
|                                       23 |
+------------------------------------------+
1 row in set (0.00 sec)
```

A.3.19 from_days(n)：返回元年加 n 天的日期

计算从 0000 年 1 月 1 日开始 n 天后的日期。

示例：计算从0000年1月1日开始6000天后的日期。

```
mysql> select from_days(6000);
+-----------------+
| from_days(6000) |
+-----------------+
| 0016-06-05      |
+-----------------+
1 row in set (0.00 sec)
```

A.3.20 hour(t)：返回指定时间中的小时数

返回 t 中的小时数。

示例：返回2021-06-06 23:11:11中的小时数。

```
mysql> select hour("2021-06-06 23:11:11");
+-----------------------------+
| hour("2021-06-06 23:11:11") |
+-----------------------------+
|                          23 |
+-----------------------------+
1 row in set (0.00 sec)
```

A.3.21 last_day(d)：返回给定日期所在月份的最后一天

返回给定日期所在月份的最后一天。

示例：返回2021-06-06 23:11:11那一月份的最后一天。

```
mysql> select last_day("2021-06-06 23:11:11");
+---------------------------------+
| last_day("2021-06-06 23:11:11") |
+---------------------------------+
| 2021-06-30                      |
+---------------------------------+
1 row in set (0.00 sec)
```

A.3.22 localtime()：返回当前日期和时间

返回当前日期和时间。

示例：返回当前日期和时间。

```
mysql> select localtime();
+---------------------+
| localtime()         |
+---------------------+
| 2021-06-06 16:20:54 |
```

```
+---------------------+
1 row in set (0.00 sec)
```

A.3.23 localtimestamp()：返回当前日期和时间

返回当前日期和时间。

示例：返回当前日期和时间。

```
mysql> select localtimestamp();
+---------------------+
| localtimestamp()    |
+---------------------+
| 2021-06-06 16:21:43 |
+---------------------+
1 row in set (0.00 sec)
```

A.3.24 makedate(year, day-of-year)：时间组合天数

基于给定参数年份（year）和所在年中的天数序号（day-of-year）返回一个日期。

示例：返回2021年的第31天的日期。

```
mysql> select makedate(2021, 31);
+--------------------+
| makedate(2021, 31) |
+--------------------+
| 2021-01-31         |
+--------------------+
1 row in set (0.00 sec)
```

A.3.25 maketime(hour, minute, second)：时间组合

组合时间，参数分别为小时、分钟、秒。

示例：返回组合参数分别为1小时、2分钟、4秒的时间。

```
mysql> select maketime(1, 2, 4);
+-------------------+
| maketime(1, 2, 4) |
+-------------------+
| 01:02:04          |
+-------------------+
1 row in set (0.00 sec)
```

A.3.26 microsecond(date)：返回时间参数中的微秒数

返回日期参数中的微秒数。

示例：返回2021-06-20 09:34:00.0000213参数中的微秒数。

```
mysql> select microsecond("2021-06-20 09:34:00.0000213");
+--------------------------------------------+
```

```
| microsecond("2021-06-20 09:34:00.0000213") |
+--------------------------------------------+
|                                         21 |
+--------------------------------------------+
1 row in set (0.00 sec)
```

A.3.27 minute(t)：返回指定时间中的分钟数

返回时间 t 中的分钟数。

示例：返回2021-06-20 09:34:00.0000213中的分钟值。

```
mysql> select minute("2021-06-20 09:34:00.0000213");
+---------------------------------------+
| minute("2021-06-20 09:34:00.0000213") |
+---------------------------------------+
|                                    34 |
+---------------------------------------+
1 row in set (0.00 sec)
```

A.3.28 monthname(d)：返回日期中的月份名称

返回日期中的月份名称。

示例：返回2021-06-20 09:34:00.0000213中的月份名称。

```
mysql> select monthname("2021-06-20 09:34:00.0000213");
+------------------------------------------+
| monthname("2021-06-20 09:34:00.0000213") |
+------------------------------------------+
| June                                     |
+------------------------------------------+
1 row in set (0.00 sec)
```

A.3.29 month(d)：返回日期中的月份值

返回日期 d 中的月份值。

示例：返回2021-06-20 09:34:00中的月份值。

```
mysql> select month("2021-06-20 09:34:00");
+------------------------------+
| month("2021-06-20 09:34:00") |
+------------------------------+
|                            6 |
+------------------------------+
1 row in set (0.00 sec)
```

A.3.30 now()：返回当前日期和时间

返回当前日期和时间。

示例：返回当前日期和时间。

```
mysql> select now();
+---------------------+
| now()               |
+---------------------+
| 2021-06-06 16:30:23 |
+---------------------+
1 row in set (0.00 sec)
```

A.3.31　period_add(period, number)：日期加月份数

为年-月组合的日期添加月份数。

示例：为日期2021-03添加5个月。

```
mysql> select period_add(202103, 5);
+-----------------------+
| period_add(202103, 5) |
+-----------------------+
|                202108 |
+-----------------------+
1 row in set (0.01 sec)
```

A.3.32　period_diff(period1, period2)：返回两个时间之间的月份差

返回两个时间之间的月份差值。

示例：返回202110和202103之间的月份差值。

```
mysql> select period_diff(202110, 202103);
+-----------------------------+
| period_diff(202110, 202103) |
+-----------------------------+
|                           7 |
+-----------------------------+
1 row in set (0.00 sec)
```

A.3.33　quarter(d)：返回日期对应的季度数

返回日期 d 是第几季，范围是 1～4。

示例：返回日期2021-06-07是第几季。

```
mysql> select quarter("2021-06-07");
+-----------------------+
| quarter("2021-06-07") |
+-----------------------+
|                     2 |
+-----------------------+
1 row in set (0.00 sec)
```

A.3.34　second(t)：返回指定时间中的秒数

返回时间 t 中的秒数。

示例：返回2021-06-07 11:2:3中的秒钟值。

```
mysql> select second("2021-06-07 11:2:3");
+-----------------------------+
| second("2021-06-07 11:2:3") |
+-----------------------------+
|                           3 |
+-----------------------------+
1 row in set (0.00 sec)
```

A.3.35 sec_to_time(s)：秒数转换为时间

将以秒为单位的时间 s 转换为时分秒的格式。

示例：将5467秒转换为时分秒的格式。

```
mysql> select sec_to_time(5467);
+-------------------+
| sec_to_time(5467) |
+-------------------+
| 01:31:07          |
+-------------------+
1 row in set (0.00 sec)
```

A.3.36 str_to_date(string, format_mask)：把字符串转换为日期

将字符串转换为日期。

示例：将字符串“August 9 2021”转换为日期。

```
mysql> select str_to_date("august 9 2021", "%m %d %y");
+------------------------------------------+
| str_to_date("august 9 2021", "%m %d %y") |
+------------------------------------------+
| 2021-08-09                               |
+------------------------------------------+
1 row in set (0.00 sec)
```

A.3.37 subdate(d,n)：从指定日期减去指定天数后的日期

从日期 d 减去 n 天后的日期。

示例：日期2021-11-11 11:11:11减去2天后的日期。

```
mysql> select subdate("2021-11-11 11:11:11",2);
+----------------------------------+
| subdate("2021-11-11 11:11:11",2) |
+----------------------------------+
| 2021-11-09 11:11:11              |
+----------------------------------+
1 row in set (0.00 sec)
```

A.3.38 subtime(t,n)：从指定时间减去指定秒数后的时间

从时间 t 减去 n 秒后的时间。

示例：从时间2021-11-11 11:11:11减去6秒后的时间。

```
mysql> select subtime("2021-11-11 11:11:11", 6);
+-----------------------------------+
| subtime("2021-11-11 11:11:11", 6) |
+-----------------------------------+
| 2021-11-11 11:11:05               |
+-----------------------------------+
1 row in set (0.00 sec)
```

A.3.39 sysdate()：返回当前日期和时间

返回当前日期和时间。

示例：返回当前日期和时间。

```
mysql> select sysdate();
+---------------------+
| sysdate()           |
+---------------------+
| 2021-06-06 16:42:45 |
+---------------------+
1 row in set (0.00 sec)
```

A.3.40 time(expression)：提取日期时间参数中的时间部分

提取日期时间参数中的时间部分。

示例：提取2021-06-06 16:42:45的时间部分。

```
mysql> select time("2021-06-06 16:42:45");
+-----------------------------+
| time("2021-06-06 16:42:45") |
+-----------------------------+
| 16:42:45                    |
+-----------------------------+
1 row in set (0.00 sec)
```

A.3.41 time_format(t,f)：根据表达式显示时间

按表达式 f 的要求显示时间 t。

示例：按表达式%r的要求显示时间2021-06-06 16:42:45。

```
mysql> select time_format("2021-06-06 16:42:45","%r");
+-----------------------------------------+
| time_format("2021-06-06 16:42:45","%r") |
+-----------------------------------------+
```

```
| 04:42:45 PM                              |
+------------------------------------------+
1 row in set (0.00 sec)
```

A.3.42 time_to_sec(t)：把时间转换为秒数

将时间 t 转换为秒数。

示例：将时间16:42:45转换为秒数。

```
mysql> select time_to_sec("16:42:45");
+-------------------------+
| time_to_sec("16:42:45") |
+-------------------------+
|                   60165 |
+-------------------------+
1 row in set (0.00 sec)
```

A.3.43 timediff(time1, time2)：计算时间差

计算时间 time1 和 time2 的差值。

示例：计算时间2021-06-06 16:42:45和2020-06-06 16:42:45的差值。

```
mysql> select timediff("2021-06-06 16:42:45", "2020-06-06 16:42:45");
+--------------------------------------------------------+
| timediff("2021-06-06 16:42:45", "2020-06-06 16:42:45") |
+--------------------------------------------------------+
| 838:59:59                                              |
+--------------------------------------------------------+
1 row in set, 1 warning (0.00 sec)
```

A.3.44 timestamp(expression, interval)：指定时间加上时间间隔后的时间

指定时间加上时间间隔后的时间。

示例：时间2021-06-06 16:42:45和13:10:11相加求和。

```
mysql> select timestamp("2021-06-06 16:42:45",  "13:10:11");
+---------------------------------------------+
| timestamp("2021-06-06 16:42:45",  "13:10:11") |
+---------------------------------------------+
| 2021-06-07 05:52:56                         |
+---------------------------------------------+
1 row in set (0.00 sec)
```

A.3.45 to_days(d)：计算元年到当前日期的天数

计算日期 d 距离 0000 年 1 月 1 日的天数。

示例：计算日期2021-06-06 16:42:45距离0000年1月1日的天数。

```
mysql> select to_days('2021-06-06 16:42:45');
```

```
+---------------------------------+
| to_days('2021-06-06 16:42:45') |
+---------------------------------+
|                          737947 |
+---------------------------------+
1 row in set (0.00 sec)
```

A.3.46 week(d)：返回指定日期是本年的第几周

计算日期 d 是本年的第几周，范围是 0～53。

示例：计算日期2021-06-06 16:42:45是本年的第几周，范围是0～53。

```
mysql> select week('2021-06-06 16:42:45');
+-----------------------------+
| week('2021-06-06 16:42:45') |
+-----------------------------+
|                          22 |
+-----------------------------+
1 row in set (0.00 sec)
```

A.3.47 weekday(d)：返回指定日期是星期几

返回日期 d 是星期几，0 表示星期一，1 表示星期二，以此类推。

示例：日期2021-06-06 16:42:45是星期几。

```
mysql> select weekday("2021-06-06 16:42:45");
+--------------------------------+
| weekday("2021-06-06 16:42:45") |
+--------------------------------+
|                              6 |
+--------------------------------+
1 row in set (0.00 sec)
```

A.3.48 year(d)：返回指定日期的年份

返回日期 d 的年份。

示例：返回2021-06-06 16:42:45的年份。

```
mysql> select year("2021-06-06 16:42:45");
+-----------------------------+
| year("2021-06-06 16:42:45") |
+-----------------------------+
|                        2021 |
+-----------------------------+
1 row in set (0.00 sec)
```

A.4 MySQL 高级函数

A.4.1 bin(x)：返回字符串的二进制编码

返回 x 的二进制编码。

示例：返回“255”的二进制编码。

```
mysql> select bin(255);
+----------+
| bin(255) |
+----------+
| 11111111 |
+----------+
1 row in set (0.00 sec)
```

A.4.2 binary(s)：将字符串转换为二进制数

将字符串 s 转换为二进制数。

示例：将字符串"clay"转换为二进制数。

```
mysql> select binary "clay";
+------------------------------+
| binary "clay"               |
+------------------------------+
| 0x636C6179                   |
+------------------------------+
1 row in set (0.00 sec)
```

A.4.3 case expression：表达式分支

```
case expression
    when condition1 then result1
    when condition2 then result2
   ...
    when conditionN then resultN
    else result
END
```

case 表示函数开始，END 表示函数结束。如果 condition1（条件 1）成立，则返回 result1；如果 condition2 成立，则返回 result2；如果全部不成立，则返回 result；只要其中一个条件成立，其他条件后面的语句就都不执行了。

示例：根据name分组，统计出次数，并且输出其等级。

```
mysql>  select name,(case when singin_count<5 then '<5' when singin_count>=5
and  singin_count<10 then '<10' else '>10' end ) as level
    -> from (select name, sum(singin) as singin_count from  employee_tbl group
by name )t;
```

```
+------+-------+
| name | level |
+------+-------+
| Clay | <10   |
| Alsi | <10   |
| Tom  | <5    |
+------+-------+
3 rows in set (0.00 sec)
```

A.4.4 cast(x as type)：数据类型转换

转换数据类型。

示例：将字符串“20210607”转换为日期。

```
mysql> select cast("20210607" as date);
+--------------------------+
| cast("20210607" as date) |
+--------------------------+
| 2021-06-07               |
+--------------------------+
1 row in set (0.00 sec)
```

A.4.5 coalesce(expr1,…,exprn)：返回第一个非空表达式

返回参数中的第一个非空表达式（从左向右）。

示例：返回null、null、"clay"、null、"clay2"中的第一个非空表达式。

```
mysql> select coalesce(null, null, "clay", null, "clay2");
+---------------------------------------------+
| coalesce(null, null, "clay", null, "clay2") |
+---------------------------------------------+
| clay                                        |
+---------------------------------------------+
1 row in set (0.00 sec)
```

A.4.6 connection_id()：返回唯一连接 ID

返回唯一的连接 ID。

示例：返回唯一的连接ID。

```
mysql> select connection_id();
+-----------------+
| connection_id() |
+-----------------+
|           12422 |
+-----------------+
1 row in set (0.00 sec)
```

A.4.7 conv(x,f1,f2)：数据进制转换

把 f1 进制数转换为 f2 进制数。

示例：十进制数255转换成二进制数。

```
mysql> select conv(255, 10, 2);
+------------------+
| conv(255, 10, 2) |
+------------------+
| 11111111         |
+------------------+
1 row in set (0.00 sec)
```

A.4.8 convert(s using cs)：求字符串的字符集

求字符串 s 的字符集。

示例：求字符串"a12"的字符集。

```
mysql> select charset('a12');
+----------------+
| charset('a12') |
+----------------+
| utf8mb3        |
+----------------+
1 row in set (0.00 sec)
mysql> select charset(convert('a12' using gbk));
+-----------------------------------+
| charset(convert('a12' using gbk)) |
+-----------------------------------+
| gbk                               |
+-----------------------------------+
1 row in set (0.00 sec)
```

A.4.9 current_user()：返回当前的用户名

返回当前的用户名。

示例：返回当前登录MySQL服务的用户名。

```
mysql> select current_user();
+----------------+
| current_user() |
+----------------+
| root@localhost |
+----------------+
1 row in set (0.00 sec)
```

A.4.10 database()：返回当前的数据库名

返回当前的数据库名。

示例：返回当前进行操作的数据库名。

```
mysql> use DEMO;
Database changed
mysql> select database();
+------------+
| database() |
+------------+
| DEMO       |
+------------+
1 row in set (0.00 sec)
```

A.4.11 if(expr,v1,v2)：表达式判断

如果表达式 expr 成立，则返回结果 v1；否则返回结果 v2。

示例：返回1>0的结果。

```
mysql> select if(1 > 0,'yes','no');
+---------------------+
| if(1 > 0,'yes','no') |
+---------------------+
| yes                 |
+---------------------+
1 row in set (0.00 sec)
```

A.4.12 ifnull(v1,v2)：null 替换

如果 v1 的值不为 null，则返回 v1；否则返回 v2。

示例：返回ifnull(null, "clay")的结果。

```
mysql> select ifnull(null,"clay");
+--------------------+
| ifnull(null,"clay") |
+--------------------+
| clay               |
+--------------------+
1 row in set (0.00 sec)
```

A.4.13 isnull(expression)：判断表达式是否为 null

判断表达式是否为 null。

示例1：判断isnull("clay")是否为null。

```
mysql> select isnull("clay");
+---------------+
| isnull("clay") |
+---------------+
|             0 |
+---------------+
```

```
1 row in set (0.00 sec)
```

示例2：判断isnull(null)是否为null。

```
mysql> select isnull(null);
+--------------+
| isnull(null) |
+--------------+
|            1 |
+--------------+
1 row in set (0.00 sec)
```

A.4.14 nullif(expr1, expr2)：字符串相等则返回 null

比较两个字符串，如果字符串 expr1 与 expr2 相等，则返回 null；否则返回 expr1。

示例1：比较字符串11和字符串1。

```
mysql> select nullif("11","2");
+------------------+
| nullif("11","2") |
+------------------+
| 11               |
+------------------+
1 row in set (0.00 sec)
```

示例2：比较字符串"a"和字符串"a"。

```
mysql> select nullif("a","a");
+-----------------+
| nullif("a","a") |
+-----------------+
| null            |
+-----------------+
1 row in set (0.00 sec)
```

A.4.15 last_insert_id()：返回最近生成的自增 ID

返回最近生成的自增 ID（auto_increment 值）。

示例：返回最近生成的自增ID 。

```
mysql> drop table if exists userinfo;
Query OK, 0 rows affected (0.01 sec)
mysql> create table userinfo(id int(10) not null auto_increment primary key,
    -> name varchar(20),
    -> age int(2));
Query OK, 0 rows affected, 2 warnings (0.02 sec)
mysql>  insert into userinfo (name,age) values('zhangsan',26);
Query OK, 1 row affected (0.01 sec)
mysql>   insert into userinfo (name,age) values('lisi',26);
Query OK, 1 row affected (0.01 sec)
```

```
mysql> select id from userinfo;
+----+
| id |
+----+
|  1 |
|  2 |
+----+
2 rows in set (0.00 sec)
mysql> select last_insert_id();
+------------------+
| last_insert_id() |
+------------------+
|                2 |
+------------------+
1 row in set (0.00 sec)
```

A.4.16 session_user()：返回当前会话的用户名

返回当前会话的用户名。

示例：返回当前会话的用户名。

```
mysql> select session_user();
+----------------+
| session_user() |
+----------------+
| root@localhost |
+----------------+
1 row in set (0.00 sec)
```

A.4.17 version()：返回数据库的版本号

返回数据库的版本号。

示例：返回当前安装的数据库的版本号。

```
mysql> select version();
+-----------+
| version() |
+-----------+
| 8.0.25    |
+-----------+
1 row in set (0.00 sec)
```